전기차 첨단기술 교과서

전기차
첨단기술 교과서

테슬라에서 아이오닉까지
전고체 배터리 · 인휠 모터 · 컨트롤 유닛의
최신 EV 기술 메커니즘 해설

톰 덴튼 지음 | **김종명** 옮김

보누스

전기 자동차, 이미 다가온 미래

이제 전기 자동차는 먼 미래의 이야기가 아니다. 그래서인지 많은 사람이 전기 자동차를 궁금해한다. 전기 자동차가 무엇이고, 어떤 원리로 돌아가는지 알고 싶어 하는 것이다.

이 책에서 독자는 전기 자동차와 하이브리드 차량과 관련해서 유용하고 흥미로운 정보를 많이 발견할 것이다. 이 책을 읽기 전에 어느 정도 자동차 기술을 공부했거나 관련 경험을 했다면 좋겠지만, 그렇지 않더라도 걱정할 필요는 없다. 기초 원리부터 차근차근 시작할 것이기 때문이다. 다양한 사례와 예시를 소개해서 전기 자동차와 하이브리드 기술은 물론이고 기초적인 전기 이론도 고찰할 것이다. 독자 여러분이 어느 수준에 있든 상관없이 한 단계 더 높은 과정으로 나아가는 데 필요한 모든 것을 책에서 얻을 수 있다.

핵심만 잠깐 살펴보자면, 이 책은 다양한 유형의 전기 자동차, 소요 비용 및 배출가스, 충전 인프라 등을 다루며 전기 자동차(하이브리드 포함)가 어떻게 작동하는지를 설명한다. 전기 기술을 설명하는 장에서는 배터리, 제어 시스템, 충전과 같은 주제를 소개한다. 또한 전기 자동차의 유지 보수, 수리 절차에 관해서도 이야기한다. 고장 진단, 서비스, 수리 및 응급 처치 정보도 함께 담았다.

많은 그림 자료와 표를 활용해 충전 인프라, 전기 자동차 관련 기술의 작동 원리, 수리 및 유지 관리 방법도 개략적으로 보여준다. 전기 자동차 분야의 기술자나 대학생들이 관심 가질 만한 주제는 물론이고 전기 자동차에 관심이 있는 일반인이 알아두면 좋을 내용이다.

출간을 준비하면서 많은 부분을 업데이트했다. 그동안 많은 조언과 제안을 해준 친구들과 동료들에게 감사의 말을 전한다. 독자 여러분도 이 책을 읽고 언제 든 웹사이트에 의견이나 제안을 남겨주길 바란다.(www.automotive-technology.org)

웹사이트에는 여러분이 공부하는 데 도움이 되는 무료 온라인 자료가 많다. 이와 관련한 내용은 따로 정리해뒀다.(376쪽 참고) 사이트에 있는 자료들은 이 책 과 함께 공부하기에 적합하며, 독학용이나 교사들의 참고용으로 쓰기에도 알맞다. 여러분이 필자만큼 전기 자동차 기술에 흥미를 느끼길 바란다.

톰 덴튼

차 례

1

전기 자동차란
무엇인가?

EV와 하이브리드 차량

전기 자동차의 종류

보통 전기 자동차Electric Vehicle, EV 혹은 전기 충전식 차량Electrically Chargeable Vehicle, ECV은 '동력의 일부분이나 전부를 배터리로부터 얻을 수 있고, 주전력망에 직접 플러그를 꽂아 충전할 수 있는 차량'을 의미한다. 이 책에서는 기술적인 면에서 승용차에 더 집중하고 있지만, 덩치가 큰 상업용 차량의 경우도 유사하다. 우리는 전기 자동차, 즉 EV라는 용어를 다음에 열거한 모든 기술을 포괄하는 의미로 사용할 것이다.

순수 전기 자동차Pure-Electric Vehicle, Pure-EV는 오로지 배터리만 동력으로 이용하는 차량을 뜻한다. 현재 표준 성능의 차량을 제조하는 자동차 회사 대부분은 약 160킬로미터 이내의 주행 거리를 제공하는 순수 전기 자동차를 공급하고 있다.[1]

플러그인 하이브리드 전기 자동차Plug-In Hybrid Electric Vehicle, PHEV는 내연기관Internal Combustion Engine, ICE에 의해 구동되지만, 배터리로도 약 160킬로미터가 넘는 거리를 운행할 수 있다. 배터리로 갈 수 있는 최대 거리를 운행하고 나면, 배터리와 내연기관을 동시에 사용할 수 있는 하이브리드 차량의 장점을 활용해 운행 거리 제약에서 벗어난다.

└─ 그림 1-1 닛산 리프(LEAF) Pure-EV(출처: 닛산 미디어)

└─ 그림 1-2 폭스바겐 골프 GTE-PHEV

그림 1-3 쉐보레 볼트 E-REV(출처: GM 미디어)

주행 거리 연장형 전기 자동차Extended-Range Electric Vehicle, E-REV는 순수 전기 자동차와 유사하지만, 배터리만 이용하면 운행 거리가 약 80킬로미터 정도로 짧은 편이다. 내연기관으로 작동하는 발전기의 도움을 받아 주행 거리를 늘린다. E-REV 차량의 경우, 추진력을 항상 배터리에서만 얻는다. 이는 배터리와 풀하이브리드 모두에서 추진력을 얻을 수 있는 PHEV와는 다르다.

이 책에서는 하이브리드 전기 자동차Hybrid Electric Vehicle, HEV도 다룰 것이다. 이 차량의 경우, 배터리를 외부에서 충전하는 것이 불가능하다. 표 1-1을 보면 알 수 있듯 전기 자동차의 종류가 많다. 이 책에서는 수소 연료전지hydrogen fuel cell를 사용하는 전기 자동차도 살펴볼 것이다.

전기 자동차를 논할 때 종종 사용되는 용어가 '주행 거리 불안증'range anxiety

용어 설명

• EV: 모든 종류의 전기 자동차를 지칭하는 일반적인 용어로 사용된다.

• ICE: 내연기관 Internal Combustion Engine

━━ 그림 1-4 토요타 프리우스 HEV(출처: 토요타 미디어)

이다. 이 용어는 전기 자동차를 운전할
때 운전자들이 느끼는 두려움을 일컫
는 말인데, 목적지에 도달하지 못할지
도 모른다는 걱정을 의미한다. 하지만

핵심 체크

- 영국에서 1회 평균 주행 거리는 16킬로미
터 이하다.

한 가지 흥미로운 사실은 영국에서 1회 평균 주행 거리는 16킬로미터도 안 된다는
점이다. 하루 평균 주행 거리가 40킬로미터 정도다. 유럽에서는 80% 이상의 운전
자들이 하루에 103킬로미터 이하의 거리를 운행한다. 이 정도의 거리라면 순수 전
기 자동차로도 얼마든지 운행이 가능하고, 플러그인 하이브리드 또는 장거리 전기
자동차라면 내연기관을 쓰지 않고도 충분히 갈 수 있는 거리다.

전기 자동차의 시장 규모

2019년 기준, 전기 충전식 차량 판매는 증가 추세에 있다. 2019년 3/4분기 EU의 경유 승용차 수요는 계속 하락세를 보이다 시장 점유율이 29.1%까지

내려갔다. 반면 가솔린 자동차 등록은 더욱 증가해 현재 EU 시장의 59.5%를 차지한다.

같은 기간 동안 EU 전 지역에 걸쳐 전기 충전식 차량이 전체 신차 판매의 3.1%를 차지했다. 석유 연료를 사용하지 않는 대체 동력 차량Alternatively Powered Vehicle. APV의 전체 시장 점유율은 지난 분기 11.3%에 달했다. 2019년 3분기에 판매된 연료 종류별 신차 판매량은 다음과 같다. 가솔린 차량은 6.1% 증가, 디젤 차량은 14.1% 하락, 전기 자동차는 51.8% 증가했다.(출처 : ACEA) 다양한 형식의 차량 개발 동향은 **그림 1-5**와 같을 것으로 예상한다.

표 1-1 EV 및 HEV에 대한 여러 명칭과 설명

전기 자동차 Electric Vehicle/Car, EV **전기 충전식 차량** Electrically Chargeable Vehicle/Car	주전력망에 꽂아 충전 가능한 배터리로부터 동력의 일부 또는 전체를 얻는 차량을 지칭하는 일반 용어.
순수 EV Pure-EV **순수 전기 자동차** Pure-Electric Car, All Electric **배터리 전기 자동차** Battery Electric Vehicle BEV **풀 전기 자동차** Fully Electric	주전력망으로 충전된 배터리로만 구동되는 차량. 현재 일반적인 순수 전기 자동차의 운행 거리는 약 160킬로미터다.

플러그인 하이브리드 전기 자동차 Plug-In Hybrid Electric Vehicle, PHEV **플러그인 하이브리드 차량** Plug-In Hybrid Vehicle, PHV	플러그인 배터리와 내연기관이 장착된 차량. 일반적인 PHEV의 순수 배터리 운행 거리는 16~48킬로미터다. 배터리의 운행 거리를 넘어서면 풀하이브리드 차량의 장점을 살려 배터리와 내연기관을 동시에 사용한다.
주행 거리 연장형 전기 자동차 Extended-Range Electric Vehicle, E-REV **구간 연장형 전기 자동차** Range-Extended Electric Vehicle, RE-EV	내연기관에 의해 작동하는 온보드 제너레이터 및 배터리로 구동되는 차량. E-REV는 구동 원리가 순수 EV와 같으나 배터리의 운행 거리가 약 80킬로미터 정도로 순수 EV보다 짧은 편이다. 온보드 제너레이터의 도움으로 운행 거리가 더 늘어나는 구조다. E-REV의 경우, 항상 배터리 전기로 차량을 운행한다. 직렬 하이브리드라는 이름으로도 알려져 있다. (나중에 이에 대해 자세히 설명하겠다.)
하이브리드 전기 자동차 Hybrid Electric Vehicle, HEV **풀/노멀/병렬/표준 하이브리드** Full/Normal/Parallel/Standard Hybrid	하이브리드 차량은 배터리뿐만 아니라 내연기관으로도 구동한다. 속도, 엔진 부하 및 배터리 충전량에 따라 차량이 자동으로 구동원을 선택한다. 하이브리드 차량의 배터리는 주전력망에 연결해 충전할 수 없다. 대신 내연기관의 동력에 의존하는 회생제동regenerative braking으로 충전이 된다.
마일드 하이브리드 Mild Hybrid	마일드 하이브리드 차량은 주전력망으로 배터리를 충전하거나 배터리 동력만으로 주행할 수 없다. 대신 회생제동을 이용해 전기를 생산하고 이것을 가속에 사용한다. (현재 F1 자동차는 마일드 하이브리드의 일종)
마이크로 하이브리드 Micro Hybrid	마이크로 하이브리드는 스톱/스타트 시스템을 채용하며 회생제동을 이용해 12V 배터리를 충전한다.
스톱/스타트 하이브리드 Stop/Start Hybrid	차량이 정지한 상태에서는 스톱/스타트 시스템이 엔진을 끈다. 다시 엔진 시동을 걸 때는 스타터 모터의 도움을 받는다.
대체 연료 차량 Alternative Fuel Vehicle, AFV	전통적인 연료(가솔린 또는 디젤) 외의 연료로도 구동되는 모든 차량을 대체 연료 차량이라고 한다.
내연기관 Internal Combustion Engine, ICE	가솔린 및 디젤 엔진 그리고 그 외의 대체 연료에서도 작동되도록 만들어진 엔진.
전기 사륜차 Electric Quadricycle	전기 자전거나 삼륜 오토바이와 유사한 방식으로 테스트하고 분류한 사륜 구동 차량.
전기 모터사이클 Electric Motorcycle	배터리만으로 구동되는 전기 구동 오토바이의 최대 운행 거리는 약 97킬로미터다. 아일랜드제 전기 바이크는 최대 220킬로미터까지 운행할 수 있다. 이 바이크의 이름은 볼트 220인데, 운행 가능 거리가 220킬로미터라는 사실에서 이름을 따왔다. 제조사에 의하면 시속 120킬로미터까지 속력을 낼 수 있다.

전기 자동차의 운전 경험

전기 동력으로 달리는 자동차는 운전하기 쉽다. 부드럽고 조용하며 가속이 좋기 때문이다. 순수 전기 자동차에는 변속 장치가 없어서 오토매틱 차량을 운전할 때와 비슷한 느낌을 준다. 플러그인 하이브리드에는 변속 장치가 있으나 변속이 자동으로 이뤄지므로 차량을 수동으로 조작하더라도 오토매틱 차량처럼 움직인다.

지속 가능한 자원으로 생산한 전기는 공급하기 쉽고, 차량에서 배기가스(흔히 배기관 연소 가스라고 표현한다.)도 배출되지 않는다. 전기 자동차는 특히 도시 환경에서 사용할 때 환경적 편익이 크다. 배터리 전원만으로 작동하는 전기 자동차의 이점 중 일부는 다음 네 가지다. ①배기가스가 없다. ②운전이 조용하다. ③가다 서기를 반복하는 교통 정체 시 운전이 쉽다. ④가정에서 충전이 가능하므로 주유소에서 대기할 필요가 없다.

그림 1-5 **차량 기술 변화의 예상 동향**

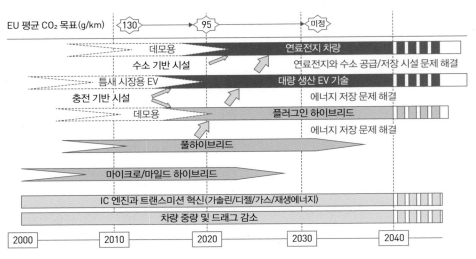

출처: http://www.smmt.co.uk

이제 전기 자동차는 정상 주행 시 내연기관 차량과 비슷한 속도를 낼 수 있다. 일부 순수 전기 자동차는 허용된 곳에서 시속 200킬로미터가 넘는 속도로 달릴 수 있다. 차량이 움직이자마자

전기 모터로 동력이 전달되므로 부드럽고 빠른 가속이 가능하다.

전기 자동차의 주행 거리는 구동되는 유형과 방법에 따라 달라진다. 현재 순수 전기 자동차 대부분은 160킬로미터 이상 운행이 가능하다. 따라서 단거리에서 중거리까지의 여행에 적합하다. 160킬로미터 이상의 여행이라면 E-REV 또는 PHEV가 더 적합하다.

전기 자동차는 통상적인 자동차가 '전체 차량 형식 승인'을 받기 위해 통과해야 하는 것과 동일한 안전 기준을 준수해야 한다. 특히 충돌 시험 시 전기 자동차 고유의 안전 기능이 올바르게 작동하는지 특별히 주의하며 확인해야 한다. 배터리 팩과 같은 개별 부품들의 경우, 추가 충격 테스트와 기타 기계적 강도 시험도 통과해야 한다.

일반적으로 전기 자동차가 충돌하면 관성 스위치 또는 에어백 시스템의 신호를 사용해 트랙션traction 배터리를 차단한다. 기존 차량은 충돌이 일어나면 관성 스위치가 작동해서 연료 공급이 정지되는데, 이와 매우 유사한 원리다. 배터리 팩도 내부 콘택터contactor가 설계돼 있어서 어떤 이유로든 12V 전원이 차단되면 트랙션 공급이 끊긴다.

전기 자동차는 여전히 타이어 소음을 발생시키지만, 소음 수준이 내연기관 자동차보다 훨씬 낮다. 특히 저속에서는 더욱 그렇다. 이 탓에 시각 장애인과 청각 장애인에게 위험할 수 있으니 운전자는 이를 인지하고 각별한 주의를 기울여야 한다.

전기 자동차의 운행 거리는 다른 모든 차량과 마찬가지로 운전 스타일, 환경 조건 및 차량 내 보조 시스템 사용과 같은 다양한 요인에 의해 달라진다. 제조업체

에서 주장하는 성능 수준은 실제로 현실에서 구현되는 수치가 아니라 단순히 차량이 보유하고 있는 최대 기능을 표시하는 것으로 봐야 한다.[2] 단, 운전자의 주행 스타일이 차량의 주행 거리 성

능에 어느 정도 영향을 미치는지는 알아둘 필요가 있다. 급가속, 고속 주행, 난방과

그림 1-6 재규어 I-PACE(출처: 재규어 미디어)

에어컨의 과도한 사용 등 일반적인 운전 스타일을 유지한다면, 제조업체에서 주장하는 최대 주행 거리에는 도달할 수 없을 것이다.[3]

전기 자동차의 경우, UNECE 유엔 유럽경제위원회 규정 101은 운행 거리와 전기 에너지 소비 측정 결과를 킬로미터당 와트시(Wh/km)로 표현해야 한다고 규정하고 있다. 이 테스트에는 내연기관 차량의 연료 소비량, 배출량 및 CO_2를 측정하는 데 사용하는 것과 동일한 주행 사이클 NEDC. New European Driving Cycle을 사용한다. 현재

그림 1-7 신규 유럽 주행 사이클(NDEC)

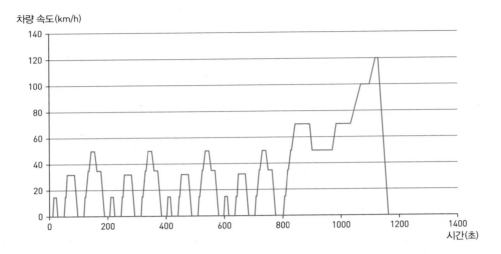

테스트 시스템은 WLTP Worldwide harmonized Light vehicles Test Procedures, 국제표준 배출가스 시험 방식를 사용하는 방향으로 바뀌고 있으며, 이 방법에 대해서는 나중에 자세히 설명하겠다.

전기 자동차의 역사

전기 자동차의 역사는 많은 사람이 생각하는 것보다 일찍 시작됐다. 전기 자동차의 역사를 살펴보는 좋은 방법은 시기나 시대를 기준으로 하는 것이다. 표 1-2 에서 시대별 주요 사건과 추세를 간략히 살펴볼 수 있다.

표 1-2 전기 자동차 발전의 주요 단계

태동기 1801~1850	최초의 전기 자동차는 스코틀랜드와 미국에서 발명됐다.
	1832~1839년 스코틀랜드의 로버트 앤더슨은 최초의 시제품 전기 마차를 만들었다.
	1834년 미국의 토마스 데이븐포트는 원형 전기 트랙에서 작동하는 자동차용 직류 전기 모터를 최초로 발명했다.
1세대 1851~1900	전기 자동차가 시장에 진출해 소비자의 폭넓은 관심을 받았다.
	1888년 독일의 엔지니어 안드레아스 플로켄은 최초의 사륜 전기 자동차를 만들었다.
	1897년 최초의 상용 전기 자동차가 뉴욕시 택시 업계에 진출했다. 포프 매뉴팩처링 컴퍼니는 미국 최초의 대규모 전기 자동차 제조사가 됐다.
	1899년 프랑스에서 제작된 '라자미스 콘텐트'는 시속 100km 이상을 달리는 최초의 전기 자동차다.
	1900년 전기 자동차는 미국에서 가장 많이 팔린 도로 주행 차량으로서 시장 점유율이 28%에 달했다.
호황과 불황 1901~1950	생산 면에서 역사상 최대 정점에 도달했지만, 곧 가솔린 엔진 자동차로 대체된다.
	1908년 가솔린으로 구동되는 포드사의 모델T가 시장에 소개됐다.
	1909년 윌리엄 하워드 태프트는 베이커 일렉트릭이라는 자동차를 구매한 최초의 미국 대통령이었다.
	1912년 전기 스타터 모터는 찰스 케터링이 발명했다. 손으로 크랭킹을 돌릴 필요가 없어짐에 따라 가솔린 자동차를 운전하는 것이 훨씬 쉬워졌다. 전기 자동차의 전 세계 재고량은 약 3만 대에 달했다.
	1930년 1935년이 되자 전기 자동차의 대수는 거의 0으로 떨어졌고, 저렴한 가솔린 때문에 내연기관 차량이 시장에서 압도적 우위를 차지했다.
	1947년 일본이 석유 배급제를 실시하자 자동차 제조업체인 타마는 4.5hp짜리 전기 자동차를 출시했다. 여기에는 40V 납 배터리가 사용됐다.

2세대 1951~2000	고유가와 공해 문제가 전기 자동차를 향한 새로운 관심을 불러 일으켰다.
	1966년 미 의회는 대기오염을 줄이는 방법으로 전기 자동차를 권장하는 법안을 도입했다.
	1973년 석유수출국기구(OPEC)의 원유 금수 조치는 고유가와 주유소에서 오랜 시간 대기해야 하는 사태를 초래했고, 따라서 전기 자동차를 향한 사람들의 관심이 다시 높아졌다.
	1976년 프랑스 정부는 전기 자동차 연구 개발 가속화 프로그램인 'PREDIT'를 시작했다.
	1996년 캘리포니아의 배기가스 무배출 자동차(Zero Emission Vehicle, ZEV) 요건을 충족하기 위해 GM은 EV1 전기 자동차를 생산했다.
	1997년 일본에서는 토요타가 세계 최초의 상용 하이브리드 차량인 프리우스를 판매했다. 첫해에 1만 8천 대가 팔렸다.
3세대 2001~현재	공공, 민간 부문은 이제 차량 전동화에 전념하고 있다.
	2008년 유가가 사상 최고치를 경신했다.
	2010년 닛산의 전기 자동차 리프가 출시됐다.
	2011년 세계 최대 전기 자동차 공유 서비스인 오토리브(Autolib)가 3,000대의 차량을 유치한다는 목표로 파리에서 출시됐다.
	2011년 전기 자동차의 전 세계 재고량은 약 5만 대에 달했다. 프랑스 정부의 운수업체 컨소시엄은 4년 동안 전기 자동차 5만 대를 구매하기로 약속했다. 닛산 리프는 올해의 유럽 자동차상을 수상했다.
	2012년 쉐보레 볼트 PHEV는 미국 시장에서 팔린 모든 자동차 모델의 절반보다 더 많이 판매됐다. 전 세계 전기 자동차 대수는 약 18만 대에 달했다.
	2014년 테슬라 모델S는 Euro NCAP 5 스타 안전 등급을 받았고 오토파일럿을 장착했다. 2.8초 이내에 97km/h까지 속도를 내며 주행 거리는 최대 531킬로미터였다. 사륜 구동 듀얼 모터를 갖췄다.

2015년

자동차 제조업체들이 배출가스 규제를 속인 것이 적발됐다. 이 일로 인해 전기 자동차는 석유 소비와 배기가스 배출량을 줄이는 가장 좋은 방법으로 사람들의 마음속에 더 깊게 각인됐다.[4] 전 세계 전기 자동차 대수는 약 70만 대에 달했으며, 계속 증가했다. (영국은 22,000대, 미국은 275,000대)

2016년

전 세계 닛산 리프 판매량은 2016년 12월 25만 대를 돌파했다. 테슬라 모델S는 2년 연속 세계에서 가장 많이 팔린 플러그인 전기 자동차였다. 2016년 12월 노르웨이는 전체 등록 승용차의 5%가 플러그인 전기 자동차인 최초의 국가가 됐다.

2017년

컨슈머리포트는 테슬라를 미국 최고의 자동차 브랜드로 선정하고 글로벌 완성차 업체 중 8위에 이름을 올렸다. 테슬라 모델S의 공급 물량이 20만 대를 돌파했다.

2018년

닛산 리프의 글로벌 판매량은 2018년 1월 30만 대를 달성했다. 플러그인 전기 승용차의 세계 보유량은 2018년 12월 510만 대로, 순수 전기 자동차 330만 대(65%), 플러그인 하이브리드 차량 180만 대(35%)다.

2019년

재규어의 순수 전기 자동차 퍼포먼스 SUV인 I-PACE가 독일에서 가장 유명한 자동차상인 황금 핸들상을 수상했다. 아우디 Q3와 세아트 타라코를 제치고 중형 SUV 부문에서 우승을 차지했다.

2020년

테슬라의 100만 번째 자동차가 생산됐다.

주요 출처: 글로벌 EV 아웃룩

비용과 배기가스

전기 비용 문제

전기 자동차의 충전 비용은 배터리 크기, 배터리 방전 정도, 충전 속도 등에 따라 달라진다. 참고로 약 160킬로미터의 운행 거리를 제공할 수 있는 24kWh 배터리가 장착된 순수 전기 자동차라면, 방전 상태에서 완전 충전하는 데까지는 1~4파운드(2015년)의 비용이 든다.

이때 전기 연료의 평균 비용은 1.6킬로미터당 약 0.03파운드가 된다.[5] PHEV와 E-REV도 비용이 비슷하며, 이 경우에는 배터리가 작아서 충전 비용이 더 줄어들 것이다. **표 1-3**의 데이터를 참고하기 바란다.

때에 따라서는 야간 충전을 이용해 전기요금을 낮출 수도 있다. 다른 옵션으로는 태양 전지판으로 충전하는 방법이 있다. 이 경우 전기 자동차를 소유하는 데 드는 총비용이 내연기관 차량과 비슷하다는 계산 결과가 나온다. 그러나 이런 상황은 향후 바뀔 것이다. 전기 자동차 가격의 대부분을 차지하는 배터리 가격이 계속 하락 중이며, 기존 차량과 비교해 고장이 잘 나지 않고 유지 관리비가

> **핵심 체크**
> • EV 충전 비용은 배터리 크기, 배터리 방전 정도, 충전 속도 등에 따라 달라진다.

적다. 이 같은 점은 차량 소유에 드는 총비용을 지속해서 하락시킨다.

표 1-3 차종별 비용

마일리지, 연료 비용	ICE	Pure-EV	PHEV	특이 사항
연간 마일리지	10,000	10,000	10,000	
연료비 (£/gallon or kW/h)	£5.70	£0.05	£5.70/ £0.05	전기세(£/kWh) 계산에는 더 높은 단가를 사용했다. 야간 충전이나 태양광을 이용할 경우 낮은 단가를 적용한다.
복합 사이클 사용 시 공식 연비 mpg	68mpg	150 Wh/km	166mpg	전기 소모량(Wh/km)
'현실적' 연비 (mpg, mile per gallon)	50mpg	175 Wh/km 0.28 kWh/mile	100mpg[6]	현실적 연료 소모량
전체 연료 비용	£1,140	£140	£570	(연 주행 거리×연료 비용/연비)
				(연 주행 거리×연료 비용×kWh/mile)
차량 관련 비용 정보				
구입 가격	£28,000	£34,000	£35,000	현재 가격 기준으로 추정
플러그인 보조금		-£5,000	-£5,000	비용을 25% 줄이기 위해 지급되는 보조금(최대 £5,000)
순 구입 가격	£28,000	£29,000	£30,000	
감가상각 비용/연	£8,400	£8,700	£9,000	30%를 적용, 변동 가능
잔존 가액	£19,600	£21,300	£21,000	
서비스, 유지비, 수리비	£190	£155	£190	발표된 통계의 평균값에 준함
기타 정보				
차량 소비세와 등록 비용	£30	£0	£0	
총비용	**£9,760**	**£8,995**	**£9,760**	**1년차**

표 1-3에 사용된 숫자들은 합리적 비교를 위해 선택된 '추측 값'이다. 결론적으로 순수 전기 자동차와 PHEV의 경우, 연료비가 훨씬 낮음에도 불구하고 전반적으로 총비용이 ICE와 비슷하다. 중요한 부분은 전기 자동차의 감가 상각비를 어떤 방식으로 계상할 것인가 하는 문제다. 향후 몇 년 동안은 전기 자동차의 연료비 절감 요인이 더 중

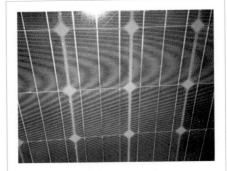

그림 1-8 광전지 Photo Voltaic, PV, 일명 태양 전지판

요해질 것이다. 충전 시간과 요율을 자동으로 선택할 수 있는 스마트 계량 시스템의 개발도 주전력망에 주는 부담을 줄일 수 있기에 일반화될 것이다.

차량 수명의 종료

'차량 수명 종료 End of Life Vehicle, ELV 지침 2000/53/EC'로 알려진 유럽 법률은 제조업체가 수명이 다한 모든 자동차와 경량 밴의 95%를 재사용·재활용 또는 회수하도록 규정하고 있다. 특수 공인 처리 시설 ATF, Authorized Treatment Facilities에서는 배터리, 타이어, 오일 등 환경적으로 위험한 구성 요소를 차량에서 모두 분해하거나 제거해서 이 법률을 준수한다. ELV 지침은 환경친화적인 제품 설계를 장려한다. 예를 들어 유해 중금속 사용은 피하고 재활용 재료를 많이 사용하며, 쉽게 재사용하거나 재활용할 수 있는 자동차 부품의 재료를 만들도록 한다.

전기 자동차용 배터리는 자동차 수명이 다한 후에도 여전히 상당한 가치

핵심 체크
- 전기 자동차용 배터리는 자동차 수명이 다한 후에도 여전히 상당한 가치가 있다.

가 있다. 전기 자동차의 배터리를 태양 전지판과 연계해 전기를 저장할 수 있는 가정용 전기 저장 장치로 이용하는 방안을 포함해 여러 활용 방안을 다양한 기관에서 모색하고 있다.

이산화탄소 배출량 절감

기후변화위원회의 보고서에 따르면 전기 자동차를 사용해도 이산화탄소 감축 효과는 그리 크지 않을 것이라고 한다. 그러나 전력을 생산하는 방법이 친환경적이라면 전력망으로 충전되는 모든 차량도 친환경적이 되고, 결과적으로 이런 이점들이 누적될 것이다. 기후변화위원회도 2030년 이후의 탄소 감축 목표를 달성하려면 전기 자동차를 광범위하게 활용해야 한다고 밝혔다.

그림 1-9 이산화탄소 배기가스의 원인

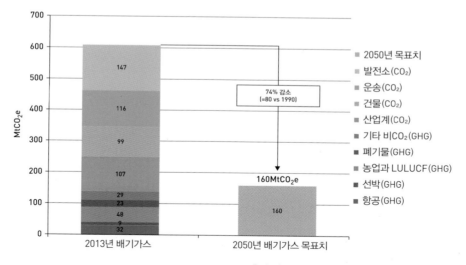

출처: 영국 기후변화위원회, https://www.theccc.org.uk/

전기 자동차만으로는 기후 변화 문제를 해결할 수 없지만, 활용도가 증가하면 탄소 감축 목표를 달성하는 데 큰 도움을 줄 것이다. 도시 대기질의 수준 역시 상당히 향상될 것이다. 그림 1-9는 이산화탄소 배기가스의 주요 원인과 2050년에 달성하고자 하는 목표의 근거를 보여준다. 국제에너지기구(IEA)가 제작한 '글로벌 EV 아웃룩 2015'에 의하면 전기 자동차 사용량이 크게 증가하고, 이산화탄소 배출량은 감소한 것으로 나타났다.(출처: http://www.iea.org)

배기가스

전기 자동차는 배터리로만 동력을 공급하는 경우, 이른바 Tank-to-wheel이라고 불리는 사용 차량 기준으로 볼 때 배기가스 배출량이 0이다. 반면 연료 생산 과정까지 고려하는 well-to-wheel 기준에는 발전 중에 발생하는 이산화탄소 배출량도 포함된다. 따라서 이 수치는 전력망에 공급할 전기를 만드는 데 사용되는 연료의 혼합물 비율에 따라 달라진다. 모든 자동차의 이산화탄소 배출량을 정확하게 비교하려면 가솔린/디젤의 생산, 정제, 유통 중에 발생하는 이산화탄소 배출량까지 포함하는 well-to-wheel 수치를 사용할 필요가 있다.

가장 극단적인 예이긴 하지만, 순수 전기 자동차의 일반적인 배기가스 배출량을 중소형 내연기관 자동차의 배기가스 배출량과 비교해보자.

갈수록 석유와 석탄에 대한 의존도가 감소하기 때문에 전기 생산은 계속해서 탈탄소화하고 있다. 따라서 전기 자동차를 운전하는 데 들어가는 이산화탄소 배출량 수치는 더 떨어질 것이다. 배기가스에는 대기오염의 원인이 되는 질소산화물과 미세입자(가스나 액체 속에 퍼져 있는 작은 고체나 액체 입자)도 포함된다.

핵심 체크

• 전기 자동차는 이른바 Tank-to-wheel이라고 불리는 사용 차량 기준으로 볼 때 배기가스 배출량이 0이다.

배터리 전력만으로 운행하는 차량이 해당 지역의 대기질 개선에 큰 역할을 하는 이유는 배기가스가 배출되지 않기 때문이다.

국제표준 배출가스 시험 방식

국제표준 배출가스 시험 방식, 즉 WLTP는 오염 물질 및 이산화탄소 배출량, 연료 또는 에너지 소비량, 전기 차량 주행 거리 등을 결정하는 국제 기준이다. 이 표준은 승용차와 소형 상업용 승합차에 사용된다. EU, 일본, 인도 등의 전문가들이 자동차 법규의 통합화를 위한 UNECE 세계포럼의 지침에 따라 이 표준을 개발했고, 2015년에 공표했다.

이전의 모든 시험 사이클과 마찬가지로 WLTP에도 단점이 있다. 하지만 적어도 WLTP는 보다 현실적인 시험을 위한 시도였다고 평가할 수 있다. 핵심은 실제 주행과는 좀 차이가 나더라도 표준화한 시험을 통해 서로 다른 차량을 정확하게 비교할 수 있다는 점이다. WLTP는 다이나모미터 시험 및 도로 하중(운동 저항), 기어 변속, 전체 차량 중량(옵션 장치, 화물 및 승객 모두 포함), 연료 품질, 주변 온도, 타이어 및 공기압 측정 조건에 관한 매우 엄격한 지침을 포함한다. kW/Tonne(정격 엔진 출력/공차 중량)으로 표시되는 동력/중량 비율(PWr)로 정의된 차량 등급에 따라 다음 세 가지 사이클이 사용된다.

- Class 1 – 저출력 차량, PWr ≤ 22kW/t
- Class 2 – 22 < PWr ≤ 34kW/t인 차량
- Class 3 – 고출력 차량, PWr > 34kW/t

근래 출시된 자동차 대부분과 경량 밴과 버스는 동력/중량 비율이 40~

그림 1-10 WLTP 시험 사이클

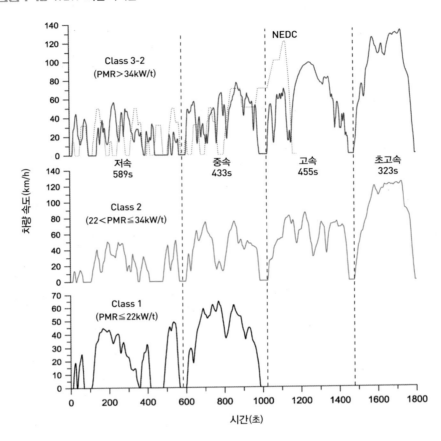

100kW/t이므로 Class 3에 속한다. 하지만 일부 차량의 경우 Class 2에 속할 수도 있다. 각 등급에는 도시 도로, 국도, 자동차 전용 도로, 고속도로에서 실제 자동차를 운전할 때를 재현하는 여러 가지 주행 테스트가 있다.

각 시험에서 지속 시간은 등급별로 고정돼 있다. 등급별 차이점은 가속도와 속도 곡선이 서로 다르다는 것이다. 시험 순서도 최대 차량 속도V_{max}에

핵심 체크

• 근래 출시된 자동차 대부분과 경량 밴과 버스는 동력/중량 비율이 40~100kW/t이므로 Class 3에 속한다.

의해 제한된다. 수동 변속 장치에는 4단, 5단, 6단, 7단, 심지어 8단 기어까지 있기 때문에 고정된 기어 변속점을 정할 수 없다.

이를 극복하려고 WLTP에서는 최적 변속점 계산 알고리즘을 사용한다. 알고리즘은 정상 엔진 속도 내에서 전체 차량 중량과 최대 부하 출력 곡선을 고려해 만들어진다. 이 알고리즘은 현재 차량에서 구현 가능한 광범위한 rpm 및 엔진 출력 범위를 포함한다. 정상적이고 연료 효율이 높은 운전 스타일을 반영하기 위해, 기어 변속이 5초 이내에 발생하는 경우라면 알고리즘에서 이를 제외한다.

신규 유럽 주행 사이클보다 개선된 것이 WLTP이지만 가속 부분은 여전히 매우 느리다. 예를 들어 시험법상 가장 빠른 속도가 0~50km/h(0~30mph), 가속 시간은 15초다. 하지만 서유럽 운전자 대부분은 정지 상태에서 시속 50km까지 가속하는 데 5초에서 10초 사이가 걸린다. 또한 WLTP 주행 사이클에는 언덕 오르기가 없다. 향후 이러한 환경을 테스트하는 단계도 포함해야 할 것이다. 그리 가파르지 않은 경사라 하더라도 경사를 오를 때 엔진 부하가 2~3배 증가해 오염 물질 배출량도 증가한다. 이런 단점에도 불구하고 WLTP는 올바른 방향으로 나아가는 발걸음이라고 평가할 수 있다. Class 3 차량의 WLTP 주행 사이클은 저속, 중속, 고속, 초고속으로 나뉜다. $V_{max} < 135km/h$일 경우, 초고속 부분은 저속 부분으로 대체된다.

환경 전 과정 평가

차량의 탄소 배출량을 산출할 때 차량 수명을 생산, 사용, 재활용이라는 세 가지 단계로 나눠 생각한다. 배터리를 동력으로 쓰는 전기 구동 차량의 경우, 동급의 내연기관 차량보다 탄소 배출량이 적다.

전기 자동차는 제품 수명 주기의 모든 단계에서 이산화탄소 배출량을 크게 저감할 수 있다. 추진 동력원이 화석 연료인지 신재생에너지인지가 이산화탄소 배출 문제에 있어 매우 중요하다. 일례로 2019년에 골프 TDI(디젤)는 전체

수명 주기 동안 평균 140g CO_2/km를 배출하는 반면, e-Golf는 119g CO_2/km를 배출한다.

내연기관 차량은 사용 단계에서 이산화탄소 대부분을 배출한다. 화석 연료의 공급과 연소가 이뤄지는 단계다. 이때 디젤 차량의 배출량은 111g CO_2/km에 달한다. 반면 전기로 구동되는 동급 차량은 사용 단계에서 62g CO_2/km만 배출한다. 이는 전력 에너지를 생산하고 공급하는 과정에서 발생한다.

내연기관 차량과는 달리 배터리 구동 전기 차량에서는 이산화탄소 배출량 대부분이 전력 생산 단계에서 발생한다. 환경 전 과정 평가LCA, Life Cycle Assessment에 따르면 이 단계에서 디젤 차량의 배출량은 29g CO_2/km인 반면, 비교 가능한 동급 전기 자동차의 배출량은 57g CO_2/km다. 전기 자동차의 높은 이산화탄소 배출량은 배터리 생산과 복잡한 원재료 추출 과정이 주요 원인이다. 이 과정에서 발

그림 1-11 환경 전 과정 평가

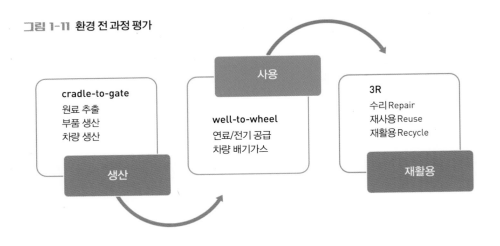

생하는 이산화탄소 배출량은 전체 수명 주기에서 발생하는 배출량의 거의 절반을 차지한다. 반면 차량 사용 단계에서 이산화탄소 배출량은 전력 에너지 생산원에 따라 달라진다. 신재생에너지를 많이 쓸수록 더 많이 감소한다.

환경 전 과정 평가 방식은 차량의 생태학적 대차대조표를 연구하려고 국제적으로 표준화한 절차다. 따라서 미묘하고 복잡한 요인들이 얽혀 있다. 수명 주기 평가에서는 자동차의 모든 생산 단계에서 이산화탄소 배출을 조사한다는 점이 특징이다.

- 원자재 추출, 부품 생산, 자동차 조립 과정에서 발생하는 배출량은 생산 단계에 포함된다.
- 사용 단계에는 연료와 전기 공급 과정에서 발생한 배출량이 모두 포함된다. 특히 20만 km 이상 운행한 차량의 배출량이 포함된다.
- 재활용 단계는 해체 과정에서 발생하는 이산화탄소와 재활용으로 인해 잠재적으로 줄어드는 이산화탄소 배출량에 대한 평가를 포함한다.

환경 전 과정 평가를 한 결과, 폭스바겐을 비롯한 제조사들이 LCE Life Cycle Engineering를 이용하면 추가적인 배출 저감 조치를 할 수 있고, 이산화탄소 균형을 구체적으로 최적화할 수 있다는 사실을 발견했다.(출처 : 폭스바겐 미디어)

지능형 프로그래밍

자율주행 전기 자동차의 지능형 프로그래밍은 에너지 절약을 가능하게 한다. 예를 들어 BEV 대부분은 여러 운전 모드, 즉 연비·일반·스포츠 모드를 운전자가 선택할 수 있도록 한다. 현실이 되려면 아직 멀었지만, 4~5등급 자율주행 차량은

인간 운전자보다 높은 연비를 실현할
것이다. 지도 데이터를 사용해 경로를
선택하고, 최적의 운전을 구현하기 위
한 여러 조건(속도 제한이나 회전이 필요

한 곳 또는 교차로의 위치, 그에 따른 시간과 속도 등)을 사전에 알아낼 것이기 때문
이다.

자율주행 차량은 드라이빙 역학, 차량 항력, 배터리 충전량SOC, State of Charge의
변화도 고려한다. 배터리 충전량이 경로 선택에서부터 회생제동의 가용성과 사용
성을 결정하는 일을 포함해 모든 것에 영향을 미친다. 그 밖에 경로 주행 중에 겪
을 수 있는 변화 요인으로는 차량과 도로 인프라(예를 들어 교통 관제 장치) 간의 교
신, 차량 내 장치의 센서 데이터와 카메라 판독 값, 날씨 변화 등이 있다.

가장 효율적으로 감속하는 방법은 속도가 자연스럽게 줄어들도록 하는 타력
주행이다. 이 경우 인위적인 속도 저하가 없고, 그에 따른 에너지 낭비도 없다. 다
만 배터리 충전량이 90% 미만이 아니면 회생제동으로 에너지를 회수하는 일은
거의 없다. 더군다나 큰 도시나 도시에서 운전한다면 타력 주행은 거의 불가능하
다. 따라서 시내 주행에 적합한 가속·제동 방법을 사용해 에너지 효율을 높인다.
사전 설정된 운전 모드를 사용할 수 없는 경우라면, 사전 설정된 운전 모드가 다시
작동할 때까지 저속에서 가벼운 가속과 부드러운 제동을 한다. 잠재적으로 10%
이상의 배터리 전력 절감을 달성할 수 있으며, 어떤 경우에는 스포츠 운전 모드보
다 최대 50%까지도 절약할 수 있다.

전기 자동차에 얽힌
잘못된 믿음과 진실

시대 변화에 따른 혼란과 소문

FUD는 공포 fear, 불확실성 uncertainty, 의심 doubt의 약자다. 전기 자동차와 하이브리드 차량과 관련해 많은 FUD가 있다. 사람들이 FUD를 품는 것은 이해가 가는 일이다. 세상이 너무 빠르게 변하고 있기 때문이다. FUD는 자신을 둘러싼 상황이 빠르게 변하고 있다고 느낄 때 종종 발생한다. 이런 시대에 소문은 무성하고 확신은 줄어든다. 안타깝게도 전기 자동차와 관련해서 FUD가 잘못된 정보를 제공하는 일이 일어나고 있다.

필자의 개인적인 견해는 물론이고 거의 모든 자동차 제조업체의 견해는 전기 자동차가 자동차 산업의 미래라는 것이다. 배출가스 감축과 지구 온난화 문제 해결에 도움을 주는 것뿐만 아니라, 내연기관 차량보다 훨씬 운전하기 편하기 때문이다.

그림 1-12 필자의 전기 자동차는 알프스산맥의 정상에서보다 산 아래에서 운행 거리가 8킬로미터나 늘었다.

또한 전기 자동차는 에너지를 더

━ **그림 1-13** 런던의 전기 택시. 한 운전자는 오래된 디젤 차량보다 연료비를 연간 5,000파운드 ━
씩 절약한다고 말했다.

효율적으로 사용한다. 석유 버너의 경우 연소하는 에너지의 70~75%를 쓸데없이 낭비한다. 화석 연료는 추출, 운반, 정제 과정에서 방대한 양의 이산화탄소를 방출 한다. 더구나 이때의 이산화탄소 방출량은 연소해 배출되는 배기가스와는 무관한 양이다. 이제 전기 자동차에 얽힌 몇 가지 잘못된 믿음에 대해 살펴보고자 한다.

전기 자동차와 미신

전기 자동차는 짧은 거리를 주행해도 전기를 다 소모하므로 운행 거리가 짧다

영국과 웨일스를 가로질러 자동차/밴으로 통근하는 사람들의 평균 주행 거 리는 약 16킬로미터다. 평균 통근 주행 거리는 남동부가 가장 길고(18킬로미터) 런 던이 가장 짧다.(13.8킬로미터)[7] 유럽 근로자들은 하루 평균 1시간 24분씩 통근하며 총 28.56km(17.7마일)를 이동한다. 주행 거리를 보면 유럽인의 약 23.3%이 하루 평균 40km 이상, 36.2%가 10km 미만으로 이동한다.[8] 미국인들은 하루에 평균 64 킬로미터를 운전한다.[9]

이 통계에 의하면 운행 가능 거리가 가장 짧은 전기 자동차로도 통상적인 출근 거리의 2배 이상을 다음 충전 때까지 갈 수 있다. 보통 현실 세계에서 실현 가능한 운행 거리는 제조사에서 주장하는 운행 거리의 3분의 2 정도다. 따라서 다음과 같은 제조사가 주장하는 운행 가능 거리를 절반으로 줄이더라도(정말 추운 날, 형편없는 운전 습관 등을 고려한 상황), 일반적인 출퇴근길에서 전기 자동차는 아무 문제가 없다는 결론에 이르게 된다.

- 닛산 리프: 241km
- 쉐보레 볼트: 383km
- 현대 코나: 415km
- 재규어 I-PACE: 470km
- 테슬라 모델3: 499km
- 테슬라 모델S: 529km
- 테슬라 로드스터(2020년 모델): 998km

전기 자동차는 느리다

전기 모터는 토크의 100%를 즉시 낼 수 있다. 이것은 모든 속도 영역대에서 동일하다. 즉, 토크 곡선이 평평한 모양이다. 테슬라 모델S의 상위 버전은 정지 상태에서 96km/h까지 이르는 데 약 2.5초밖에 걸리지 않는다. 필자의 폭스바겐 GTE PHEV는 순수 전기 자동차 모드일 때, 트랙션 컨트롤이 작동하지 않으면 앞바퀴가 미끄러져 헛바퀴가 돌아갈 정도의 힘을 지녔다. 전기 자동차는 느리지 않다!

ㄴ → **그림 1-14** 토요타 프리우스 플러그인 하이브리드(출처: 토요타 미디어)

전기 자동차는 비싸다

흔히 전기 자동차가 내연기관 차량보다 더 비싸다고 주장하는데, 과연 그럴까? 전기 자동차의 가격이 비싼 데는 배터리 비용이 결정적 요소로 작용하지만, 이는 향후 몇 년 안에 크게 감소할 것으로 예상한다. 더구나 많은 나라가 전기 자동차를 구입할 때 보조금을 지급하는 정책이 있다. 또한 구입 비용뿐만 아니라 장기적으로 차량을 유지하는 데 소요되는 비용을 고려하는 것도 중요하다. 비록 구입 당시에는 전기 자동차가 전반적으로 더 비싸지만, 장기적인 운영 비용 면에서는 상당히 저렴하므로 결과적으로는 더 싸다고 할 수 있다. 이 점을 주목할 필요가 있다. 전기 자동차가 주류가 되면 관련 부품의 비용이 크게 하락할 것이다.

전기 자동차는 안전하지 않다

충돌 테스트에서 전기 자동차는 기존 차량과 동일한(엄격한) 기준을 통과해야 한다. 그리고 실제로도 안전하다. 물론 전기 자동차에 사용되는 고전압은 비숙련 정비사가 작업하면 위험하다. 하지만 현재 IMI 테크세이프TechSafe와 같은 프로그램이 이를 관리하고 있다.(257쪽 참고) 충돌 시에도 고전압 자체는 운전자와 승객에게 아무런 위험도 되지 않는다. 차량 화재를 주제로 한 최근 연구에서는 리튬 이온 배터리 시스템에서 발생하는 화재나 폭발의 빈도 또는 심각성이 내연기관 자동차와 비슷하거나 그 이하라는 결론을 내린 바 있다.[10]

전기 자동차가 기존 차량보다 탄소 배출량이 많다

전기 자동차는 배터리에 있는 화학 에너지의 최소 75%를 휠에 쓰일 기계적 에너지로 변환한다. 반면 내연기관 차량은 디젤 또는 가솔린에 저장된 에너지의 약 25%만 기계적 에너지로 변환한다. 전기 자동차는 배기가스나 매연을 배출하지도 않는다. 물론 발전소에서 발생하는 이산화탄소 배출량이 있지만, 발전소의 에너지 전환율도 여전히 내연기관보다 효율적이다. 더구나 친환경 발전으로 바뀌는 추세가 두드러지고 있으므로 전기 자동차는 매일 더 환경친화적이 되고 있다고 할 수 있다. 또한 차량의 전체 수명 주기를 고려하는 것도 중요하다. 자세한 내용은 35쪽을 참고하기 바란다.

전기 자동차는 서비스와 수리에 많은 비용이 든다

전기 자동차는 모든 복잡한 기계들이 그러하듯 정기적으로 점검할 필요가 있다. 그러나 전기 자동차의 경우, 시간문제일 뿐 결국은 고장 날 수밖에 없는 부품이 기존 차량보다 훨씬 적다. 주요 딜러들이 취급하는 동급 유사 차량과 비교해보면, 전기 자동차는 서비스 비용이 덜 든다.

공공 충전소가 충분하지 않다

전기 자동차 충전은 대부분 집이나 직장에서 이뤄진다. 영국(2019년 12월 기준)에 설치된 공공 충전소의 수는 10,343곳, 그곳에 설치된 충전 장치의 수는 16,495개, 이 장치 내의 모든 커넥터 수는 28,541개다. 지난 30일 동안 Zap-Map

(영국의 전기차 충전소 위치 정보 앱) 데이터베이스에 추가된 새로운 충전 장치는 778 개이고 이는 1,255개의 새 커넥터가 늘어난 것이다.[11] 미국의 경우 현재 전기 자동차 충전소가 2만 곳 이상 있으며 커넥터가 6만 8,800개 이상 있다.[12]

배터리의 수명은 수년을 넘지 않는다

자동차 제조업체 대부분은 최소 8 년 혹은 16만 킬로미터 동안 배터리 팩을 보증한다. 몇몇 보고서에 따르면 닛산 리프 모델은 19만 킬로미터가 지난 후에도 배터리 용량의 75%가 남아 있었다. 어떤 테슬라 운전자는 심지어 32만 킬로미터를 타도 배터리 용량이 90% 남았다고 주장하기도 한다.

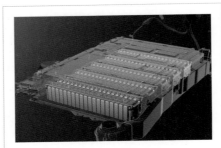

그림 1-15 토요타 프리우스 플러그인 하이브리드 배터리(출처: 토요타 미디어)

개인적으로 초기 배터리로 여전히 잘 작동하고 있는 1997/8 토요타 프리우스 자동차 몇 대를 알고 있다. 배터리의 99%는 수리, 재제조, 재사용 또는 재활용이 가능하다. 자세한 내용은 147쪽을 참고하기 바란다.

전력 공급망은 과부하를 견디지 못할 것이다

영국과 EU, 미국 전역의 전력 공급망은 큰 변화 없이도 가까운 장래에 예상되는 EV 성장세의 수요를 처리할 수 있다. 이는 전기 자동차 대부분이 심야 시간대와 전력 수요가 가장 적은 시간에 충전하는 경향이 있기 때문이다. 전력 공급망의 균형을 맞추려면 일정 시간에 EV 충전을 할 경우, 저렴한 가격을 적용할 필요가 있다. 영국의 전체 발전 용량은 75.3GW으로[13] 전체 용량 자체가 문제되는 수준은 아니다. **그림 1-16**은 영국의 2019년 12월 추운 날의 전력 수요를 보여준다.

그림 1-16 2019년 12월 영국의 24시간 전력 수요 변화

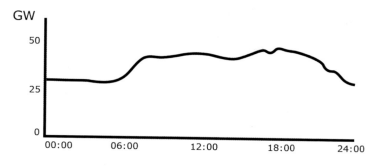

출처: https://gridwatch.co.uk

배터리와 모터에 사용되는 희토류 금속의 매장량이 소진될 것이다

우선 자원과 그 자원의 매장량이 어떻게 다른지를 정의할 필요가 있다. 자원은 지질학적 상품이 얼마나 존재하는가에 관한 것이다. 여기에는 발견된 양과 발견되지 않은 양이 모두 포함된다. 따라서 자원의 양은 계산된 추정치에 해당한다. 반면 매장량은 이미 발견된 자원의 양이다. 따라서 알려진 양이 있고, 추출 기술과 자원의 수요에 따라 경제적 가치도 변한다. 예를 들면 특정 희토류 금속의 수요가 증가하면 가용 매장량도 증가한다.

다른 기술 발전도 일어나고 있다. 예를 들어 혼다의 인사이트 하이브리드 모델과 어코드 하이브리드 모델은 3세대 트랙션 모터와 발전기를 채택했다. 토요타는 모터에 희토류 원소인 네오디뮴을 훨씬 적게 함유한 새로운 내열 자석을 도입했다. 네오디뮴의 일부는 값이 싼 희토류인 란타넘과 세륨으로 대체됐다.

그림 1-17 혼다 인사이트 하이브리드 모터(출처: 혼다 미디어)

2

전기 자동차를 이해하는 전기 전자 이론

기초 전기 이론

전기란 무엇인가

전기를 제대로 이해하려면 전기가 무엇인지부터 알아야 한다. 이 말은 우리가 아주 작은 것을 들여다봐야 함을 의미한다. 분자는 우리가 특정 물질로 인식할 수 있는 가장 작은 단위다. 분자를 더 세분화하면 원자가 된다. 원자는 물질의 가장 작은 부분이다. 원소는 오직 한 종류의 원자로 구성된 물질이다.

원자는 중심에 양성자와 중성자로 이뤄진 원자핵이 있다. 원자핵 주위에 전자가 존재하고, 핵은 중성자와 양성자로 구성된다. 중성자는 전하가 없으므로 중성이며 극성이 없다. 반면에 양성자는 전하를 띠므로 원자핵은 결국 양전하를 띠게 된다. 전자는 원자를 구성하는 매우 작은 부분이며 음전하를 띤다. 양전하를 띤 양성자가 음전하인

그림 2-1 원자의 개념도. 사실 전자는 그림처럼 공전하지 않고 확률적으로 핵 주변에 존재한다.

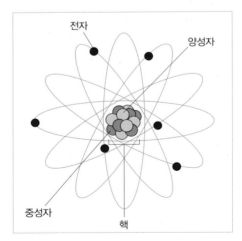

전자를 끌어당겨서 핵 주위의 일정한
궤도를 벗어나지 않는다. 전자는 어떤
종류의 원자이든 모두 비슷하다.

　　원자가 균형 상태에 있을 때, 핵의
궤도를 도는 전자의 수는 양성자의 수와 같다. 일부 물질의 원자는 전자가 모원자로부터 쉽게 분리돼 인접 원자와 결합할 수 있는 특성이 있다. 이런 과정을 거쳐 원자들은 전자를 물질 내에서 모원자로부터 다른 원자(극성이 서로 반발하는 것처럼)로 이동시킨다. 이것은 무작위적인 움직임이며 이 과정에 관련된 전자를 자유전자라고 부른다. 전자가 쉽게 움직일 수 있는 물질을 도체라고 부른다. 어떤 물질의 경우, 모원자로부터 전자를 이동시키는 것이 매우 어렵다. 이 물질들을 절연체라고 부른다.

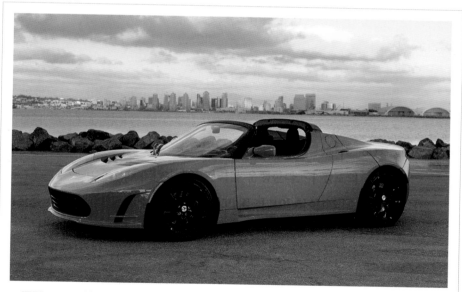

그림 2-2 테슬라 로드스터처럼 200km/h 이상의 속도를 내는 기술은 전자 부품 덕분이다.
(출처: 테슬라 모터스)

전자와 통상적인 전류

도체에 전기적 압력(기전력 또는 전압)을 가하면 전자의 이동이 방향성을 띠고 일어난다. 예를 들어 배터리를 전선에 연결할 때 이 현상이 발생한다. 전자는 양전하 측으로 끌리고 음전하 측에서는 밀어낸다. 전자의 흐름을 일으키려면 다음과 같은 조건이 필요하다.

- 배터리 또는 발전기와 같은 전기적 압력 소스 source
- 전자가 움직일 수 있는 완전한 전도 경로(예: 전선)

전자의 흐름을 전류라고 부른다. 그림 2-3은 스위치와 램프를 이용해 배터리 양극 단자가 배터리 음극 단자에 연결되는 간단한 전기 회로를 보여준다. 스위치를 누르지 않으면, 배터리의 화학 에너지는 양극 단자에서 전자를 제거해 음극 단

그림 2-3 간단한 전기 회로

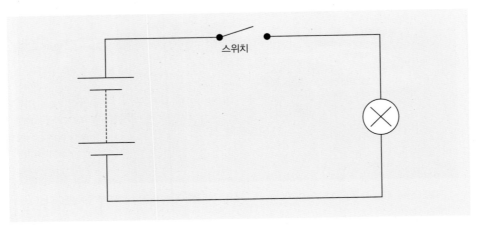

자로 보낸다. 이 때문에 양극 단자에는 전자가 적고, 음극 단자에는 전자가 남는 현상이 발생한다. 이로 인해 배터리 단자 사이에 전기 압력이 존재한다.

스위치를 누르면 음극 단자의 잉여 전자는 램프를 통과해서 전자가 결핍된 양극 단자로 흐른다. 이 과정에서 램프는 빛나고, 회로에서 배터리의 화학 에너지가 음극에서 양극으로 전자를 계속 움직이게 한다. 음극에서 양극으로 움직이는 것을 전자의 흐름이라고 부르며, 이것이 바로 전류다. 배터리가 전자에 압력을 공급하는 동안, 즉 방전되기 전까지 전류는 계속 흐른다.

- 전자의 흐름은 음에서 양으로 흐른다. 그러나 예전에는 전류가 양에서 음으로 흐른다고 생각했고, 이 관행이 여전히 남아 있다. 즉 실제 전류의 흐름과 반대되는 관례를 따르고 있다.
- 위의 이유로 통상적으로 전류는 양에서 음으로 흐르는 것으로 생각한다.

전류의 효과

회로에서 전류가 흐르면 발열, 자기장 생성, 화학 반응 등 세 가지 효과가 발생한다. 발열 효과는 전등과 히터 플러그와 같은 전기 부품이 작동하는 원리다. 자기장 효과는 계전기, 모터, 발전기가 작동하는 원리다. 화학 반응 효과는 전기 도금 및 배터리 충전의 기초가 된다. **그림 2-4**의 회로를 보면, 배터리의 화학 에너지가 먼저 전기 에너지로 변환된 후에 램프 필라멘트의 열에너지로 바뀐다.

앞서 언급한 세 가지 전기적 효과는 가역적이다. 열전대에 가해지는 열은 작은 기전력을 일으켜 전류가 소량 흐르게 한다. 이런 현상을 실용적인 목적으로 사

그림 2-4 전구와 모터와 배터리-가열, 자기장 및 화학 반응 효과

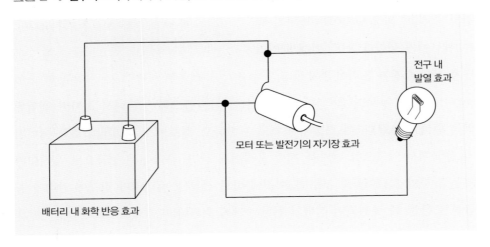

전구 내
발열 효과

모터 또는 발전기의 자기장 효과

배터리 내 화학 반응 효과

용하는 것이 주로 전자기기다. 자기장
내에 위치한 와이어 코일에 기전력이
발생하며 이로 인해 전류가 흐른다. 이

핵심 체크

•세 가지 전기 효과는 가역적이다.

것이 발전기의 원리다. 배터리는 화학 반응에 의해 기전력이 발생한다. 이것이 전
류를 흐르게 하는 힘이 된다.

기본 물리량

그림 2-5에서는 매초마다 램프를 통과하는 전자의 수를 유량rate of flow이라는
개념으로 설명한다. 전자가 흐르는 원인은 전압이다. 전압에 의해 유량이 정해지
고, 램프는 그 유량에 저항하는 힘을 발생시킨다. 전력은 일종의 일률이다. 쉽게
말해 에너지가 한 형태에서 다른 형태로 바뀌는 비율이다. 이 같은 물리량과 기타
다른 물리량이 67쪽 표 2-1에 정리돼 있다.

회로에 가해지는 전압은 증가하나 램프 저항이 그대로 유지되면 전류는 증가한다. 전압이 일정하게 유지되지만 저항이 높은 램프로 교체하면 전류가 감소한다. 옴의 법칙은 이런 관계를 설명하는 공식이다.

옴의 법칙에 따르면 폐쇄 회로에서 '전류는 전압에 비례하고 저항에 반비례한다.'라고 한다. 1V가 1A를 흐르게 할 때, 사용되는 전력 P은 1W다. 그 의미를 기호를 사용해 표현하면 다음과 같다.

전압=전류×저항

($V=IR$) 또는 ($R=V/I$) 또는 ($I=V/R$)

전력=전압×전류

($P=VI$) 또는 ($I=P/V$) 또는 ($V=P/I$)

그림 2-5 전압, 전류, 저항, 전력 사이의 관계를 보여주는 전기 회로

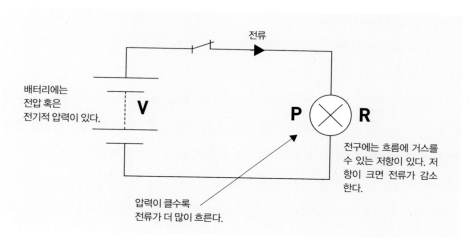

배터리에는 전압 혹은 전기적 압력이 있다.

전류

압력이 클수록 전류가 더 많이 흐른다.

전구에는 흐름에 거스를 수 있는 저항이 있다. 저항이 크면 전류가 감소한다.

전력은 전구가 얼마나 많은 에너지를 열과 빛으로 변환할지를 알려준다. 큰 전력은 더 많은 빛을 만들고 더 많은 전류를 흐르게 한다.

전기 회로 설명

전기 회로를 논할 때는 다음 세 가지 용어의 의미를 알아야 한다.

- 개방 회로Open Circuit : 회로가 끊어졌다는 뜻이다. 따라서 이 경우에 전류는 흐르지 않는다.
- 단락Short Circuit : 어떤 결함 때문에 회로의 한 부분이 저항체를 거치지 않고 연결되는 것을 말한다.
- 고저항High Resistance : 이는 회로의 일부에 높은 저항(예: 연결 부위의 오염)이 생겼다는 것을 의미한다. 이로 인해 흐를 수 있는 전류의 양이 감소한다.

도체, 절연체, 반도체

모든 금속은 도체다. 그중에서 금, 은, 구리, 알루미늄은 최고의 도체로 손꼽히며 자주 사용된다. 전류를 전도시키는 액체를 전해질이라고 부른다.

> **핵심 체크**
> - 최고의 도체로는 금, 은, 구리, 알루미늄이 있다.

절연체는 일반적으로 비금속이며 고무, 도자기, 유리, 플라스틱, 면, 실크, 왁스페이퍼 및 일부 액체를 포함한다. 어떤 물질은 조건에 따라 절연체나 도체 역할을 모두 할 수 있다. 이것을 반도체라고 부르며 트랜지스터와 다이오드를 만드는 데 사용한다.

도체의 저항을 결정하는 요인

절연체에는 큰 전압을 가하더라도 아주 작은 전자 운동만 발생한다. 반면 도체에서는 작은 전압을 가하더라도 큰 전자 흐름이나 전류가 생성된다. 도체에 발생하는 저항의 양은 다음과 같은 요인에 의해 결정된다. (그림 2-6 참고)

- 길이: 도체의 길이가 길수록 저항도 커진다.
- 단면 면적: 단면적이 클수록 저항은 작아진다.
- 도체를 만드는 재료: 도체에 발생하는 저항은 도체의 재료에 따라 달라진다. 이를 재료의 저항성 또는 비저항도라고 한다.
- 온도: 금속 대부분은 온도가 높아질수록 저항이 증가한다.

저항기와 회로 네트워크

저항이 낮은 도체를 사용해 전류를 운반하면 전압 손실을 최소화할 수 있다. 저항기는 회로의 전류를 제어하거나 전압 레벨을 정하는 데 사용된다. 저항기는 저항력이 높은 재료로 만들어진다. 저전류를 흘리는 데 쓰는 저항기를 탄소로 만드는 경우도 있다. 고전류에 사용하는 저항기는 보통 권선형이다.

관련 이론을 설명할 때, 저항기를 종종 기본 전기 회로의 일부로 표현하기도 한다. 그림 2-7의 두 회로는 실질적으로 서로 동일하다. 즉, 한쪽 회로를 저항기로만 이뤄진 회로로 표현할 수도 있는 것이다.

저항이 연결될 때 한 경로만 있는 경우 그림 2-8, 즉 동일한 전류가 각각

핵심 체크

- 저항기는 회로의 전류를 제어하거나 전압 레벨을 정하는 데 사용한다.

그림 2-6 전기 저항에 영향을 주는 요인

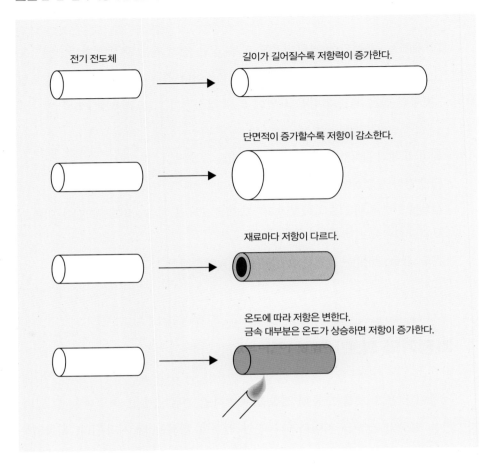

의 전구를 거치는 경우에 이를 직렬로 연결했다고 한다. 그리고 다음과 같은 법칙
이 적용된다.

- 전류는 회로의 모든 부분에서 동일하다.
- 가해진 전압은 회로 전체의 전압 강하의 합과 같다.
- 회로의 총저항(R_T)은 개별 저항값($R_1 + R_2$ 등)의 합과 같다.

그림 2-7 등가 회로

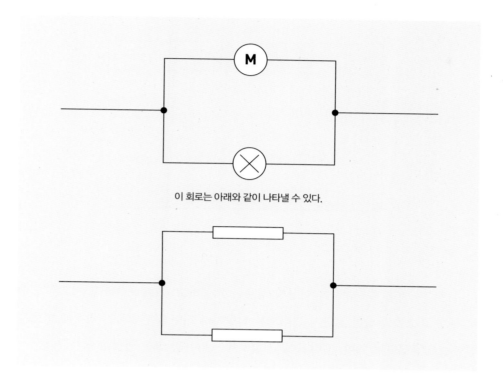

이 회로는 아래와 같이 나타낼 수 있다.

그림 2-8 직렬 회로

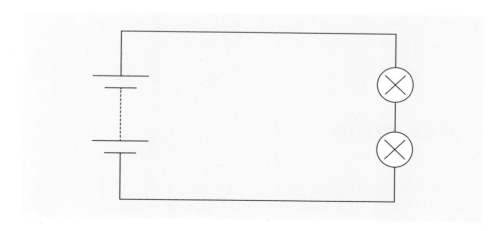

그림 2-9 병렬 회로

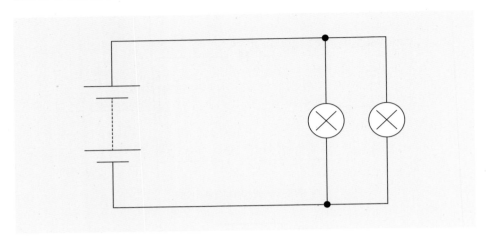

전류가 흐를 수 있는 둘 이상의 경로를 제공하고 (그림 2-9에 두 경로를 표시) 각 구성 요소에 동일한 전압이 걸리도록 저항기나 전구를 연결하는 경우에 회로를 병렬로 연결했다고 한다. 그리고 병렬 회로에는 다음과 같은 법칙이 적용된다.

- 병렬 회로는 모든 구성 요소에 걸쳐 전압이 동일하다.
- 총전류는 각 경로에 흐르는 전류의 합과 같다.
- 각 구성 요소의 저항 크기에 따라 전류가 달라진다.
- 회로의 총저항(R_T)은 $1/R_T = 1/R_1 + 1/R_2$ 또는 $R_T = (R_1 \times R_2)/(R_1 + R_4)$

자력과 전자기력

자력은 영구 자석이나 전자석에 의해 생성된다. 자력이 펼쳐진 자석 주위의 공간을 자기장이라고 부른다. 이 책의 그림에서 자기장의 모양은 자속선이나 자력선으로 표현했다. 자력에 관한 몇 가지 법칙은 다음과 같다.

- 다른 극은 끌어당기고 같은 극은 밀어낸다.
- 같은 방향의 자력선은 옆으로 밀어낸다. 반대 방향의 자력선은 끌어당긴다.
- 도체에 흐르는 전류는 도체 주위에 자기장을 만든다. 자기장의 강도는 얼마나 많은 전류가 흐르느냐에 따라 결정된다.
- 도체가 코일에 감겼거나 원통형 코일인 경우, 그 결과 생성된 자력은 영구 막대자석의 자력과 동일하다.

모터, 릴레이, 연료 인젝터 등에는 전자석이 사용된다. 두 자기장 사이의 상호 작용으로 전류 운반 도체에 힘이 가해지는 원리를 이용한다. 이는 모터

의 작동 원리이기도 하다. **그림 2-10**에서는 이런 자기장의 상호 작용을 표현했다.

전자기 유도

전자기 유도와 관련한 기본 법칙은 다음과 같다.

- 도체가 자력을 가로지르거나 자력에 의해 가로질러질 때 도체에는 전압이 유도된다.
- 유도 전압의 방향은 자기장의 방향과 도체를 기준으로 자기장이 움직이는 방향에 따라 달라진다.
- 유도된 전압의 크기는 도체가 자석을 가로지르거나 가로질러지는 속도에 비례한다.

그림 2-10 자기장의 모습

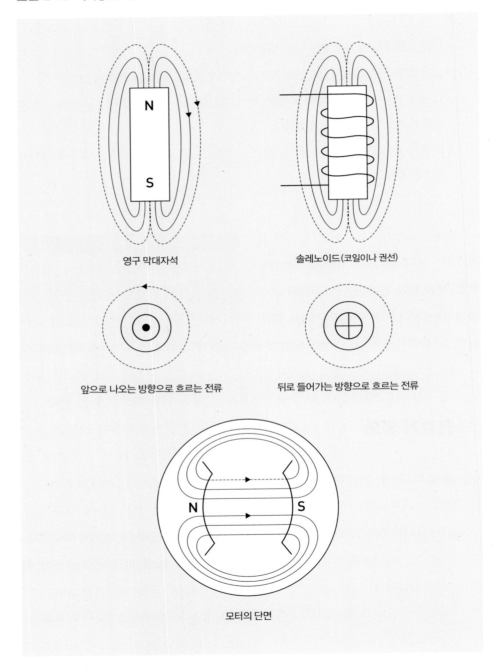

영구 막대자석

솔레노이드(코일이나 권선)

앞으로 나오는 방향으로 흐르는 전류

뒤로 들어가는 방향으로 흐르는 전류

모터의 단면

그림 2-11 전자기 유도

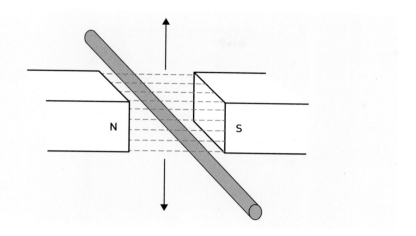

이 유도 현상으로 인해 전선에서 전압이 만들어진다. 이것이 차량의 알터네이터와 같은 발전기가 작동하는 기본 원리다. 발전기는 기계적 에너지를 전기 에너지로 변환하는 기계다. **그림 2-11**은 자기장 내에서 움직이는 전선을 표현했다.

핵심 체크

• 발전기는 기계적 에너지를 전기 에너지로 변환하는 기계다.

상호유도

두 코일(1차 코일과 2차 코일)이 동일한 철심 위에 감겨 있는 경우, 한 코일 내의 자력 변화가 다른 코일에 전압을 유도한다. 이런 현상은 1차 코일에 흐르는 전류를 켜고 끌 때 발생한다. 1차 코일보다 2차 코일에 전선이 많이 감겨 있으면 1차 코일보다 더 높은 전압이 발생할 수 있다. 반대로 1차 코일보다 2차 코일에 전선이

그림 2-12 상호유도

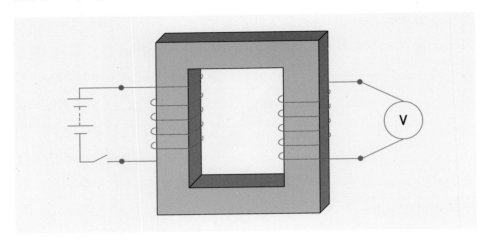

적게 감겨 있으면 1차 코일보다 더 낮은 전압을 얻는다. 이를 '변압기 작용'이라고 하며, 점화 코일의 원리이기도 하다. **그림 2-12**는 상호유도의 원리를 보여준다. 상호유도 전압의 크기는 다음에 따라 달라진다.

- 1차 전류
- 1차 코일과 2차 코일에 감은 전선의 비율
- 자력이 변하는 속도

모터의 기본 원리

전기 모터는 자기장 사이의 상호 작용으로 작동한다. 자기장은 코일로 만든 전자석이나 영구 자석 모두에 의해 생성될 수 있지만, 그중 하나는 반드시 전자석이어야 한다. 두 자기장에서 나오는 힘의 상호 작용으로 모터의 축을 회전시킨다. 그림 2-13 전기 모터는 배터리 같은 직류DC에 의해 구동될 수 있고, 주전력망 또는 인버터와 같은 교류AC에 의해 구동될 수도 있다. 발전기는 기계적 에너지를 전기 에너지로 변환하고, 모터는 전기 에너지를 기계적 에너지로 변환한다는 점을 제외하면 사실상 같은 기계라고 할 수 있다.

그림 2-13 전기 모터의 기본 원리[1]

정의와 법칙

옴의 법칙

전압이 커질수록 전류 세기가 세지고, 전기 저항이 클수록 전류 세기는 약해진다는 것이 옴의 법칙이다. 대부분의 경우, 도체를 통해 흐르는 전류는 가해지는 전압에 정비례한다. 저항은 전압 대 전류의 비율을 말한다. 저항이 넓은 전압 범위에서 일정하게 유지되면, 이 도체에 '저항성'이 있다고 한다.

> **핵심 체크**
> • 전압 대 전류의 비율을 저항이라고 한다.

옴의 법칙을 식으로 나타내면 $R=V/I$이다. 여기서 I=전류(암페어), V=전압(볼트), R=저항(옴)이다. 이 법칙을 발견한 게오르크 시몬 옴은 독일의 물리학자였으며, 전류 연구로 잘 알려져 있다.

렌츠의 법칙

전기 회로에서 유도된 유도 기전력EMF은 폐회로를 통과하는 자속의 변화에 반하는 유도 자기장을 만드는 방향으로 발생한다. 전자기 유도에서 발생한 유도 기전력의 방향을 결정하는 것이 렌츠의 법칙이다. 이 법칙은 물리학자 하인리히 렌츠의 이름을 따서 명명했다.

키르히호프의 법칙

키르히호프 제1법칙은 이렇다. "회로의 분기 접점으로 흘러 들어가는 전류는 분기 접점에서 흘러나오는 전류와 같아야 한다." 이 법칙은 전하 보존 법칙의 직접적 결과로 나온 것이다. 분기 접점에서 전하가 사라질 수는 없으므로, 회로로 흘러 들어가는 모든 전하는 반드시 밖으로 흘러나와야 한다는 원리에 입각한 법칙이다.

키르히호프 제2법칙은 이렇다. "모든 폐쇄 루프에서 회로 전체의 전압 상승과 강하의 합은 항상 0이다." 이 법칙은 직렬 회로에서 회로 전체의 전압 강하의 합이 항상 공급된 전압과 같다는 법칙과 사실상 같다.

이 법칙의 주인공 구스타프 로버트 키르히호프는 독일의 물리학자였다. 그는 세슘과 루비듐을 발견하기도 했다.

패러데이의 법칙

페러데이의 법칙은 "전선 코일 주위의 자기장이 변화하면 코일에 EMF가 유도된다."라는 이론이다. 여기서 주목해야 할 것은 이런 자기장 변화가 어떤 원인으로 일어나든 이 변화의 결과는 항상 전압 발생으로 이어진다는 점이다. 자기장을 변화시키는 방법은 다양하다. 자기장 강도를 바꾸거나, 자기장을 코일 쪽으로 다가오게 움직이거나 코일로부터 멀어지도록 이동시킨다. 이 밖에도 코일을 자기장 안이나 밖으로 이동시키거나, 자기장을 기준으로 코일을 회전시키는 방법도 있다. 이 법칙을 발견한 마이클 패러데이는 전자기 유도와 전기 분해 법칙을 발견한 것으로 잘 알려진 영국의 물리학자 겸 화학자다.

플레밍의 법칙

플레밍의 법칙은 오른손 법칙과 왼손 법칙이 있다. 오른손 법칙은 이렇다. "자기장 내에서 자기력선에 수직으로 놓은 도선을 자기장에 수직으로 움직이게 할 때, 오른손의 집게손가락과 엄지손가락을 각각 자기장의 방향과 도선의 운동 방향으로 향하게 하면, 유도 전류는 가운뎃손가락의 방향으로 흐른다."

왼손 법칙은 이렇다. "왼손의 가운뎃손가락과 집게손가락을 각각 전류의 방향과 자기장의 방향으로 향하게 하

그림 2-14 플레밍의 법칙

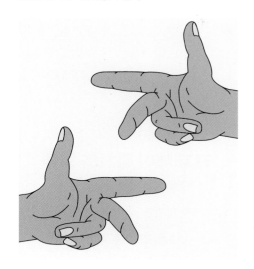

면, 전류가 흐르는 도선이 자기장에 의해 받는 힘은 엄지손가락의 방향으로 향한다." 왼손 법칙은 모터, 오른손 법칙은 발전기에 사용한다. 법칙의 발견자, 존 플레밍은 영국의 전기 기술자 겸 물리학자다.

앙페르의 법칙

"어떤 폐쇄 루프 경로에서든, 길이 성분의 합×성분 방향의 자기장=투과성×루프에 흐르는 전류다." 전류가 흐르는 주변에 형성되는 자기장은 흐르는 전류의 크기에 비례한다는 말이다. 전기장은 전류를 생성하는 전하의 양에 비례한다. 이 법칙의 발견자, 앙드레 마리 앙페르는 프랑스 과학자로 전기역학 연구에 상당한 기여를 했다.

전자 부품 알아보기

전자 제어 장치의 종류

제2장에서는 다양한 전자 회로의 원리와 응용에 관해 설명하지만, 회로가 작동하는 세세한 방법은 다루지 않는다. 원래 이 책에서는 회로가 어떻게 작동하는지 간략하게 설명하고, 회로가 차량의 어느 곳에 어떤 용도로 사용될 수 있는지를 설명하는 데 더 집중하고자 했다. 앞서 설명한 회로는 현재 사용되고 있는 많은 회로 중 대표적인 예시이며, 자세한 내용은 전자기학 서적에 수록돼 있다. 기본적인 전자기학 원리를 이해하면, 전자 제어 장치가 어떻게 작동하는지 파악하는 데 도움이 될 것이다. 차량의 전자 제어 장치는 단순한 실내등 지연 장치에서부터 가장 복잡한 엔진 관리 시스템에 이르기까지 다양하다.

회로를 구성하는 부품

지금부터 설명할 주요 장치는 흔히 개별 부품으로 알려져 있다. 그림 2-15는 회로를 구성하는 기호를 정리한 것이다.

저항기는 아마도 전자 회로에서 가
장 널리 사용되는 부품일 것이다. 적합
한 저항기를 선택하기 위해서는 두 가
지 요소, 즉 저항값과 전력 소요량을 고

려해야 한다. 저항기는 전류를 제한해서 일정한 전압 강하를 제공하려고 사용한다.

전자 회로에 사용하는 저항기는 대부분 소형 탄소봉으로 만들어지며, 봉의 크기
가 저항 크기를 결정한다. 탄소 저항기에는 음온계수NTC. Negative Temperature Coefficient
가 있으며, 일부 용도에 대해서는 이 값을 반드시 고려해야 한다. 박막 저항기는
안정적인 온도 특성이 있으며, 유리와 같은 절연체 판 위에 탄소층을 적층해 구성
한다. 박막 저항기는 탄소 필름에 나선형 홈을 파서 저항값을 정확하게 조절할 수
있다. 더 높은 전력을 사용하는 부품이라면 저항기는 일반적으로 와이어 권선 형
태를 띤다. 그러나 와이어 권선형 저항기는 거꾸로 회로에 인덕턴스(유도 용량)를
발생시킬 수 있는 단점이 있다. 가변형 저항기 대부분은 선형 또는 로그 형태로 제
조된다. 회로상에서 저항은 전류를 방해하는 역할을 한다.

표 2-1 물리량의 기호와 단위 명칭

명칭	정의	기호	공통 공식	단위 명칭	약어
전하	1C(쿨롱)은 1초에 1A의 전류가 흐를 때 전달되는 전기의 양이다.	Q	$Q=It$	Coulomb	C
전류	1초 이내에 고정점을 통과하는 전자의 수다.	I	$I=V/R$	Ampere	A
전기 압력	회로에 1V의 전기 압력이 가해지면 회로 저항이 1ohm일 때 전류는 1A가 된다.	V	$V=IR$	Volt	V
전기 저항	전압이 가해지는 상황에서 물질이나 회로의 전류를 방해하는 것이다.	R	$R=V/I$	Ohm	Ω

명칭	정의	표기	공통 공식	단위 명칭	약어
전기 전도도	전류를 전달하는 재료의 능력. 1S는 볼트당 1A와 같다. 이전에는 mho 또는 역 ohm이라고 불렸다.	G	$G=1/R$	Siemens	S
전류 밀도	단위 면적당 전류. 이것은 필요한 도체 단면적을 계산하는 데 유용하다.	J	$J=I/A$ ($A=$면적)		Am^{-2}
저항성	전류에 저항하는 어떤 물질의 능력을 측정한 값. 단위 길이와 단위 단면적을 가진 샘플에서 저항과 수치적으로 동일하다. 단위는 Ωm다. 우수한 도체는 낮은 저항성(구리 $1.7 \times 10^{-8}\Omega m$)을 가지며, 절연체는 높은 저항성($10^{15}\Omega m$ 폴리에탄)을 갖는다.	ρ (rho)	$R=\rho L/A$ ($L=$길이, $A=$면적)	Ohm metre	Ωm
전도도	저항성의 역수	σ (sigma)	$\sigma=1/\rho$	Ohm^{-1} metre^{-1}	$\Omega^{-1}m^{-1}$
전력	전압 1V로 인해 1A의 전류가 흐를 때 발생한 전력은 1W다.	P	$P=IV$ $P=I^2R$ $P=V^2/R$	Watt	W
커패시턴스	단자 사이에 가해진 전위차에 의해 얼마나 많은 전하가 저장될 수 있는지 결정하는 커패시터의 특성.	C	$C=Q/V$ $C=\varepsilon A/d$ ($A=$플레이트 면적, $d=$거리, $\varepsilon=$유전체 유전율)	Farad	F
인덕턴스	회로 내의 전류 변화가 자기장을 형성하는 현상. 같은 회로 내의 전류에 반대되는 기전력을 유도하거나(자기 유도) 다른 회로(상호유도)에 기전력을 유도하는 현상.	L	$i=V/R(1-e^{-Rt/L})$ ($i=$순간 전류, $R=$저항, $L=$인덕턴스, $t=$시간, $e=$자연로그의 밑수)	Henry	H
자기장 강도	자기장 강도는 자기장의 세기를 표현하는 두 가지 방법 중 하나다. 자기장 강도 H와 자속밀도 B는 다른 것이다.	H	$H=B/\mu_0$ (μ_0 자기 공간의 투과율)	Amperes per metre	A/m (자기장 강도를 표현하는 오래된 단위, oersted : 1 A/m = 0.01257 oersted)

명칭	정의	표기	공통 공식	단위 명칭	약어
자속	주어진 면적에서의 자기장 강도를 측정하는 한 가지 방법.	Φ(phi)	$\Phi = \mu HA$ (μ=자기 투과율, H=자기장 강도, A=면적)	Weber	Wb
자속 밀도	자속 밀도 1테슬라는 평방미터당 1베버와 같다. 암페어당 뉴턴미터(Nm/A)로 측정된다.	B	$B = H/A$ $B = H \times \mu$ (μ=물질의 자기 투율, A=면적)	Tesla	T

커패시터는 전하를 저장하는 장치다. 간단한 형태의 커패시터는 절연재로 분리된 판 2개로 이뤄진다. 한쪽 판은 다른 쪽 판에 비해 많은 전자가 있을 수 있다. 차량에는 주로 전자 제어 장치뿐만 아니라 접점에서의 아크 감소 및 라디오 간섭 억제 회로에 사용한다. 커패시터는 유전체로 분리된 플레이트 2개로 표현될 수 있다. 플레이트 A의 면적, 거리 d와 유전체의 투과율(ε)이 커패시턴스 값을 결정한다. 이것은 $C = \varepsilon A/d$ 방정식으로 모델링할 수 있다.

커패시터는 주로 금속 포일 시트 사이에 종이류를 절연체로 삽입해 만든다. 양철캔 안에 금속 포일 시트가 말려 있는 형태다. 관리가 용이하도록 장치의 크기를 적정하게 유지하면서도 커패시턴스 값을 높이려면 플레이트 사이의 거리를 줄여야 한다. 커패시턴스 값을 높이려면 한쪽 플레이트를 전해액에 담가 104mm 두께의 산화층을 침전시키면 된다.

문제는 이때 극성에 민감해지고 저전압에서만 견딜 수 있다는 점이다. 앞에서 언급한 방정식의 변수 중 하나를 바꿔서 가변 커패시터를 만들 수 있다. 커패시턴스의 단위는 패럿F이다. 저장된 전하가 1C이고 전위차가 1V일 때 회로의 커패시턴스는 1F다. 그림 2-16에 배터리로 충전된 커패시터를 표현했다.

다이오드는 종종 일방향 밸브로 비유한다. 대부분의 용도에서 이런 설명이 적절하다. 다이오드는 간단한 PN 접합으로서, N형 재질에서 P형 재질로 전자가 흐른다. 다이오드 재료는 보통 도핑된 실리콘이다. 다이오드는 완벽한 장치가 아니

그림 2-15 회로와 전자기호

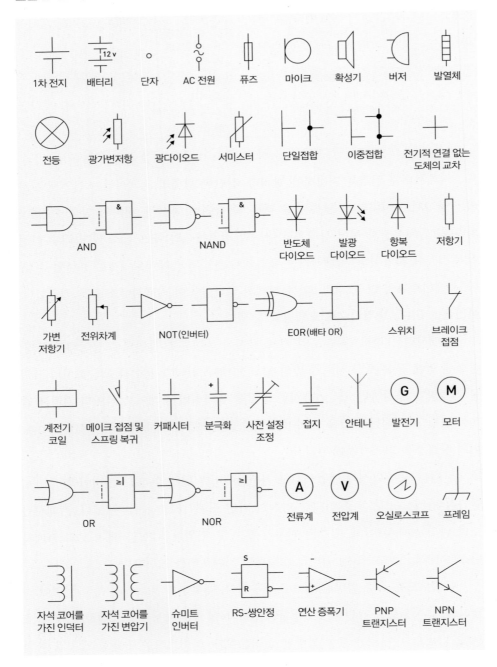

며 다이오드를 특정한 방향으로 켜려
면 약 0.6V의 전압이 필요하다. 제너
다이오드는 PN 다이오드와 작동 방식

이 매우 유사하다. 단, 미리 결정된 전압에 이르면 회로가 끊어지고 역방향으로 전류가 흐르도록 설계돼 있다. 일종의 압력 완화 밸브와 같은 역할을 한다고 생각할 수 있다.

　트랜지스터는 오늘날 복잡한 소형 전자 시스템 개발을 가능하게 한 소자다. 트랜지스터는 온도형 밸브를 대체했으며, 솔리드 스테이트 스위치 또는 증폭기로도 사용된다. 트랜지스터는 다이오드와 같은 P형·N형 반도체로 제작되며, NPN 또는 PNP 형식으로 제작할 수 있다. 트랜지스터 안에 있는 단자 3개는 베이스, 컬

그림 2-16 완전히 충전된 커패시터

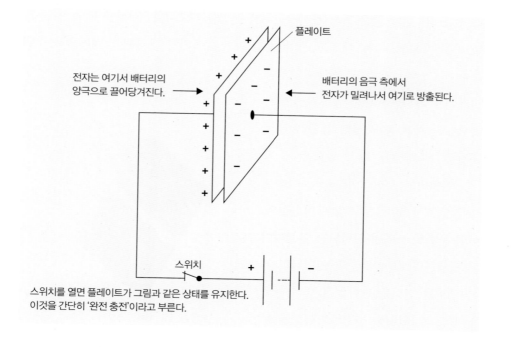

렉터, 이미터로 불린다.

베이스에 순방향 전압을 걸면 컬렉터와 이미터를 잇는 회로에 전류가 통하는 원리다. 이때 베이스에 흐르는 전류는 이미터 전류보다 200배 적은 양이다. 베이스를 통과하는 전류와 이미터를 통과하는 전류의 비율(I_e/I_b)은 장치의 증폭 계수를 나타내며, 종종 β베타라는 기호로 표시된다.

또 다른 유형의 트랜지스터는 전계효과 트랜지스터FET. Field Effect Transistor다. 이 장치는 앞서 설명한 양극형보다 입력 임피던스가 높다는 특징이 있다. 기본 형태의 FET는 N채널 혹은 P채널 장치로 구성된다. FET의 세 단자는 게이트, 소스, 드레인으로 불린다. 게이트 단자에 걸리는 전압으로 드레인과 소스 사이에 흐르는 전류를 제어하는 원리다.

절연 게이트 양극성 트랜지스터IGBT. Insulated Gate Bipolar Transistor가 등장하면서 트랜지스터 기술은 더욱 발전했다. 절연 게이트 양극성 트랜지스터그림 2-17는 단자 3개로 구성된 작은 전력 반도체 소자로, 높은 효율과 빠른 스위칭으로 유명하다. IGBT는 현재 많은 최신 가전제품에서 전원을 켜고 끄는 역할을 한다. 예를 들어 전기 자동차, 기차, 냉장고, 에어컨, 스위치 증폭기가 장착된 스테레오 시스템 등이 있다. 빠르게 켜고 끌 수 있도록 설계된 IGBT를 사용한 증폭기는 펄스 폭 변조, 저역 통과 필터 등을 이용해 복잡한 파형을 합성할 수 있다.

인덕터는 오실레이터oscillator. 발진기 또는 앰프 회로에 가장 많이 사용한다. 이런 용도로 쓰려면 인덕터가 안정적이고 적당한 크기여야 한다. 인덕터의 기본 구조는 전선을 감아놓은 형태의 코일이다. 이 소자에 인덕턴스 특성을 부

그림 2-17 IGBT 패키지

여하는 것은 전류가 변화함에 따라 발생하는 자기장이다. 인덕턴스는 제어하기 어려운 특성값이다. 더구나 다른 소자와의 자기 결합에 의해 인덕턴스 값이 증가할 경우에는 특히 제어가 더 어렵다.

코일을 캔으로 감싸면 이런 현상이 감소하지만, 이 경우 캔에 와류 전류가 유도되고 이는 전체 인덕턴스 값에 영향을 미친다. 투과성에 변화를 줘서 인덕턴스 값을 증가시키려고 철로 만든 코어를 사용한다. 이뿐만 아니라 노심의 위치를 이동하면 가변 인덕턴스 장치로도 쓸 수 있다. 값의 변화는 몇 퍼센트밖에 안 되지만, 회로를 튜닝하는 데는 매우 유용하다.

특히 큰 값을 가진 인덕터를 초크라고 부르며 DC 회로에서 전압 변화를 원활하게 하는 용도로 사용할 수 있다. 인덕턴스의 단위는 헨리H다. 초당 1A로 변하는 전류가 회로 내에서 1V의 기전력을 유도할 때 인덕턴스는 1H다.

전력 MOSFET모스펫은 인버터에서 스위칭 소자로 사용된다. 속도가 극도로 빨라 스위칭 손실이 적기 때문이다. MOSFET이 작동하는 데는 아주 작은 게이트 전류만 필요하다. 따라서 스위치로서는 아주 이상적인 소자라고 할 수 있다. 이런 이유로 거의 모든 전원 공급 장치, DC/DC 컨버터 및 저전압 모터 컨트롤러에 사용한다. 현재 전원 공급 장치의 효율을 높이고, 크기를 더 줄이기 위해 초접합 MOSFET도 사용되고 있다.

세라믹 기판은 MOSFET과 IGBT에서 매우 중요한 역할을 한다. 성능을 높이고 전력 손실을 최소화하며 온도를 제어할 수 있기 때문이다. 이 첨단 기판은 더 많은 전류를 전달하고, 더 높은 전압 절연을 제공하며, 광범위한 온도 범위에서 작동하도록 설계됐다. 세라믹 기판은 IGBT와 MOSFET에 사용한다.

용어 설명

- MOSFET: 금속 산화물 반도체 전계효과 트랜지스터Metal Oxide Semiconductor Field Effect Transistor

집적 회로의 기초

    집적 회로는 웨이퍼wafer라고 불리는 실리콘 슬라이스(기판)를 이용해 만든다. 집적 회로는 앞서 언급한 구성 요소들, 즉 트랜지스터와 저항, 인덕터, 캐패시터 등을 결합해 다양한 작업(스위칭, 증폭, 로직 기능)을 수행한다. 집적 회로는 전기 회로와 반도체 소자를 한 웨이퍼에 모아 구현한 것이기 때문에 크기가 작고, 속도 또한 빠르다는 장점이 있다. 회로를 구성하는 요소 사이의 거리가 짧아서 매우 빠른 속도로 작동하는 집적 회로를 만들 수 있는 것이다. 예를 들어 스위칭 속도는 보통 1MHz를 초과한다.

    집적 회로 제조에는 네 가지 주요 단계가 있다. 첫 번째는 웨이퍼가 높은 온도에서 산화 반응을 거치는 것이다. 이때 형성된 산화물은 훌륭한 절연체 역할을 한다. 다음 과정은 산화물의 일부를 제거하는 광光 에칭이다. 웨이퍼는 포토레지스트photoresist, 감광액라는 물질로 덮여 있는데, 이 물질은 빛에 노출되면 딱딱해진다. 포토레지스트로 덮인 산화 웨이퍼에 특정한 패턴을 새기고, 그 패턴을 따라 식각 작업을 한다. 웨이퍼를 빛에 노출했을 때 보호되지 않았던 부분을 산으로 씻어내고 실리콘 산화물을 제거하면, 그 아래에 있는 실리콘 표면이 드러난다.

    다음 단계는 확산 단계다. 웨이퍼를 붕소나 인과 같은 불순물이 섞인 대기에서 가열하면 빛에 노출된 부분이 대기 종류에 따라 N형 또는 P형 실리콘이 된다.

그림 2-18 집적 회로가 새겨진 웨이퍼

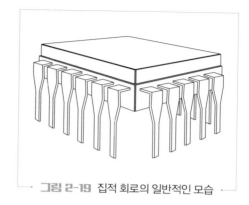
그림 2-19 집적 회로의 일반적인 모습

마지막 단계는 에피택시 epitaxy 공정이다. 새로운 실리콘 층을 자라게 한 다음, 이것을 도핑해서 이전 과정과 같이 N형이나 P형 실리콘으로 만들 수 있다. 유사한 방법으로 낮은 커패시턴스 값의 저항기를 만들 수 있다. 하지만 인덕턴스는 칩 위에 만드는 것이 불가능하다. 그림 2-19는 전자 회로에 사용되는 집적 회로의 일반적인 모습이다.

현재 사용하는 집적 회로의 범위와 종류는 매우 광범위하다. 따라서 거의 모든 용도에 집적 회로 칩을 사용하고 있다고 보면 된다. 칩의 집적도는 현재 VLSI Very Large Scale Integration, 초고밀도 직접 회로 수준에 도달했으며 많은 경우 이미 이를 넘어선 실정이다. VLSI의 집적도는 칩 하나에 10만 개 이상의 반도체 소자가 집적된 것을 의미한다. 이 분야가 매우 빠르게 발전하다 보니, 현재 전자공학의 관심은 집적도에만 머물지 않는다. 많은 공학자와 과학자는 여러 칩을 적절하게 조합해서 원하는 기능과 목적을 구현하는 데에도 큰 관심이 있다.

핵심 체크

• 오늘날 마이크로프로세서는 수백만 개의 게이트와 수십억 개의 개별 트랜지스터 (VLSI를 훨씬 초과하는 수준)가 집적돼 있다.

3

전기 자동차의 구조

전기 자동차의
레이아웃

전기 자동차를 구분하는 법

전기 자동차에는 여러 종류가 있지만, 많은 전기 자동차가 내연기관 자동차와 비교해 외관상으로는 별다른 특징이 없다. 따라서 차 후면의 모델 표식을 눈여겨봐야 한다. 그림 3-2에서 3-7을 보면, 몇 가지 일반적인 유형을 알 수 있다.

그림 3-1은 전기 자동차의 일반적인 레이아웃을 다이어그램 형태로 보여준다. 구동 배터리의 전압은 수백 V에 이른다. 하지만 일반 조명 및 기타 시스템에 쓰이는 12/24V 시스템도 여전히 필요하다는 점을 눈여겨볼 필요가 있다.

그림 3-1 일반 전기 자동차의 레이아웃

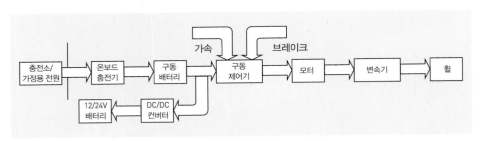

그림 3-2 하이브리드 자동차 – 토요타 프리우스(출처: 토요타 미디어)

그림 3-3 플러그인 하이브리드 자동차 – 폭스바겐 GTE(출처: 폭스바겐)

그림 3-4 순수 전기 자동차 – 닛산 리프(출처: 닛산)

그림 3-5 전기 오토바이(야마하)

그림 3-6 상용 하이브리드 트럭

그림 3-7 수소 연료전지로부터 전력
을 공급받는 시내버스

싱글 모터

전통적인 순수 전기 자동차의 레이아웃은 단일 모터를 사용해 전륜 또는 후륜 휠 중 하나를 구동하는 구조다. 이런 종류의 전기 자동차는 대부분 변속기가 없다. 모터가 해당 차량에게 필요한 토크를 적절하게 발휘할 수 있기 때문이다.

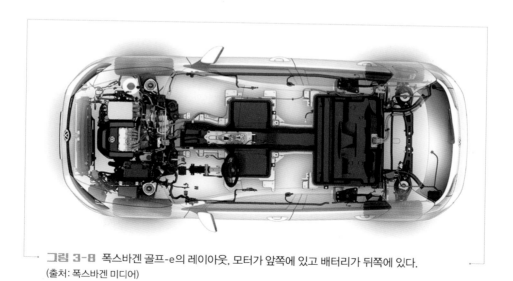

그림 3-8 폭스바겐 골프-e의 레이아웃. 모터가 앞쪽에 있고 배터리가 뒤쪽에 있다.
(출처: 폭스바겐 미디어)

그림 3-9에서는 드라이브 모터와 고정 비율 기어 세트, 차동 기어 및 구동 축 플랜지로 구성된 기본 드라이브 라인의 단면을 확인할 수 있다. 하이브리드 자동차는 레이아웃이 다양하며, 이에 대해서는 이 장의 뒷부분에서 자세히 다룰 것이다. 그러나 기본 디자인은 앞서 언급한 순수 전기 자동차와 비슷

그림 3-9 EV 모터(출처: 폭스바겐 미디어)

하다. 순수 전기 자동차와 분명하게 차이가 나는 점은 하이브리드 자동차의 경우 내연기관이 추가된다는 사실이다.

그림 3-10을 보면 플러그인 하이브리드용 모터는 기어박스 어셈블리의 일부를 구성하는 위치에 장착돼 있다. 마일드 하이브리드에 사용되는 모터는 플라이휠의 일부를 형성하기 때문에 통합 모터 보조 장치IMA라는 이름으로 불리기도 한다. 이런 유형의 모터는 **그림 3-11**과 **3-12**에서 확인할 수 있는 것과 같다.

그림 3-10 PHEV 레이아웃
(출처: 폭스바겐 미디어)

그림 3-11 PHEV 엔진, 모터 및 변속
기(출처: 폭스바겐 미디어)

휠 모터

그림 3-12 엔진 플라이휠과 통합된
모터(출처: 보쉬 미디어)

프로티언 일렉트릭[1]은 EV 인휠in-
wheel 모터를 개발한 주역이다. 그들이
만든 프로티언 드라이브는 영구 자석
동기식 모터와 통합 전자장치로 구성
돼 있다. 전자장치는 모터 전류를 정밀
하게 제어해서 약 1밀리초(천분의 1초)
안에 인휠 모터로 필요한 토크를 전달
할 수 있다. 인휠 모터는 토크 벡터를
허용하며, 이는 휠마다 다른 토크를 전
달할 수 있다는 것을 의미한다. 이 경우 조종 안정성이 상당히 개선될 수 있다.

전자 회로는 전체 모터 패키지 안에 들어가 있으므로 모터와 함께 냉각된다.

그림 3-13 모터를 휠에 장착하면 배터리나 승객 또는 화물을 실을 공간이 더 넓어진다.
(출처: 프로티언 일렉트릭)

그림 3-14 프로티언 일렉트릭의 인휠 모터 시스템은 등속 조인트, 구동축, 중앙에 위치하는 변속기 및 모터로 구성된 기존 전기 자동차보다 훨씬 간단하다. (출처: 프로티언 일렉트릭)

모터 권선에는 최대 90A의 전류가 흐를 수 있다. 이로 인해 발생하는 열은 모터 하우징에 냉각수를 흘려 냉각한다.(전자장치의 열도 함께 냉각한다.) 이 권선은 에폭시 수지로 덮여 있다. 에폭시 수지로 인해 열전도가 좋아진다. 모터와 구동 전자장치를 통합하면, 소형 모터로도 상당한 힘을 낼 수 있다.

인휠 모터가 극복해야 할 과제는 스프링하질량unsprung mass을 최소화하는 것이다. 스프링하질량이 최소화되면 운전자와 승객의 승차감이 향상되고, 서스펜션은 타이어를 도로와 접촉된 상태로 유지하기 쉬워진다. 하지만 인휠 전기 모터로 구동되는 차량은 모터의 중량이 각 전동 휠에 가중되기 때문에 훨씬 더 큰 무게를 지닌다. 그러나 이는 서스펜션 설계를 잘하면 거의 완화할 수 있는 문제다. 자동차에 사용된 기술 모두는 어떤 식으로든 서로 절충해서 최선의 시너지를 낼 수 있도록 적용한 것들이다. 휠 모터가 약간의 단점도 있지만, 중요한 장점도 있다는 사실을 기억해야 한다.

모터는 로터가 외부로 노출돼 있다. 이런 구조는 스테이터와 로터 사이의 공간(이 공간을 가로질러 전자기력이

핵심 체크

• 인휠 모터가 극복해야 할 과제는 스프링하질량을 최소화하는 것이다.

발생함)을 중심으로부터 가능한 한 가장 먼 곳에 위치할 수 있도록 해준다. 이런 공간 배치로 인해 휠 림 공간이 허용하는 범위 내에서 가장 큰 토크를 만들어낼 수 있다. 이 같은 접근 방식 덕분에 모터는 기어 없이도 충분한 토크를 발휘할 수 있다. 반면 기어를 쓰면 에너지 효율이 낮아지고 소음도 발생한다.

하이브리드 전기 자동차의 레이아웃

하이브리드란?

하이브리드 차량은 내연기관과 함께 하나 이상의 전기 구동 모터를 사용한다. 내연기관과 전기 모터를 결합하는 데는 여러 방법이 있고, 모터와 엔진 역시 다양한 종류가 있다. 이 책에서는 내연기관을 '엔진'으로, 전기 구동 모터를 '모터'로 지칭할 것이다. 어떤 나라에서는 내연기관을 모터라고 부르는 경우가 있으니 조심하기 바란다. 하이브리드 차량을 설계할 때는 다음 세 가지 주요 목표를 달성하려고 노력한다.

- 연료 소비량(CO_2 포함) 감소
- 배기가스 배출량 감소
- 토크 및 출력 증가

하이브리드 차량은 모터에 전력을 공급하기 위해 배터리가 필요하다. 이것을 축전지라고도 부른다. 가장 흔한 종류로는 니켈 메탈 하이드라이드 또는 리튬 이온이 있으며 보통 200~400V의 전압에서 작동한다.

그림 3-15 하이브리드 레이아웃(병렬)

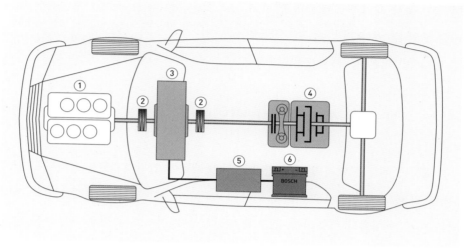

① ICE, ② 클러치, ③ 모터, ④ 변속기, ⑤ 인버터, ⑥ 배터리

모터는 일반적으로 영구 자석 동기식이며 인버터(DC에서 AC로 변환, 나중에 더 자세히 다룬다.)와 함께 사용한다. 전기 모터 구동의 주요 장점은 저속에서 토크가 높다는 점이다. 빠른 속도에 도달해야 큰 토크를 발휘할 수 있는 내연기관에게는 이상적인 보조 수단이 되는 것이다. 이 조합을 사용하면 모든 속도에서 좋은 성능을 낼 수 있다. 이는 **그림 3-16** 그래프로도 확인할 수 있다. 또한 하이브리드 엔진의 경우, 용량은 작아졌지만 토크가 개선됐다는 점을 눈여겨보라.

모터와 엔진을 하이브리드화하면

그림 3-16 토크 곡선 비교

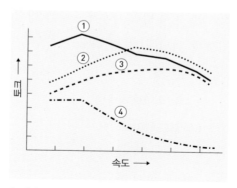

① 하이브리드, ② 표준 엔진(1,600cc), ③ 다운사이즈 엔진(1,200cc), ④ 모터(15kW)

(적절한 전자 제어로) 우수한 토크를 내면서도, 항상 배기가스 배출과 연료 소비를 줄일 수 있는 최적 속도로 작동할 수 있다. 더 작은 용량의 엔진(다운사이징)을 더 높은 기어비의 변속기와 함께

사용할 수 있으므로, 성능은 유지하면서도 엔진은 더 낮은 속도(다운스피딩)에서 작동한다.

제동 중에는 모터가 발전기 역할을 하기 때문에 일반적으로는 브레이크 열로 낭비되던 에너지가 전기 에너지로 변환돼 배터리에 저장된다. 이렇게 저장된 에너지는 이후 단계에서 사용되며, 경우에 따라서는 배기가스를 전혀 배출하지 않고 100% 전기만으로도 달릴 수 있다. 플러그인 하이브리드 차량은 이 개념을 더욱 강화한 차량이다.

하이브리드 차량의 분류

하이브리드는 다양한 방식으로 분류할 수 있다. 그동안 여러 분류 방식이 있었지만, 현재 널리 사용하는 분류 방법에 의하면 하이브리드 차량은 다음 네 가지 범주 중 하나에 해당한다.

- 스톱/스타트 시스템
- 마일드 하이브리드
- 스트롱 하이브리드
- 플러그인 하이브리드

차량 유형별로 사용할 수 있는 기능을 **표 3-1**에 요약 정리했다. 스톱/스타트 시스템은 스톱/스타트 기능뿐만 아니라 어느 정도의 회생제동 기능도 있다. 일반 차량용 교류 발전기의 제어 기능을 조절해서 회생제동을 한다. 정상 주행 중에는 낮은 출력에서 교류 발전기가 작동한다. 반면 제동 효과를 높여 전력을 많이 생산하려고 오버런^{overrun} 중에는 교류 발전기 출력을 증가시킨다. 공회전을 하면 엔진이 멈추면서 연료가 절약되고 배기가스도 감소한다. 그러다 운전자가 가속 페달을 밟으면 차량이 자동으로 재시동한다. 이런 작동 원리 때문에 스타터 모터의 사용량이 늘어나므로 이에 대처하려면 등급이 높은 스타터 모터가 필요하다. 스톱/스타트 시스템을 사용하면 NEDC[2] 기준으로 연료를 최대 5%까지 절약할 수 있다.

표 3-1 하이브리드 차량의 유형별 기능

분류/기능	스톱/스타트	회생제동	전기 지원	전기 전용 주행	전원 소켓 충전
스톱/스타트 시스템	✓	✓			
마일드 하이브리드	✓	✓	✓		
스트롱 하이브리드	✓	✓	✓	✓	
플러그인 하이브리드	✓	✓	✓	✓	✓

마일드 하이브리드는 스톱/스타트 시스템과 비슷하지만, 특히 저속에서 가속할 때 도움을 더 받을 수 있다. 하지만 순수하게 전기로만 차량을 움직이는 것은 불가능하다. 모터가 차량을 가속할 수는 있지만, 내연기관이 항상 작동하는 상태이기 때문이다. 마일드 하이브리드의 경우 NEDC 기준으로 연료를 최대 15%까지 절약할 수 있다.

스트롱 하이브리드는 앞서 언급한 모든 기능을 더 강화했다. 짧은 거리라면 엔진을 끄고 순수하게 전기로만 운행할 수도 있다. 스트롱 하이브리드의 경우

┌── **그림 3-17** BMW 3시리즈 플러그인 하이브리드

NEDC 기준으로 연료를 최대 30%까지 절약할 수 있다.[3]

플러그인 하이브리드는 스트롱 하이브리드 차량의 일종이지만, 더 큰 고전압 배터리를 갖추고 적당한 전원 공급 장치로 충전할 수 있다는 점이 다르다. 플러그인 하이브리드의 경우 NEDC 기준으로 연료를 최대 70%까지 절약할 수 있다.[4]

작동 모드

스톱/스타트 기능 및 완전 전기 작동 모드 외에 하이브리드 차량이 사용하는 주요 작동 모드는 시동startup, 가속acceleration, 크루징cruising, 감속deceleration, 공회전idle 등이 있다. 주요 모드와 작동 조건은 **그림 3-18**에 요약돼 있다.

그림 3-18 하이브리드 차량의 작동 모드

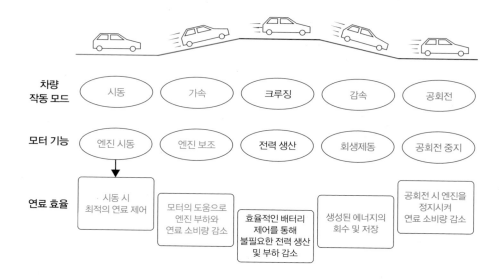

다양한 작동 모드가 기능하는 동안 어떤 일이 일어나는지에 대한 자세한 내용은 **그림 3-19**에 요약했다. 각 작동 모드는 **표 3-2**에서 더 자세히 설명했다.

이런 설명은 일반적으로는 마일드 하이브리드에 해당하는 내용이다. 마일드 하이브리드는 통합 모터 보조 장치로 불리기도 한다. 이것은 병렬형 구성으로서 다음 장에서 자세히 논의할 것이다. 대부분 하이브리드 자동차는 운동 에너지 회수 시스템KERS이라고 부르는 기술을 사용하고 있다. 차량을 감속할 때의 에너지를 브레이크에서 발생하는 열에너지로 낭비하는 대신, 상당 부분을 전기 에너지로 전환해 배터리에 화학 에너지로 저장하는 기술이다. 이렇게 저장한 에너지를 바퀴를 구동하는 데 사용하면 연료를 태워서 얻는 화학 에너지 사용을 줄일 수 있다.

표 3-2 작동 모드의 상세 내용

모드	상세 내용
시동	정상 조건에서 1,000rpm 속도로 모터가 즉시 엔진 시동을 건다. 고전압 배터리 모듈의 충전량(SOC)이 너무 낮을 때, 온도가 너무 낮을 때, 모터 시스템이 고장 날 때 엔진은 12V 일반 스타터에 의해 시동이 걸린다.
가속	가속 시에는 배터리 모듈의 전류가 인버터에 의해 AC로 변환돼 모터에 공급된다. 가속 시 사용할 수 있는 힘이 극대화되도록 모터 출력이 엔진 출력을 보조한다. 배터리 모듈에서 나온 전류를 차량 전기 시스템에 공급하려고 12V DC로 변환한다. 이 덕분에 정상적인 교류 발전기였다면 야기됐을 부하가 감소한다. 이로 인해 가속성이 향상된다. 배터리의 남은 충전량이 최소 레벨은 아니더라도 매우 낮은 상태라면 WOT(완전 개방 스로틀) 가속 시에만 보조 기능을 제공한다. 배터리 충전량이 최소 레벨로 감소하면 아무런 보조 기능도 제공하지 않는다.
크루징	차량 크루징 중에 배터리를 충전해야 할 경우, 엔진은 모터를 구동한다. 이때 모터는 발전기 역할을 한다. 모터에 의해 생산된 출력 전류는 배터리 충전에 사용되고, 차량 전기 시스템에 전력을 공급하기 위해 변환된다. 차량 크루징 중에 고전압 배터리가 충분히 충전되면, 엔진이 구동한 모터로 생성된 전류는 12V DC로 변환돼 차량 전기 시스템에만 공급된다.
감속	감속 중(연료 차단 중) 에너지 회생이 이뤄지도록 휠이 모터를 구동한다. 생성된 출력은 고전압 배터리를 충전하는 데 사용한다. 일부 차량의 경우 이때 엔진을 완전히 꺼버린다. 　브레이크(브레이크 스위치 온) 중에는 더 많은 양의 에너지 회생이 허용된다. 이러면 감속력이 증가하므로 운전자는 브레이크 페달에 가하는 힘을 자동으로 조절한다. 이 모드에서는 배터리 모듈이 더 많이 충전된다. ABS 시스템이 휠 잠금을 제어하면 모터 컨트롤 모듈로 'ABS-busy' 신호가 전송된다. 이 경우 ABS 시스템을 방해하지 않도록 전력 발전을 즉시 중지한다.
공회전	공회전하는 동안 에너지 흐름은 크루징 때와 비슷하다. 배터리 모듈의 충전량이 매우 낮으면 모터 컨트롤 시스템이 엔진 컨트롤 모듈(ECM)에 신호를 보내 공회전 속도를 약 1,100rpm으로 높인다. 스트롱 하이브리드의 경우, 모터가 차량을 움직이고, 필요하다면 엔진까지 켜기 때문에 엔진이 공회전하는 일은 거의 없다. 에어컨과 같은 기타 기능은 충분히 전력이 남을 때만 고전압 배터리로부터 전력을 공급받아 작동한다.

하이브리드 파워 시스템의 구성

　자동차용 하이브리드 파워 시스템의 구성에는 직렬, 병렬 또는 동력 분할이 있다. 직렬 시스템에서는 엔진이 발전기를 구동하고, 발전기는 모터에 동력을 공

그림 3-19 작동 모드의 기능

높음

충전량(SOC)

IMA에 의한 엔진 시동	부분 부하 및 와이드 오픈 스로틀에 의한 지원	전력 생산 없음	충전 없음	자동 스톱 시스템
		12V 차량용 전력 생산	전력 생산	
	와이드 오픈 스로틀 지원			
스타터 모터에 의한 시동	지원 없음	재충전을 위한 전력 생산		전력 생산

급하며, 마지막으로 모터가 차량을 움직인다. 병렬 시스템에서는 엔진과 모터가 모두 차량을 움직이는 데 사용될 수 있다. 현재 사용되는 하이브리드 대부분은 병렬 시스템을 채택하고 있다. 동력 분할은 추가적인 장점도 있지만, 그만큼 더 복잡하다는 단점이 있다. 하이브리드 전기 자동차의 파워 시스템은 모터가 어느 지점에서 연결되느냐에

그림 3-20 하이브리드 차량이라도 배기가스 검사는 받아야 한다.

따라 그림 3-21에서 보듯 P0에서 P4, PS 또는 EE 범주에 속한다.

제조업체마다 각기 서로 다른 시스템과 아이디어를 개발했기 때문에 다양한 구성이 등장했다. 그러나 현재 HEV는 일반적으로 다음 중 하나에 해당한다고 알려져 있다.

그림 3-21 하이브리드 파워 시스템의 범주

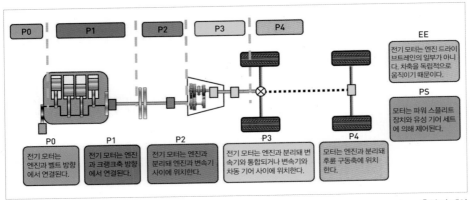

출처: 솔베이

- 단일 클러치 병렬 하이브리드
- 이중 클러치 병렬 하이브리드
- 이중 클러치 변속기 병렬 하이브리드
- 축 분할 병렬 하이브리드
- 직렬 하이브리드
- 직렬 병렬 하이브리드
- 동력 분할 하이브리드

그림 3-23은 '단일 클러치 병렬 하이브리드' 구조를 표현했다. 이는 마일드 하이브리드용 구조로 엔진과 모터를 서로 독립적으로 사용할 수 있다. 하지만 동력 흐름은 병렬적이며, 모든 동력을 합해서 발휘할 수도 있다. 차량이 주행할 때 엔진은 항상 작동하며, 그 속도는 모터와 동일하다.

이 구성의 주요 장점은 기존 드라이브트레인drivetrain. 구동계을 유지할 수 있다는 것이다. 차량 대부분은 모터 하나만 사용하므로 기존 시스템을 변환할 때 개조를 많이 할 필요가 없다. 그러나 엔진이 분리될 수 있어서 오버런할 때 드래그drag

그림 3-22 하이브리드 차량 3종(병렬, 직렬, 동력 분할)

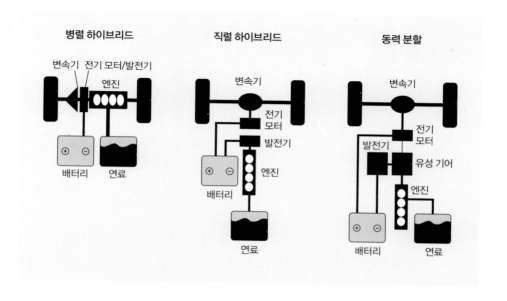

를 발생시키고, 회생 에너지의 양도 감소한다. 또한 순수하게 전기만 이용하는 운행은 불가능하다.

클러치 2개가 있는 병렬 하이브리드는 스트롱 하이브리드 차량용이다. 추가 클러치가 엔진을 분리할 수 있다는 점을 제외하고는 앞서 설명한 마일드 하이브리드의 연장선상에 있다. 이 말은 순수하게 전기만을 이용한 차량 운행이 가능하다는 뜻이다.

전자 제어 시스템은 클러치가 작동하는 시기를 결정한다. 예를 들어 감속 중에는 엔진을 분리해 회생제동을 늘릴 수 있다. 심지어 차량을 구름마찰과 공기역학적 드래그만으로 속도가 느려지는 '세일링' 모드에 들어가게 할 수 있다.

토크가 유지되도록 엔진과 클러치를 운영하면, 클러치를 사용해 정교하게 엔진을 끄고 켤 수 있다. 이를 위해서는 센서와 지능형 제어장치가 필요하다. 어떤 경우에는 분배 기능이 있는 별도의 스타터 모터를 사용하는 경우도 있다.

그림 3-23 단일 클러치 병렬 하이브리드(P1-HEV)   **그림 3-24** 이중 클러치 병렬 하이브리드(P2-HEV)

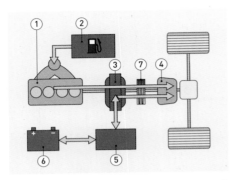
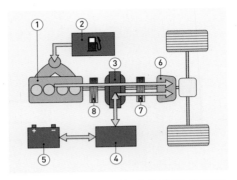

① 엔진, ② 연료 탱크, ③ 모터(통합 모터 제너레이터-IMG),
④ 변속기, ⑤ 인버터, ⑥ 배터리, ⑦ 클러치

① 엔진, ② 연료 탱크, ③ 모터(IMG), ④ 인버터, ⑤ 배터리,
⑥ 변속기, ⑦ 클러치 1, ⑧ 클러치 2

　　이전 시스템에 클러치를 추가하면 변속기의 길이가 증가한다. 이 경우, 특히 FWD 자동차에서 문제가 발생할 수 있다. **그림 3-25**의 구성처럼 이중 클러치 변속기를 사용하면 이 문제를 극복할 수 있다.

　　모터는 엔진의 크랭크축이나 플라이휠 대신 변속기의 하위 장치에 연결된다. 이런 변속기를 다이렉트 시프트 기어박스 또는 DSG라고 부른다. 적합한 변속기 클러치를 열거나 엔진과 모터를 병렬로 연결해 모두 작동할 경우 순수하게 전기로만 차량을 운행할 수 있다. 이 시스템으로 엔진과 모터 사이의 기어비 또한 제어할 수 있으므로 설계자에게 더 많은 자유도를 제공할 수 있다. 이를 위해서는 정교한 전자 제어, 센서 및 액추에이터가 필요하다.

　　액슬 스플릿 병렬 하이브리드 역시 모터와 엔진이 완전히 분리돼 있음에도 불구하고 병렬 구동에 해당한다. 이름에서 알 수 있듯이 이 구조에서는 각각의 차축을 독립적으로 구동한다. 이 레이아웃을 구현하려면 반자동 변속기와 스톱/스타트 시스템이 필요하다. 이 구성은 엔진을 완전히 분리할 수 있기 때문에 스트롱 하이브리드용으로 적합하다. 배터리가 충전된 경우, 사륜 구동을 효과적으로 구현할 수 있다. 때에 따라서는 사륜 구동을 확실하게 구현하기 위해, 엔진에 알터네이터

그림 3-25 이중 클러치 변속기 병렬 하이브리드

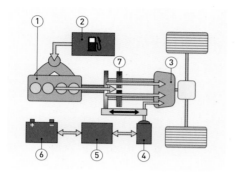

① 엔진, ② 연료 탱크, ③ 변속기, ④ 모터, ⑤ 인버터,
⑥ 배터리, ⑦ 클러치

그림 3-26 액슬 스플릿 병렬 하이브리드

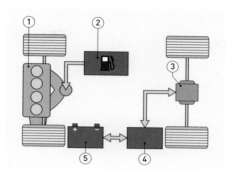

① 엔진, ② 연료 탱크, ③ 모터, ④ 인버터, ⑤ 배터리

alternator. 자동차용 발전기를 추가로 장착한다. 이러면 차량이 정지한 상황에서도 고전압 배터리를 충전할 수 있다.

용어 설명

• DSG: 다이렉트 시프트 기어박스(Direct Shift Gearbox)

직렬 하이브리드 구성은 엔진이 알터네이터를 구동하고, 알터네이터는 배터리를 충전하며, 배터리는 모터에 전력을 공급하는 레이아웃이다. 직렬 구성은 앞에서 언급한 모든 기능이 가능하기 때문에 스트롱 하이브리드에 속한다.**표 3-1** 기존에 사용하던 변속기가 더는 필요하지 않으므로, 더 큰 배터리를 포함해 전체 시스템을 구성할 수 있는 여유 공간이 더 생긴다. 엔진은 정해진 rpm 범위에서만 작동하도록 최적화할 수 있다. 차량 구동력에 덜 영향을 주므로 엔진을 끄고 켜는 제어 시스템은 덜 정교하다. 주된 단점은 에너지를 두 번(기계적 에너지를 전기 에너지로, 전기 에너지를 다시 기계적 에너지로) 변환해야 한다는 것이다. 에너지를 배터리에 저장할 경우, 에너지 변환이 세 번 필요하다. 이 탓에 에너지 효율성은 떨어지지만, 엔진을 최적점에서 작동하는 방법으로 단점을 보완할 수 있다. 이 레이아웃에는 엔진과 휠 사이에 기계적 연결이 없다는 장점이 있다.

이 구성은 자동차보다는 기차나 대형 버스에서 사용했다. 현재는 구간 연장형 전기 자동차REV에 사용한다. 이 경우 자동차는 사실상 순수 전기 자동차이지만, 작은 엔진을 사용한다. 엔진은 배터리를 충전하는 용도이고 운행 거리를 연장하거나 적어도 주행 거리 불안증을 줄이려고 사용한다.

직렬 병렬 하이브리드 시스템은 발전기와 모터를 기계적으로 연결하는 추가 클러치를 사용하므로 직렬 하이브리드의 연장선상에 있다. 이 구성은 특정 속도 범위를 제외한 영역에서 이중 에너지 변환이 생기는 것을 방지한다. 그러나 기계적인 커플링 때문에 직렬 구동이라는 장점이 사라진다. 또한 병렬 하이브리드보다 전기 장치가 2개 더 필요하다.

동력 분할 하이브리드는 직렬 구성과 병렬 구성의 장점을 결합한 것이다. 하지만 그로 인해 기계적 복잡성이 증가했다. 엔진 출력의 일부는 교류 발전기에 의해 전기로 변환되고, 나머지는 모터와 함께 바퀴를 구동한다. 동력 분할 하이브리드는 필요한 모든 기능을 충족하기 때문에 스트롱 하이브리드다.

그림 3-29의 다이어그램에 표시된 싱글 모드 시스템은 유성 기어 세트 하나를 사용한다. 참고로 듀얼 모드 시스템은 2개를 사용하며, 더 효율적으로 작동할 수 있지만 기계적으로는 더 복잡해진다. 기어 세트는 엔진, 교류 발전기, 모터에 연결돼 있다. 에피사이클릭 기어 epicyclic gear 덕분에 엔진 속도는 차량 속도와 별개로 조절할 수 있다. 후륜 구동 차량이 코너링을 할 때, 2개의 하프샤프트와 프롭샤프트가 각기 다른 속도로 움직이는 모습을 상상해보라. 이 시스템은 사실 전기식 상시 가변 변속기 eCVT라고 할 수 있다. 기계적인 힘과 전

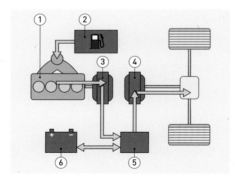

그림 3-27 직렬 하이브리드

① 엔진, ② 연료 탱크, ③ 알터네이터/제너레이터, ④ 모터,
⑤ 인버터, ⑥ 배터리

기적인 힘을 조합해 휠로 전달하는 시
스템이다. 낮은 힘이 요구될 때는 모터
동력을 사용하고, 높은 힘이 요구될 때
는 엔진 동력을 사용한다. 따라서 이 시
스템은 저속과 중속 주행에서는 에너

지를 절약할 수 있지만, 엔진 동력만으로 차량을 구동하는 고속 주행에서는 에너
지를 절약할 수 없다.

48V 하이브리드 시스템

보쉬Bosch는 소형 차량에서도 뛰어난 경제성을 발휘하는 하이브리드 파워트
레인을 개발했다. 이 시스템은 일반 하이브리드 시스템보다 비용이 훨씬 저렴하지
만, 에너지 소비량은 최대 15%까지 줄일 수 있다. 전기 파워트레인이 가속 중에
150Nm의 추가 토크를 엔진에 줄 수 있는 것이다. 이런 힘은 스포티한 소형차 엔

그림 3-28 직렬 병렬 하이브리드

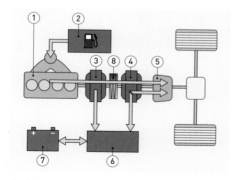

① 엔진, ② 연료 탱크, ③ 알터네이터/제너레이터, ④ 모터,
⑤ 변속기, ⑥ 인버터, ⑦ 배터리, ⑧ 클러치

그림 3-29 동력 분할 하이브리드(싱글 모드)

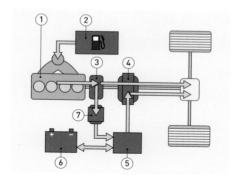

① 엔진, ② 연료 탱크, ③ 유성 기어 세트, ④ 모터, ⑤ 인버
터, ⑥ 배터리, ⑦ 제너레이터

└─→ **그림 3-30** 동력 분할 하이브리드(출처: 토요타)

진과 맞먹는다.

　　기존의 고전압 하이브리드와 달리 이 시스템은 더 낮은 전압인 48V를 기반으로 하므로 저렴한 부품들을 사용할 수 있다. 게다가 대형 전기 모터를 쓰지 않고도 4배나 더 많은 전력을 출력하도록 발전기의 성능이 향상됐다. 모터 제너레이터는 벨트를 사용해 엔진에 최대 10kW의 출력을 보낸다. 출력 관련 전자장치는 추가된 저전압 배터리를 모터 제너레이터와 연결한다. DC/DC 컨버터는 차량의 12V, 48V 전기 시스템에 전원을 공급한다. 새로 개발한 리튬 이온 배터리는 크기가 현격하게 줄었다.

그림 3-31 보쉬는 2020년 전 세계 약 4백만 대의 신형 차량에 저전압 하이브리드 파워트레인이 장착될 것으로 예상했다. (출처: 보쉬 미디어)

하이브리드 제어 시스템

하이브리드 구동을 이용해 달성할 수 있는 효율성은 하이브리드 구성뿐만 아니라 그보다 상위 레벨에 있는 하이브리드 제어 시스템에 따라서도 달라진다. 그림 3-32에는 병렬 하이브리드 드라이브가 장착된 차량이 예시로 나와 있다. 드라이브트레인 안에 있는 개별 구성 요소와 제어 시스템 사이의 네트워킹을 표현했다. 상위 레벨인 하이브리드 제어 시스템은 시스템 전체를 조절하며, 하위 시스템은 각각의 제어 기능을 담당한다. 하위 시스템은 각각 배터리 관리, 엔진 관리, 전기 구동 관리, 변속기 관리, 브레이크 시스템 관리를 말한다.

하이브리드 제어 시스템은 하위 시스템을 제어할 뿐만 아니라 드라이브트레인의 작동 방식을 최적화하기도 한다. 이는 하이브리드 차량의 에너지 소비 및 배

그림 3-32 병렬 하이브리드 제어 시스템

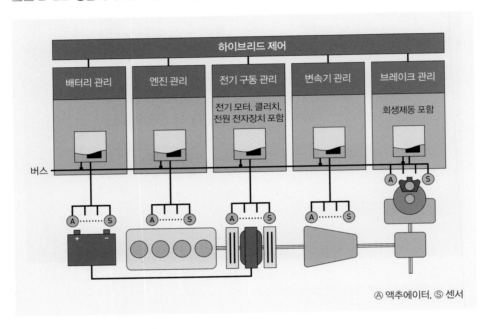

기가스 배출량에 직접적인 영향을 미친다. 엔진의 정지/시동, 회생제동, 하이브리드 및 전기 주행 중에 최적화를 시도한다.

포르쉐의 하이브리드 차량

포르쉐는 918 스파이더, 파나메라 SE-하이브리드, 카이엔 SE-하이브리드 등 플러그인 하이브리드 모델 3종을 출시한 세계 최초의 자동차 제조업체다. 포르쉐는 혁신적인 드라이브 시스템을 보쉬에 의존하고 있다. 포르쉐 하이브리드 차량은 엔진과 전기 모터를 조합했을 때 얻을 수 있는 시너지 효과를 크게 발휘하고 있다.

포르쉐 918 스파이더는 뉘르부르크링(독일에 있는 F1 서킷)에 완주한 최초의 도로 주행 스포츠카다. 플러그인 하이브리드 드라이브를 장착한 이 슈퍼 스포츠카는 정확히 6분 57초에 노스루프 구간을 주파하며 기존 기록을 14초 앞당겼다. 포르쉐는 이 기술 과시용 모델을 개발하면서 얻은 지식을 바탕으로 나머지 모델들을 전동화했다. 파나메라 SE-하이브리드와 카이엔 SE-하이브리드에서는 관련 제품군을 좀 더 정교하게 다듬었다. 이 덕분에 포르쉐는 고급차 하이브리드 시장에서 글로벌 리더가 됐다.

포르쉐의 세 가지 플러그인 모델은 보쉬에서 카이엔과 파나메라의 전원 전자 장치, 배터리 팩, 전기 모터를 공급받았다. 918 스파이더는 추가로 프런트 액슬에 전기 모터를 장착했다.

918 스파이더 개발팀에 주어진 목표는 향후 10년을 책임질 고효율 고성능 하이브리드 드라이브 기반의 슈퍼 스포츠카를 제작하는 것이었다. 이는 완전히 새로운 차원의 개발 프로젝트로서, 백지에서 처음부터 시작해 완전히 새로운 개념을

그림 3-33 918 스파이더. 성능과 효율성을 균형 있게 조합했다. (출처: 포르쉐 미디어)

그림 3-34 파나메라 SE-하이브리드(출처: 포르쉐 미디어)

창출하는 것이었다. 하이브리드 드라이브를 중심으로 자동차 전체를 다시 설계했다. 918 스파이더는 하이브리드 드라이브의 강점을 최대한 살린 자동차다. 즉, 하나를 희생해야 다른 하나를 구현할 수 있는 방식에서 벗어나 효율성과 성능을 동시에 향상한 모델이라고 할 수 있다.

보쉬가 개발한 SMG 180/120 전기 모터 덕분에 포르쉐 918 스파이더는 210kW(286hp)의 구동력을 추가로 갖게 됐다. 918 스파이더의 프런트 액슬에 장착한 전기 모터는 시동 직후부터 210Nm의 토크를 공급하며, 리어 액슬에 있는 모터는 375Nm의 토크를 공급한다. 그 결과 시스템이 낼 수 있는 출력이 652kW(887hp), 토크는 최대 1,280Nm에 달한다. 이 덕분에 918 스파이더는 0~100km/h로 가속하는 데 2.6초밖에 걸리지 않는다. 반면 이 슈퍼 스포츠카의 연료 소비량은 100km당 3.1L로 NEDC 테스트에서 오늘날 소형차 대부분보다 더 효율적인 것으로 나타났다.

프리미엄 SUV 중에서는 세계 최초의 플러그인 하이브리드 차량인 카이엔

SE-하이브리드가 306kW(416hp)라는 출력을 자랑한다. 이 차는 NEDC 기준으로 연료 소비량이 100km당 3.4L다. 포르쉐 그란투리스모의 플러그인 하이브리드 모델 역시 출력이 306kW인데 중량 이점, 후륜 구동력, 낮은 항력 등의 덕분으로 100km당 연료 소비량이 3.1L에 불과하다는 점이 눈에 띈다.

포르쉐 카이엔과 파나메라의 플러그인 하이브리드 모델에서는 보쉬의 IMG-300 전기 모터가 추진력을 추가로 제공한다. 최대 310Nm의 토크와 70kW(95hp)의 동력을 제공하는 것이다. 전기 모터와 배터리 사이의 중앙 인터페이스는 보쉬에서 만든 INVCON 2.3 모듈이다. 동력 전자장치는 전기 파워트레인의 중앙 통제실 역할을 한다. 동력 전자장치가 배터리에 저장된 DC 전기를 전기 모터의 3상 AC로 변환하거나 그 반대로 변환하기 때문이다.

트랙션 배터리는 파워트레인에 전기를 저장한다. 파나메라 SE-하이브리드는 에너지 용량이 9.4kW인 프리즘 전지로 구성했으며, 카이엔 SE-하이브리드의 프리즘 전지는 에너지 용량이 10.8kW다. 일반 가정용 전원 소켓에서 4시간 이내에 완전히 충전된다. 고전류 전원 공급 장치를 사용하면 충전 시간이 거의 절반으로 단축돼 2시간이면 충분하다.

효율이라는 문제

효율은 매우 중요한 주제다. 엔지니어는 차량의 동작을 개선하는 이 단계에서 시간 대부분을 보낸다. 효율은 기계 또는 공정이 소비하는 총에너지

> **핵심 체크**
>
> • 효율은 기계 또는 공정이 소비하는 총에너지 중 유용한 작업이 차지하는 비율이다.

중 유용한 작업이 차지하는 비율이다. 이것은 백분율로도 표현할 수 있지만, 엔지니어들은 그리스 문자 에타η를 사용해 효율을 나타내기도 한다.

그림 3-36은 하이브리드 차량의 전형적인 동력 전달 효율 수치 몇 가지를 보여준다. 앞서 우리는 전기 모터가 어느 지점에 연결되는지에 따라 하이브리드 파워 시스템이 P0에서 P4로 분류된다는 것을 살펴본 적이 있다. P0에서는 e-머신

그림 3-36 다양한 하이브리드 드라이브의 일반적인 효율 수치

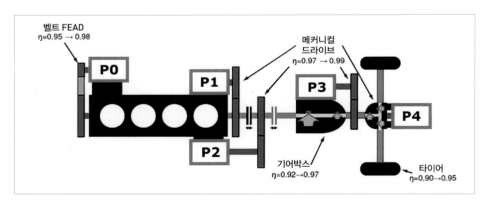

그림 3-37 케이블에서 일어나는 전력 손실

그림 3-37 케이블에서 일어나는 전력 손실

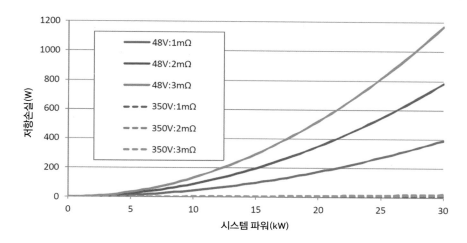

이 크랭크축에 벨트로 연결된다. P1에서는 e-머신이 엔진과 커플링 사이의 변속기 입력축에 할당된다. P2에서는 e-머신이 변속기 입력축에 할당된다.(P2.5는 e-머신이 하이브리드 변속기에 통합돼 있다.) P3에서는 e-머신이 변속기 출력축에 할당된다. P4에서는 e-머신이 액슬 드라이브에 통합된다.

　　다양한 드라이브의 (기계적) 효율 외에도 배터리, 모터/제너레이터 및 파워 변속기 (케이블) 수치를 살펴보는 것이 중요하다. 배터리 제작 방식도 효율성에 영향을 미치기 때문이다. 350V 시스템과 48V 시스템 간의 차이를 비교해보면 흥미롭다. 배터리는 일반적으로 350V에서 0.83~0.91, 48V에서 0.80~ 0.88의 효율을 보인다. 전압이 낮고 이에 따라 전류가 높을수록 케이블에서 전력 손실이 증가한다. 케이블은 일반적으로 임

그림 3-38 직렬 및 병렬 셀 블록과 48V 또는 350V 연결부

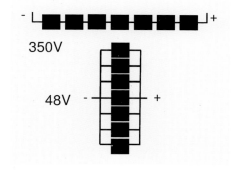

피던스가 1.5~3MΩ이다. **그림 3-37**은 케이블에서 전력이 얼마나 손실되는지를 보여준다. 그래프를 보면, 전압이 낮을 때 더 큰 전력 손실이 일어난다는 사실도 알 수 있다.

48V PO 시스템에 장착된 부품들은 P2~P4 350V 시스템에서도 비슷한 장점을 보여준다. 여러 측면에서 비교해보면 다음과 같은 사실을 알 수 있다.

- 마일드 하이브리드용 배터리의 총용량은 일반적으로 500~1kWh다.
- 사용 가능한 에너지 요구량은 일반적으로 150~200Wh다.
- 전력/에너지, 즉 셀 화학 요구량은 배터리가 48V이든 350V이든 동일하다.
- 350V 또는 48V의 경우, 하이브리드 배터리의 손실량은 유사하지만 48V일 경우 전류가 더 많이 흐르기 때문에 상호 연결 손실이 더 커질 수 있다.
- 48V 배터리는 개방 회로 셀이 하나만 존재하고, 이것이 미치는 영향이 최소한에 그치기 때문에 잠재적으로 더 안정적이다.

48V PO 시스템은 고전압 시스템보다 덜 복잡하고 가볍다는 장점이 있다. 반면 전력 최대치에 한계가 있다는 단점이 있다.

케이블 및 부품

고전압 케이블

차량에 사용하는 모든 케이블은 접촉 및 합선을 방지하기 위해 절연 상태여야 한다. 케이블 대부분은 저항이 낮고 유연하다. 이런 점 때문에 여러 가닥의 구리 선을 꼬아서 제작한다. 절연체는 일반적으로 PVC로 이뤄져 있다.

고전압 케이블은 절연도가 높아야 한다. 그래야 전압 누출을 방지할 수 있고, 손으로 만졌을 때 상해를 입을 위험이 낮아진다. 밝은 오렌지색과 함께 다양한 기호로 표시한 스티커를 경고 목적으로 사용한다.

큰 전력을 공급하려면 고전압에서도 많은 전류를 전달해야 한다. 전력은 전압에 전류를 곱한 값과 같다는 점을 기억하라.($P=IV$) 따라서 전류는 전력을 전압으로 나눈 값과 같다.($I=P/V$) 쉽게 계산하려면 전압을 250V로 가정해보자. 케이블이 20kW(20,000W)를 전달해야 한다면, 필요한 전류는 20,000/

그림 3-39 오렌지색 케이블이 보이는 폭스바겐 골프-e

그림 3-40 골프 GTE의 오렌지색 케이블과 경고 스티커

그림 3-41 토요타 프리우스의 보닛 안쪽 모습

250=80A다. 차량이 급가속하는 경우라면 이 수치가 훨씬 더 높아진다. 예를 들어 80kW의 경우 전류는 320A가 필요하다. 이런 이유로 케이블은 두껍고 절연도 잘돼 있다.

전기 자동차의 구성 부품

구성 부품을 식별하는 일은 매우 중요하다. 부품을 식별하려면 많은 경우에 제조사에서 제공한 정보가 필요할 것이다. 일부 제조업체마다 약간 이름은 다를 수 있지만, 일반적으로 주요 구성 부품은 다음과 같다.

- 배터리
- 모터
- 릴레이(스위치 부품)

- 컨트롤 유닛(전력 전자장치)
- 충전기(온보드)
- 충전 포인트
- 아이솔레이터(안전장치)
- 인버터(DC/DC 컨버터)
- 배터리 관리 컨트롤러
- 점화/키-온 컨트롤 스위치
- 드라이버 디스플레이 패널/인터페이스

이 같은 구성 부품 중 일부는 이 책의 다른 장에서도 다룰 것이다. 이 목록에 추가로 넣을 수 있는 것은 제동이나 조향과 같은 차량 시스템이다. 심지어 에어컨과 같은 것도 추가될 수 있다. 순수 전기 자동차에서는 완전히 다른 방식으로 작동하기 때문이다. 이제 주요 구성 부품에 대해 자세히 설명해보자.

배터리

현재 가장 일반적으로 사용되고 있는 배터리 기술은 리튬 이온이다. 전체 배터리 팩은 다수의 셀 모듈(실제 배터리는 200~300개 셀로 구성), 냉각 시스템, 절연체, 정션 박스, 배터리 관리 시스템, 케이스(또는 셀)로 구성된다. 이들은 모두 유기적으로 결합돼 배터리 팩이 충격과 광범위한 온도를 견딜 수 있도록 해준다.

배터리는 보통 차체 하부에 설치한다. 순수 전기 자동차에서는 배터리 무게만 300kg을 초과할 수 있으며, PHEV라면 120kg 언저리다. 전압은 최대 650V

핵심 체크

- 현재 가장 일반적으로 사용되는 배터리 기술은 리튬 이온이다.

- kWh는 에너지를 표현하는 단위로 1kWh는 1,000Wh 또는 3.6MJ과 동일하다. 배터리에 저장된 에너지의 크기를 표시하고, 전력회사에서 청구하는 에너지 비용의 단위로도 사용한다. 1kW 용량의 가전제품을 1시간 동안 켜두면 1kWh의 에너지가 소비된다.

그림 3-42 고전압 구성 부품은 빨간색, 제동 구성 부품은 파란색, 저전압은 노란색, 센서/데이터는 녹색으로 표시했다. (출처: 보쉬 미디어)

까지 가능하지만, 일반적으로 300V 근처다. 배터리 용량은 kWh 단위로 표시하며, 일반적인 EV 배터리의 경우 20~25kWh 사이다.

배터리 관리 컨트롤러

이 장치는 배터리를 모니터하고 제어하며, 무엇보다도 셀의 충전 상태를 결정한다. 온도를 조절하고, 과도한 충전과 방전으로부터 셀을 보호한다. 공회전이나 사고 및 화재와 같은 위급 상황에서 배터리 시스템을 분리하는 전자 작동 스위치를 포함한다. 일반적으로는 이 장치가 배터리 팩에 포함된다. 하지만 늘 그런 것은 아니므로 제조업체가 제공하는 정보를 확인하자.

모터

이 부품은 전기 에너지를 기계적 에너지로 바꾸는 장치다. 즉, 실제로 차량을 움직이는 부품이다. EV, HEV 및 PHEV에 사용되는 대표적인 모터 유형은 DC 펄스를 사용하는 AC 동기 모터다. 순수 전기 자동차라면 모터 용량이 85kW 안팎이다.

인버터

인버터는 배터리에서 나오는 DC를 모터를 구동하기 위한 AC로 변환하는 전자장치 또는 회로다. 회생 충전을 할 때에는 반대로 작동한다. 종종 전력 전자장치 또는 그와 유사한 이름으로 불린다. 때때로 12V 전기 시스템에 전력을 공급하기 위해서 동일한 인버터 또는 별도의 인버터를 사용한다.

컨트롤 유닛

파워 컨트롤 유닛 또는 모터 컨트롤 유닛이라고도 불리는 이 장치는 전력 전자장치(인버터)를 제어한다. 운전자의 신호(브레이크, 가속 등)에 반응해서 전력 전자장치를 켜고 끈다. 모터는 이 컨트롤 유닛에 의해 자동차를 움직이거나 혹은 반대로 제너레이터로서 배터리를 충전한다. 또한 에어컨, 파워 어시스턴스 스티어링 및 브레이크도 담당한다.

충전 장치

이 장치는 순수 전기 자동차와 플러그인 하이브리드 전기 자동차에 사용되며, 일반적으로 외부 전원이 연결되는 부위에 설치한다. 이 센서는 주전력망의 전압(일반적으로 유럽에서는 230/240V AC, 미국에서는 120V AC)을 배터리 셀 충전에 적합한 수준(일반적으로 300V DC)으로 변환하고 제어한다.

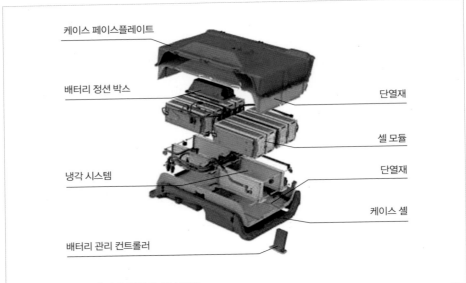

케이스 페이스플레이트

배터리 정션 박스

단열재

셀 모듈

단열재

냉각 시스템

케이스 셀

배터리 관리 컨트롤러

그림 3-43 배터리 팩(출처: 폭스바겐)

드라이버 인터페이스

운전자에게 정보를 제공하는 방법에는 여러 가지가 있다. 현재는 터치스크린 인터페이스가 가장 일반적이다. 이를 이용하면, 정보를 전달할 수 있을 뿐 아니라 운전자가 충전 속도 등의 설정을 변경할 수 있다.

> **핵심 체크**
>
> • ECE-R100은 EV 시스템을 통일하기 위해 UN이 개발한 표준이다.

UN이 개발한 EV 시스템, ECE-R100

ECE-R100은 EV 시스템을 통일하기 위해 UN이 개발한 표준이다.[5] 이 표준은 전기 자동차 중 Class M과 N, 최고 속도 25km/h 이상을 내는 차량에 적용할 수 있다. 여기서는 이 표준에 있는 몇 가지 주요 측면을 강조하고자 한다. 주로 전기 자동차의 고전압 부품 안전성에 관한 것이다.

감전으로부터 인명을 어떻게 보호해야 하는지에 대한 내용이 ECE-R100의 핵심 사항이다. 그 내용은 다음과 같다.

- 승차 공간이나 트렁크에 있는 고전압 부품은 표준 테스트 핀 또는 테스트 핑거로 접촉하는 일이 불가능해야 한다.
- 고전압 부품의 모든 커버와 보호 덮개에는 공식적인 기호 **그림 3-45**를 표시해야 하며, 전류가 흐르는 고전압 부품에 접근하는 일은 오직 공구를 사용해야 가능하도록 조치한다.
- 트랙션 배터리와 파워트레인은 적절한 정격 퓨즈 또는 회로 차단기로 보호해야 한다.
- 고전압 파워트레인은 전기 자동차의 다른 부분과 분리해야 한다.

ECE-R100 표준에서 충전과 관련한 사항은 다음과 같다.

- 충전 중에는 전기 자동차가 이동할 수 없어야 한다.
- 충전 중에 사용하는 모든 부품은 어떤 상황에서도 직접 접촉되지 않도록 보호해야 한다.
- 충전 케이블을 꽂으면 시스템이 꺼지고 주행할 수 없어야 한다.

그림 3-44 최대 충전 전류를 설정하는 모습

일반적인 안전 및 주행 지침과 관련해서는 다음과 같은 사항이 있다.

- 전기 자동차에 시동을 걸려면 키 또는 적절한 키리스 스위치를 사용해야 한다.
- 키를 제거하면 차량을 운전할 수 없어야 한다.
- 전기 자동차가 운행할 준비가 되었다면(스로틀을 누르는 것) 이 사실을 작업자가 분명히 알아차릴 수 있어야 한다.
- 배터리가 방전됐다면, 운전자가 안전하게 도로를 벗어날 수 있도록 미리 조기 경보 신호를 줘야 한다.
- 전기 자동차가 아직 주행 모드인 상태에서 운전자가 차량을 떠나면, 시각 혹은 청각 신호로 경고를 보내야 한다.
- 전기 자동차가 방향을 후진으로 변경하는 일은 액추에이터 2개를 결합하거나 혹은 속도 5km/h 미만일 때 작동하는 전기 스위치를 켜는 경우에만 가능하도록 한다.
- 과열 같은 현상이 발생하면 효과적인 신호를 이용해 운전자에게 경고를 보내야 한다.

그림 3-45 이 기호는 경고의 의미로 사용된다.

기타 시스템

냉난방

2020년 기준으로 유럽에서 판매하는 전기 자동차 대부분은 차량이 전원에 연결돼 충전 중일 때에만 난방 또는 냉방 기능의 작동을 허용한다. 하지만 일부 차량의 경우에는 배터리를 이용하는 상태에서도 이 기능을 사용할 수 있다. 중요한 점은 전원에 연결한 상태에서 차량 실내를 사전에 난방하거나 냉방하면 배터리 용량을 절약할 수 있고, 그에 따라 운행 거리가 늘어난다는 사실이다. 가장 일반적인 두 가지 시스템은 다음과 같다.

- 전기로 구동되는 에어컨 컴프레서를 사용한 냉방
- 고전압 정온도계수 PTC 히터를 사용한 난방

고전압 구성 부품을 사용해 냉방 및 난방 기능을 작동하는 경우, 일반적으로 타이머 또는 원격 앱을 이용해 해당 기능을 활성화한다.

하이브리드 자동차에서는 난방 회로를 냉각수 회로와 병렬로 작동한다. 난방 시스템은 열교환기, 히터 유닛 및 공급 펌프로 구성한다. 냉각 시스템의 경우, 컴

그림 3-46 난방 회로

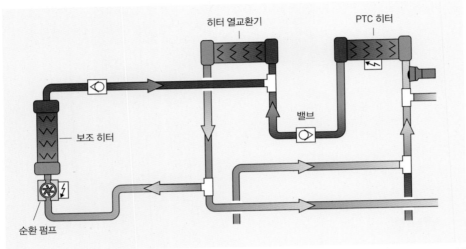

히터 열교환기

PTC 히터

밸브

보조 히터

순환 펌프

출처 : 폭스바겐

프레서가 전기로 구동한다는 점을 제외하면 일반 차량과 거의 동일한 방식이다. 냉각 시스템은 고전압 또는 42V와 같은 저전압에 의해서도 작동 가능하다.(하지만 12V로는 보통 작동하지 않는다.) 필요하다면 충전 중일 때 배터리 컨트롤 유닛이 배터리 냉각을 명령할 수 있다. 따라서 배터리 냉각 회로, 경우에 따라서는 모터 냉각 회로가 하이브리드 차량의 엔진 냉각 시스템과 결합한다. 즉 전기 펌프에 의해 냉각수가 순환하는 것이다.

열적 과제

배터리 전기 차량BEV 애호가들은 전기 모터의 효율이 95%나 되는 것을 강조하고 싶어 한다. 물론 이 수치는 최첨단 휘발유/가솔린 엔진의 열효율이 40% 정도밖에 안 된다는 점과 비교된다. 그러나 이런 숫자에는 오해의 소지가 있다. 여기서 말하는 가솔린 엔진의 열효율 수치는 부하가 높은 조건에서 얻은 값이다. 심지어 다른 작동 조건에서는 열효율이 30% 가깝게 내려가기도 한다. 그러나 BEV 또한 전기 및 열 손실을 겪고 있다는 사실을 기억해야 한다. 이 문제를 해결하기 위해 엔지니어들은 폐열을 사용해 추운 날씨에 차량 내부를 따뜻하게 하는 방법도 연구하고 있다.

액체 냉각

DC/DC 컨버터, 전력 전자장치, 배터리 충전/방전 사이클 등이 작동하면 열이 발생한다.표 3-3 이 과정에서 전기 에너지의 총손실량은 최대 40%까지 증가할 수 있다. 따라서 이들 부품에 대해서는 액체 냉각이 필요하다.

표 3-3 열 손실(충전 및 방전 횟수의 증가는 손실되는 열을 크게 증가시킨다.)

구성 부품	열 손실(%)	온도 한계(°C)
모터/제너레이터	3~5	85
전력 전자장치	3~5	65
고전압 배터리	5~8	50
DC/DC 컨버터	3~5	70
충전기	3~5	65

전기로 차량을 구동하면, 폐열 형태로 에너지가 손실되는 내연기관 차량보다 에너지 효율 측면에서 상당한 이점이 있는 것처럼 보인다. 그러나 애초에 전기를 생산하는 데 드는 에너지까지 고려해야 더 정확하게 비교할 수 있을 것이다.

리튬 이온 배터리 팩의 크기와 무게는 BEV 차량의 제조원가에서 큰 부분을 차지한다. 또한 리튬 이온 배터리는 고전압, 고속 충전 시 충전 시간, 운행 거리, 열화 등의 문제가 있다. 이런 이유로 전고체 배터리의 개발은 기존 리튬

이온 배터리보다 가연성이 낮은 대체 물질을 배터리로 이용하는 길을 열 수 있을 것이다. 동일한 에너지 밀도라면 전고체 배터리가 더 작고 가볍다.

현재, 고전압 고속 충전과 배터리의 에너지 밀도 문제를 해결하는 이상적인 방법으로 액체 냉각이 관심을 받고 있다. 공냉 방식은 하이브리드용 소형 배터리 팩에 적합하다. 액체 냉각의 경우, 폐열을 다른 용도로 사용할 수 있다는 장점이 있다. 폐열을 사용하면, 비싼 배터리 커패시터나 비용이 많이 드는 열펌프를 추가하는 것보다 당연히 유리하다. 액체 냉각은 전력 전자장치의 폐열 관리 및 회수에도 이상적이다.

향후에는 100kW 이상의 고속 충전을 견딜 수 있도록 해주는 배터리 냉각 시스템을 개발할 것이다. 자동차 부품 제조사인 콘티넨탈에서는 전기 열 회생장치 ETR, Electro-Thermal Recuperator로 알려진 획기적인 시스템을 연구하고 있다. 이 장치는 BEV를 위한 액체 냉각 시스템이다. ETR은 회생제동으로부터 폐열을 회수하도록 설계됐다. 하지만 배터리 팩의 크기와 충전량 때문에 회생제동 에너지 전체를 배터리를 충전하는 데 쓰지 못할 수 있으며, 낮은 외부 온도도 문제가 될 수 있다.

ETR 시스템의 경우, 배터리 팩이 더는 충전을 받아들일 수 없으면 컴퓨터 제어식 ETR 회로가 냉각수를 가열해 실내를 난방하는 방식으로 회수된 에너지를 사용한다. ETR 시스템의 무게는 약 3kg이며, 컴퓨터 제어를 위한 CAN 인터페이스와 (필요하다면) 추가 실내 난방을 위한 PTC 저항 히터를 내장하고 있다. 시뮬레이션에 따르면 64kWh 배터리 팩이 장착된 차량에서 5~12% 에너지 절약이 가능하다.

열펌프

열펌프는 열에너지를 열원에서 열 방출 부위로 전달한다. 이때 열에너지는 열펌프에 의해 자연스러운 열전달 방향을 거슬러서 이동한다. 즉 차가운

공간에서 열을 흡수해 따뜻한 곳으로 방출한다. 열펌프는 외부 전력을 사용해 열원에서 열 방출 부위로 에너지를 전달하는 작업을 수행한다. 가장 일반적인 열펌프 설계는 자동차 에어컨 시스템과 거의 흡사하고, 단지 작동 방향만 역방향이다. 열펌프 시스템에는 콘덴서, 팽창 밸브, 증발기 및 컴프레서가 포함된다. 열을 전달하는 수단은 기본적으로 냉매다. 냉매가 증발하면서 주변에서 열을 끌어내는 원리를 이용한다. 손등을 혀로 핥은 다음 입김으로 불면, 수분이 증발하면서 몸에서 열을 뺏어가기 때문에 시원하게 느껴지는 것과 같은 이치다.

열펌프는 일반적으로 사용자의 필요에 따라 난방 모드 또는 냉방 모드 양쪽에서 다 사용할 수 있다. 열펌프를 난방에 사용할 때는 에어컨이나 냉장고에 사용하는 것과 동일한 기본 냉동 사이클을 사용하지만, 그 방향은 반대다. 열펌프는 열을 주변 환경에서 뺏어서 조건이 정해진 일정 공간으로 방출한다. 차내 열펌프는 외부 온도가 실내보다 더 차가울 때도 외부 공기로부터 열을 끌어온다. 열펌프는 단순한 전기 히터보다 에너지를 훨씬 더 효율적으로 쓴다. 그러나 열펌프 설치 비용은 PTC 히터보다 훨씬 비싸다.

그림 3-47 열펌프의 증기 압축 냉동 사이클을 단순하게 표현한 다이어그램

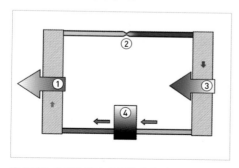

① 콘덴서, ② 팽창 밸브, ③ 증발기, ④ 컴프레서

브레이크

브레이크는 보통 유압식으로 작동하지만, 일정 부분 서보servo의 도움을 받는다. 이를 위해 유압 펌프를 쓸 수도 있지만, 내연기관 차량 대부분은 흡기

매니폴드의 진공(저압)을 이용해 서보를 작동시킨다. 따라서 순수 전기 자동차 또는 전기로만 작동하는 하이브리드는 다른 방법을 사용해야 한다.

대부분 전자장치의 도움을 받는 마스터 실린더를 사용한다. 이 시스템은 운전자가 가하는 브레이크 압력을 감지한다. 이런 마스터 실린더를 사용하는 이유는 회생제동을 통해 가능한 한 많은 제동 효과를 얻을 수 있기 때문이다. 이것이 가장 효율적인 제동 방법이다. 마스터 실린더의 센서 신호가 전자 컨트롤 시스템으로 전송되고, 이 신호에 의해 모터가 회생제동 모드로 전환된다. 이를 통해 배터리가 충전되고, 지연 또는 회생제동이 이뤄진다. 운전자가 가하는 브레이크 압력을 기준으로 추가 제동이 필요하면 기존의 유압 브레이크를 작동시키고, 필요한 경우에 전자장치의 보조를 받는다.

일부 브레이크 시스템에는 운전자가 브레이크 페달에서 감속과 관련된 적절한 느낌을 받을 수 있도록 마스터 실린더에 피드백 루프가 있다. 감속은 마찰 브레이크와 회생 브레이크가 연관돼 있다.

보쉬는 전기 및 하이브리드 차량에 사용할 수 있는 완전 유압 작동 시스템HAS. Hydraulic Actuation System을 개발했다. 이 시스템은 모든 브레이크 회로 분할 및 구동 개념에 적합하다. 이 모듈은

그림 3-48 전자 제어식 브레이크 마스터 실린더

그림 3-49 플러그인 하이브리드와 전기 자동차용으로 특별히 설계된 진공 독립 브레이크 시스템. 이 모듈은 브레이크 작동 장치(왼쪽)와 작동 컨트롤 모듈(오른쪽)로 구성되며, ESP® 유압 모듈레이터를 보완한다. (출처: 보쉬 미디어)

브레이크 작동 유닛과 유압 작동 컨트롤 모듈로 구성된다. 유압 작동 컨트롤 모듈은 ESP® 유압 모듈레이터를 보조한다. 브레이크 페달과 휠 브레이크는 기계적으로 분리돼 있다. 브레이크 작동 장치는 브레이크 명령을 처리하며, 통합 페달 행정 시뮬레이터는 운전자에게 익숙한 페달의 느낌을 제공한다.

제동 압력 모듈레이터 시스템은 전기 모터 및 휠 브레이크를 사용해 제동 명령을 실행한다. 이 시스템의 목표는 안정성을 완벽하게 유지하면서도 회생제동을 최대로 구현하는 것이다. 차량과 시스템 상태에 따라 전기 모터만으로도 최대 0.3g의 감속 가속도를 달성할 수 있다. 이것으로 충분하지 않다면, 모듈레이터 시스템은 펌프와 고압 어큐뮬레이터를 사용한다.

파워 스티어링

전력만으로 주행할 때 또는 파워 스티어링 펌프를 구동할 수 있는 엔진이 없을 때에는 다른 방법을 사용해야 한다. 최신 내연기관 차량이라면 대부

분 전자식 파워 어시스턴스 스티어링ePAS, electric Power-Assisted Steering을 사용하기 위해 다음 두 가지 방법 중 하나를 사용한다. 이 중에서 두 번째 방법을 현재 가장 흔하게 사용한다.

1. 전기 모터가 유압 램/랙/서보 실린더에 작용하는 유압 펌프를 구동
2. 스티어링을 직접 보조하는 구동 모터

두 번째 방법의 경우, 전기 모터가 에피사이클릭 기어 트레인을 통해 스티어링에 직접 작용한다. 유압 펌프 및 서보 실린더를 완전히 대체하는 것이다.

운전자가 스티어링 휠에 가하는 힘을 측정하려고 많은 시스템에서 광학 토크 센서를 사용한다.(모든 시스템은 어떤 종류이든 센서를 사용한다.) 이 센서는 구멍으로 들어오는 LED 빛을 측정하는데, 스티어링 칼럼(스티어링 휠과 스티어링 기어를 연결하는 지지대)에 장착된 토션 바torsion bar의 양쪽 끝에 있는

그림 3-50 전기 모터가 직접 스티어링을 보조하는 ePAS(출처: 포드 미디어)

디스크에 정렬돼 있다. 광학 센서는 스
티어링 축에 설치된 두 디스크의 상대
적인 비틀림을 측정한다. 이 정보를 이
용해 전자 컨트롤 시스템은 토크와 스
티어링의 절대각을 계산한다.

DC/DC 컨버터

DC/DC 컨버터는 DC의 전압을 변환하는 장치다. 대부분 시스템에서 DC 전
압은 먼저 인버터를 거쳐 AC로 변환되고, 이 AC의 전압은 변압기를 거쳐 변환된
후, 다시 DC로 정류되는 과정을 거친다.

그림 3-51 DC/DC 양방향 컨버터

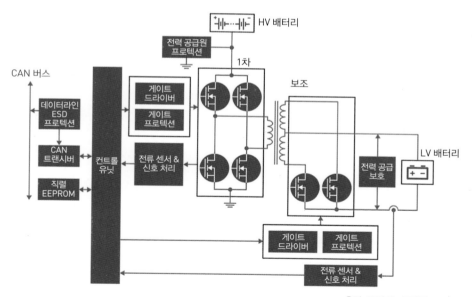

출처: ST마이크로일렉트로닉스

전기 자동차는 고전압 배터리(일반

적으로 200~450V)를 사용해 트랙션 견인

력을 일으킨다. 그리고 저전압(12V) 배

터리는 차량에 있는 전기 구성 부품의 전력을 공급하는 데 사용한다. 내연기관 차

량은 교류 발전기로 저전압 배터리를 충전하는데, 전기 자동차는 고전압 배터리를

이용해 충전한다. 일부 하이브리드 차량은 스타터 모터를 사용하지 않을 때, 저전

압 배터리의 도움으로 고전압 팩을 재충전할 수 있다.

ST마이크로일렉트로닉스[6]는 반도체 솔루션 분야에서 세계적인 선두 업체다.

이 회사는 IGBT, 실리콘과 실리콘 카바이드 MOSFET 및 다이오드를 포함한 광

범위한 반도체 제품을 생산한다. **그림 3-51**은 DC/DC 양방향 컨버터다.

콘티넨탈의 열 관리 기술

자동차 기술 전문 기업인 콘티넨탈은 여름과 겨울에 전기 자동차의 효율을

높이기 위해 여러 가지 열 관리TM 기술을 도입했다. 여기에는 센서, BLDC 구동 펌

프, 유압 장치 및 밸브가 포함된다. 콘티넨탈은 자사 시스템이 –10℃에서 전기 자

동차의 운행 거리를 최대 25%까지 증가시킬 수 있다고 주장한다.

일반적으로 전기 자동차의 운행 거리는 20~25℃와 비교해서 –10℃에서는

최대 40%까지 떨어질 수 있다. 하지만 –10℃에서도 몇 가지 작은 변화만으로 운

행 거리 손실의 상당 부분을 완화할 수 있다. 콘티넨탈의 CFCVCoolant Flow Control

Valve. 냉매 흐름 조절 밸브 장치는 가열 회로와 냉각수 회로 간에 원활한 전환이 일어나도

록 해주며, 이 덕분에 배터리 및 드라이브트레인 구성 부품을 필요할 때 미리 준비

시킨다. 이 시스템은 지능형 위치 확인 시스템으로 제어되는 콤팩트 브러시리스

모터를 액추에이터로 사용한다. 이 덕분에 냉각수 회로 2~4개를 순환할 수 있다.

그림 3-52 열 관리 제어 액추에이터(출처: 콘티넨탈 AG)

겨울과 한여름에는 난방이나 냉방 수요가 많다. 예를 들어 -10°C에서는 저장된 전기 에너지 중 최대 30%를 난방 목적으로 이용한다. 종합적인 열 관리 시스템은 배터리를 방전시키지 않고도 냉난방을 최대한 이용할 수 있게 해준다.

고전압 안전장치

릴레이의 역할

고전압 배터리는 실질적으로 모든 고전압 구성 부품과 연결돼 있다. 그리고 각 고전압 연결부는 릴레이에 의해 작동된다. 릴레이는 주접점이 닫힐 때 차량의 고전압 시스템에 연결되고, 주접점이 열릴 때 고전압 시스템에서 분리된다. **그림 3-53**

주접점의 전원이 차단되면 릴레이가 열리고, 고전압 배터리는 분리된다. 릴레이를 여는 명령은 상황에 따라 다르게 시행될 수 있다. 예를 들어, 차량을 끄고 시동키를 제거하면 주접점이 열린다. 이런 상황에서는 다른 안전 시스템도 활성화된다.

파일럿 라인

파일럿 라인pilot line은 모든 고전압 구성 부품이 고전압 시스템에 올바르게 연결돼 있는지 확인하는 안전 시스템으로 완전히 독립된 파일럿 라인은 모든 고전압

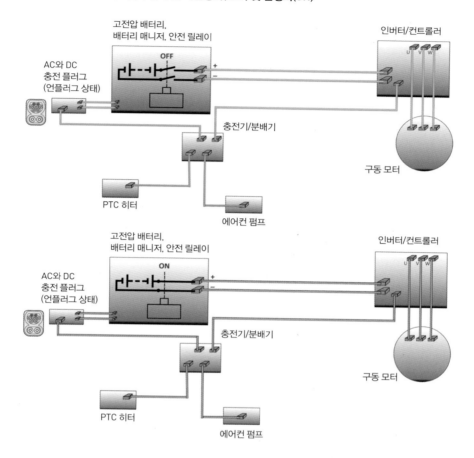

그림 3-53 고전압 시스템 구성 부품 비활성화(OFF) 및 활성화(ON)

구성 부품을 저전압으로 연결한 상태에서 작동한다. 이 시스템은 파일럿 라인에 연결된 구성 부품이 고전압과 올바르게 연결됐는지를 지속적으로 확인한다. 그림 3-54

고전압 구성 부품의 고전압 연결이 끊어지면 파일럿 라인 회로는 중단된다. 이런 상황은 케이블이 분리되거나, 유지 관리 커넥터가 제거되거나, 고전압 구성 부품이 교체되는 경우에 발생한다.

파일럿 라인 회로는 연속 루프다. 어느 지점에서든 이 루프가 끊어지면 보호 릴레이가 열리고, 고전압 배터리는 차단된다.

> **핵심 체크**
>
> - 파일럿 라인은 모든 고전압 구성 부품이 고전압 시스템에 올바르게 연결돼 있는지 확인하는 안전 시스템으로 완전히 독립돼 있다.
> - 고전압 구성 부품의 고전압 연결이 끊어지면 파일럿 라인 회로는 중단된다.

고전압 배터리 근처에는 유지 관리 커넥터가 있다. 커넥터는 고전압 시스템에 공급되는 전원을 차단하며, 이는 추가적인 안전 기능이다. 보닛 아래 또는 다른 위치에 유지 관리 커넥터가 있을 수 있다.(항상 제조업체의 정보를 참고한다.) 커넥터가 잠금 해제되고 제거되면, 파일럿 라인이 끊어지고 주접점이 열린다. 이 경우에 고전압 배터리가 분리되고, 대부분 배터리는 전압이 반으로 떨어진다.

커넥터의 위치와 모양은 차량 유형에 따라 다르다. 연결이 해제되면 시스템에 전원이 공급되지 않고 배터리 모듈만 활성 상태가 된다. 전압도 반으로 떨어진다. 고전압을 다룰 때는 다음 세 가지 기본 규칙을 항상 준수해야 한다는 사실을 잊지

그림 3-54 파일럿 라인(빨간색)은 플러그와 소켓을 거쳐 모든 구성 부품을 통과한다.

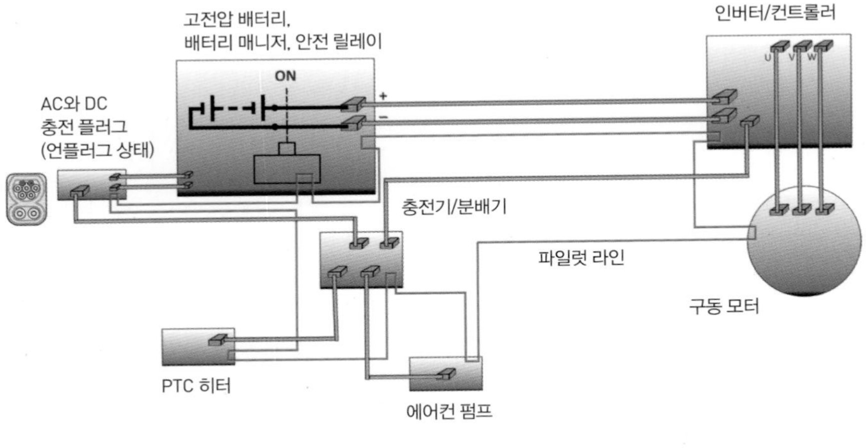

말라. 전원 차단은 자격을 갖춘 사람만 수행한다.

1. 고전압 시스템의 전원을 차단하라.
2. 차량이 다시 움직이지 않도록 고정하라.
3. 고전압 시스템의 전원을 차단했는지 점검/판단하라.

충돌 안전

고전압 안전 시스템은 일반적으로 에어백 컨트롤 모듈을 통해 충돌 감지 시스템에 연결돼 있다. 고전압 시스템의 전원이 차단되면 차량 탑승자, 최초 사고 대응자, 수리를 위해 차량 내부로 들어가 작업하는 정비사 등을 보호할 수 있다.

에어백 컨트롤 모듈이 사고를 감지해 벨트 텐셔너belt tensioner 또는 에어백을 작동시키면, 배터리 조절 컨트롤 모듈이 CAN 데이터 버스를 통해 보호 릴레이를

그림 3-55 충돌 감지

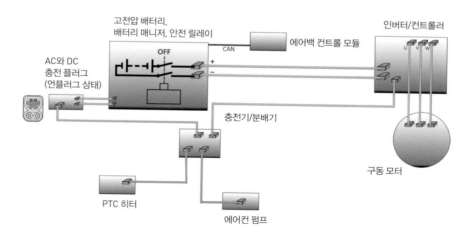

열도록 지시한다. 여기에는 두 가지 시나리오가 존재한다.

- 1단계 충돌 보호: 벨트 텐셔너만 작동한 경우, 시동 스위치를 껐다가 켜서 보호 릴레이를 연결할 수 있다.
- 2단계 충돌 보호: 벨트 텐셔너와 에어백이 모두 작동한 경우, 보호 릴레이는 종종 제조업체에서 제공하는 장비 또는 기타 적절한 장비를 사용해야 다시 연결할 수 있다.

절연 저항

배터리 조절 컨트롤 모듈은 고전압 시스템 내 절연 저항을 점검하기 위해 테스트 전압을 전송한다. 이때 전압은 보통 약 500V이며 전류가 낮아서 위험하지는 않다. 이를 통해 모든 고전압 구성 부품과 케이블이 제대로 절연과 차폐가 됐는지 확인한다.

컨트롤 모듈은 판독값을 계산하고, 이전에 측정한 고전압 시스템의 저항값과 비교한다. 예를 들어 벌레가 와이어의 절연재를 쏘는 일이 발생하면, 절연재가 손상돼 절연 저항이 변한다. 컨트롤 모듈은 이를 절연 결함으로 감지한다. 고장의 심각도에 따라 차량 계기판에 다양한 메시지가 표시될 수 있다.

중형 차량의
전기 구동 시스템

더 많은 전력이 필요한 시스템

중형重型 차량(이하 중형차)의 전기 구동 시스템은 더 많은 토크를 생산해야 한다는 점을 제외하면 일반적으로 경차에 사용되는 시스템과 근본적으로 같다. 다만 일부 차량이 모터를 구동하기 위해 3상 이상의 전기를 사용하기도 한다. **그림 3-56**은 플러그인 하이브리드 전기 자동차 또는 순수/배터리 전기 자동차의 일반적인 레이아웃이다. 이는 경차 또는 중형차일 수 있다.

고전압 배터리는 주요 에너지원이며 대개 리튬 이온을 기반 기술로 한다. 배터리는 여러 셀을 직렬이나 병렬로 조합해 구성하며, 배터리가 생성하는 전압은 약 400V다. 그러나 전기 자동차가 최신 모델일수록 전압이 증가하는 경향이 있다. 향후에는 700V 이상이 일반적일 것이다. 중형차는 더 많은 전력, 즉 전류를 공급해야 하기 때문이다.

인버터는 IGBT, 즉 절연 게이트 양극성 트랜지스터 혹은 그와 유사한 장치를 사용해 DC를 모터 구동에 필요한 3상 AC로 변환한다. 또한 제동 과

핵심 체크

• 중형차는 더 많은 전력을 공급해야 하니 전압이 더 높아지는 경향이 있다.

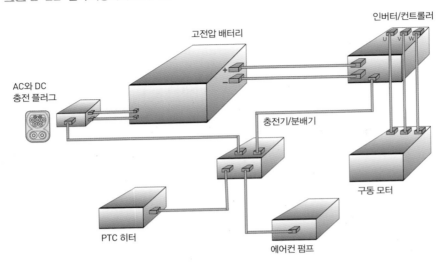

그림 3-56 전기 자동차의 레이아웃

정 중에 모터(제너레이터)에서 생성된 3상 AC를 배터리 충전에 필요한 DC로 변환하기도 한다. 일부 시스템은 별도의 전자 컨트롤 유닛ECU, Electronic Control Unit을 사용하지만, 많은 시스템이 인버터에 통합돼 있다.

그림 3-57에 표시된 구동 모터는 3상 전기를 이용하며, 차량을 구동하거나 하이브리드 차량의 움직임을 보조하는 역할을 한다. 또한 휠을 이용해 주행할 때는 제너레이터로, 제동할 때는 변속기로 작동한다. 충전 플러그는 DC 충전 또는 일반 AC 충전을 모두 허용하는 유형이다. 충전 플러그는 가정용 또는 중형 산업용 충전 장치에 꽂을 수 있다.

일반 장치, 가정용 혹은 산업용 전력망에서 충전할 때 충전기 유닛은 전압(대개 230V AC)을 배터리 충전에 필요한 400+V DC까지 단계적으로 높인다. 또한 더 높은 전압의 3상 AC를 에어컨 펌프 및 정온도계수 히터와 같은 장치로 분배하는 역할도 한다. 하이브리드 차량의 엔진(내연기관)이 작동하지 않을 때나 순수 전기 자동차인 경우에, 고전압 에이컨 펌프를 쓰면 시스템을 작동시킬 수 있다.

그림 3-57 다상 인버터[7]

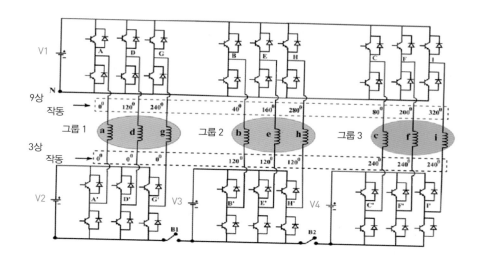

히터는 실질적으로 전기난로다. 공기가 흐르는 상태에서 PTC 장치를 이용하면 열이 발생한다. PTC 혹은 정온도계수 장치는 온도가 올라가면 저항도 함께 증가하므로 전류를 스스로 제한하는 기능이 있는 셈이다.

모터는 서로 다른 위상이 각기 다른 시간에 켜지며 회전이 일어나는 원리로 작동한다. IGBT를 전환하는 데 사용하는 신호는 더욱 세밀한 제어를 위해 펄스폭이 변조된다. 일부 중형차의 경우 다상multiphase 모터를 사용한다. 3상 모터 역시 분명히 다상 모터이지만, 이 용어는 일반적으로 3상보다 많은 상을 지칭하는 데 사용한다. 이런 모터를 구동하는 인버터의 전환은 더 복잡하지만, 여전히 위상을 차례대로 바꾼다는 기본 원칙을 따르고 있다. 다상 구동은 표준 3상 구동과 비교하면, 중량 대비 전력 비율이 향상하는 것 외에도 다음과 같은 장점이 있다.

■ 반도체의 전류 응력이 감소한다.
■ 토크 리플ripple이 감소한다.

다른 이점으로는 소음이 감소하고, 고정자stator의 구리가 덜 손실되는 점을 들 수 있다. 이는 곧 에너지 효율로 이어진다. 하나 이상의 위상이 상실돼 모터 성능이 떨어져도, 모터가 여전

히 작동할 수 있기에 일부 시스템은 더 안정적인 상태가 된다. 그림에 표시한 인버터는 3상 모드 또는 9상 모드에서 작동한다.

중형차든 경차든 동일한 배터리를 사용하지만, 다른 커패시터 및 전압에서 사용할 수 있도록 종종 배터리를 모듈식으로 만든다. 모듈식으로 만들면 다른 위치에 쉽게 장착할 수 있을 뿐 아니라 필요하다면 더 쉽게 수리할 수 있다. 여기에는 리튬 이온 배터리 기술이 주로 사용된다. 갈수록 전압이 높아져 400~700V 이상이 일반적인 것이 되고 있다.

EV의 주요 구성 부품은 경차든 중형차든 관계없이 같은 원리로 작동한다. 그러나 중형차는 높은 토크와 동력이 요구되기 때문에 더 크고 강력하다. 일부 모터는 일반적인 3상 대신 6상 또는 9상이다. 일반적으로 이런 모터를 다상 모터라고 부른다.

구성 부품의 예

중형차에 사용하는 구성 부품과 사용 방법을 최신 사례와 함께 살펴보자. 여기서 중형차란 트럭과 건설 차량, 고속버스와 시내버스도 포함한다.

캐나다 기업 TM4(다나 그룹의 일부)는 전기 자동차 및 하이브리드 상용 차량에 쓰이는 고高토크 전기 파워트레인 시스템을 생산한다. 다양한 크기의 모터 모델이 중전압(450V 이상의 DC) 또는 고전압(750V 이상의 DC) 인버터와 쌍을 이룬다.

그림 3-58 모듈식 배터리 설계(표시된 배선 연결은 무작위다.)

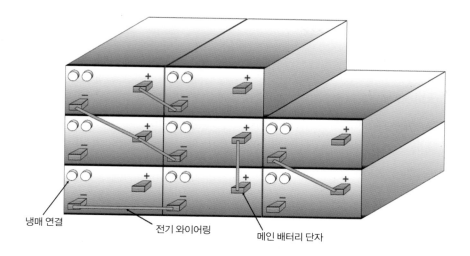

냉매 연결   전기 와이어링   메인 배터리 단자

TM4가 생산하는 고토크/저속 영구 자석 모터는 중간 변속 장치 없이도 일반적인 리어 디퍼렌셜(차동)과 접속할 수 있도록 설계됐다. 직접 드라이브 구동이 가능하므로 파워트레인의 복잡성과 비용을 낮출 수 있다. 직접 구동 시스템은 주행 사이클 내내 에너지 효율을 10% 이상 향상할 수 있으며, 이는 배터리 사용량과 그에 따른 주행 거리에서도 같은 효과를 나타낸다. 이런 기술은 일반적으로 시내버스, 배달 트럭, 견인 트랙터, 광산용 차량, 해상용 장비, 셔틀 등에 쓰인다.

중형차에 사용되는 인버터는 상당한 전력 수준(전압 및 전류)을 처리할 수 있어야 한다. 소형차와 마찬가지로 이 장치는 배터리에서 나오는 DC를 3상 이상의 AC로 변환해 모터를 구동한다. 또한 회생제동 중에 모터에서 얻은 전력을 정류하는 역할도 한다.

전력을 늘리는 일반적인 접근 방식은 다중 전력 트랜지스터 IGBT를 병렬로 사용하는 것이다. 그러나 IGBT가 완벽하게 서로 일치하는 경우는 없기에 병렬로 연결되면 전류가 고르게 분배되지 않아 동일한 수의 독립 IGBT에 비해 10% 이상의

그림 3-59 인버터 및 모터(출처: TM4)

성능 손실이 발생할 수 있다.

인버터와 모터에서 다중 위상 배치는 별도의 IGBT를 사용해 모터의 독립적인 전자기 서브세트를 구동한다. 이를 통해 각 IGBT의 능력을 최대한 활용할 수 있다. IGBT들이 서로 완전히 독립적이므로 인터리빙 IGBT 스위칭을 사용할 수 있다. 이를 통해 DC 버스 필터링 커패시터DC bus filtering capacitor의 전류 리플 수요를 여러 IGBT로 분산한다.

거의 모든 EV 모터의 작동 원리는 영구 자석 로터와 회전 자기장 고정자 사이에 발생하는 상호 작용이다. 이 점은 중형차 시스템도 다르지 않다. 그러나 중형차가 추가 전력을 요구한다는 점을 감안하면, 중형차에는 추가적으로 혁신적인 기술이 사용되고 있음을 짐작할 수 있다.

앞서 설명한 것처럼, 다상 시스템이 적용돼 있지만 또 다른 흥미로운 점은 로터를 고정자의 외부에 장착하는 방법을 사용하고 있다는 것이다. 이런

핵심 체크

• 외부 로터형 모터 위상 배치를 이용해 더 높은 자속과 더 큰 토크를 얻을 수 있다.

그림 3-60 버스의 후륜축을 구동하는 9상 모터

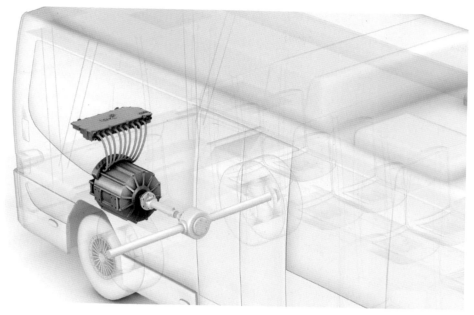

출처: TM4

그림 3-61 IGBT가 병렬(왼쪽) 및 다위상 모듈형 위상 배치로 연결된 모습

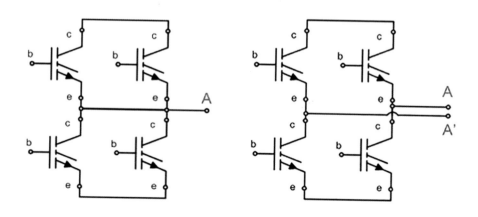

출처: TM4

외부 로터형 모터 위상 배치를 이용해 더 높은 자속과 더 큰 토크를 얻을 수 있다. 토크Nm는 힘N과 회전 중심으로부터의 거리m 사이의 곱이다. 이는 **그림 3-62**에 나타나 있으며, 거리가 클수록 토크가 증가함을 보여준다.

그림 3-60의 모터(HV3500) 크기는 572×591×505mm이고 무게는 340kg이다. 여기에 사용된 인버터 크기는 414×126×801mm이고 무게는 36kg이다. TM4는 세 가지 주요 패키지(2018)를 제공하며, 사양은 **표 3-4**와 같다.

표 3-4 TM4 제품 제원(참고로 테슬라 모델S의 피크 토크는 약 1,200Nm, 모터 2개 포함)

	SUMO HD HV2700	SUMO HD HV3400	SUMO HD HV3500
인버터	CO300-HV	CO300-HV	CO300-HV
피크 출력(kW)	250	250	350
연속 출력(kW)	195	195	260
운전 속도(RPM)	0~3,375	0~2,450	3,400
연속 토크(Nm)	2,060	2,060	1,830
피크 토크(Nm)	2,700	3,400	3,500

그림 3-62 모터 토크

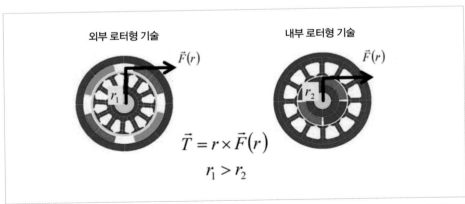

출처: TM4

그림 3-63 인버터와 모터(출처: TM4)

그림 3-64 '뉴로 200' 차량 관리 유닛은 시스템의 두뇌다. (출처: TM4)

그림 3-65 ZF사의 기술이 탑재된 시내버스(출처: ZF)

그림 3-66 구동 모터(출처: ZF)

그림 3-67 또 다른 구동축 배열(출처: ZF)

ECU는 작동 조건과 운전자의 요구에 따라 하이브리드 또는 순수 EV 시스템을 선택해 구동한다. 모든 엔진 또는 EV 컨트롤 ECU와 마찬가지로 ECU는 차량, 작동 환경 및 관련 시스템의 특정 요구를 충족하도록 프로그래밍돼 있다.

그림 3-65에 보이는 버스는 휠 근처에 ZF 전기 모터 2개가 사용되며, 각각의 최대 출력은 120kW(160bhp)다. 모든 EV 모터와 마찬가지로 제너레이터 모드로 작동해 배터리에 전력을 공급할 수도 있다.(회생제동)

이 시스템의 주요 특징은 같은 공간에 장착되며, 재래식 내연기관 차량의 포털 차축과 인터페이스 디멘션interface dimension이 같다는 것이다. 따라서 전체 차량을 재설계할 필요 없이 기존 섀시에 쉽게 추가할 수 있다. 이 시스템의 구동 모터와 옆 그림에 보이는 모터는 종류가 다르지만, 구동 모터 2개의 배열이 비슷하다.

4

배터리 첨단기술

배터리 전반에 대해

배터리 주행 거리

전기 자동차의 주행 거리에 영향을 미치는 가장 중요한 요인은 바로 운전자의 오른발이다. 천천히 가속하고 가능한 한 브레이크 밟는 일을 최소화하는 부드러운 주행 습관이 전기 자동차의 주행 거리에 가장 큰 영향을 미친다는 점은 다른 차량과 마찬가지다. 또한 주행 거리는 추운 날씨에 의해서도 크게 변한다. 에어컨(난방 또는 냉방) 및 기타 기능(예를 들어 조명)을 사용해도 영향을 받는다. 이 시스템들이 배터리 에너지를 사용하기 때문이다. 차량 제조업체에서는 LED 외부 조명을 쓰는 방법으로 에너지 소비량을 줄이려 한다. 제어 시스템을 사용하면

그림 4-1 쉐보레의 스파크용 배터리 팩
(출처: 제너럴 모터스)

용어 설명
• 킬로와트시(kWh): 1시간 동안 1kW를 사용할 때의 전력 측정 단위다. 전기 공급업체는 이를 1유닛(unit)으로 부르기도 한다.

추가 부품들의 에너지 소비를 최소화
할 수 있다. 요즘은 전력망에 연결돼 있
을 때 예열이나 냉각을 하는 것이 일반
적이다. 이 경우 운전자는 배터리 소모

를 걱정하지 않고 쾌적한 실내 온도에서 주행을 시작할 수 있다. 전기 자동차의 장
점 중 한 가지는 기존 내연기관 차량과 달리 겨울철에도 예열 시간이 필요 없다는
점이다.

배터리 수명과 재활용

제조업체는 일반적으로 배터리 용량이 정격 용량의 80% 이하로 줄어들면 배
터리 수명이 다한 것으로 간주한다. 즉, 원래 배터리의 주행 가능 거리가 완전 충
전에서 100km라면 8~10년을 사용한 후에는 주행 가능 범위가 80km로 감소할
수 있다는 뜻이다. 하지만 이때도 배터리는 여전히 충전 용량의 80%에 해당하는
사용 가능 전력을 공급할 수 있다. 많은 자동차 제조업체는 자동차 수명이 다할 때
까지 쓸 수 있도록 배터리를 설계한다.

전기 자동차 배터리에 쓰이는 리튬은 수용성 염화리튬이 함유된 소금 호수와
염전에서 주로 생산한다. 리튬의 주요 생산국은 남미(칠레, 아르헨티나, 볼리비아),
호주, 캐나다, 중국이다. 리튬은 바닷물에서도 추출할 수 있다. 배터리 재활용 또
한 리튬의 주요 공급원이 될 것으로 기
대하고 있다. 리튬의 전 세계 매장량은
약 3천만 톤으로 추정한다. 배터리 충
전을 위해 kWh당 리튬이 약 0.3kg 필
요하다. 다양한 의견들이 있지만, 필자

를 포함한 많은 전문가들은 현재 매장량만으로 천 년 이상 사용할 수 있을 것이라고 주장한다.

2020년 기준, 리튬을 재활용하는 양이 전체에서 차지하는 비중은 상대적으로 적지만 점차 증가하는 추세에 있다. 리튬 이온 전지는 유해하지 않으며 재활용할 수 있는 유용한 성분을 많이 포함하고 있다. 리튬, 금속(구리, 알루미늄, 강철), 플라스틱, 코발트 및 리튬 염은 모두 회수가 가능하다.

리튬 이온 배터리는 납산, 니켈 카드뮴 및 니켈 메탈 하이드라이드 등 다른 배터리 기술에 비해 환경에 미치는 영향도가 낮다. 리튬 이온 배터리 셀이 상대적으로 환경친화적인 물질로 구성돼 있기 때문이다. 리튬 이온 배터리에는 중금속(예를 들어 카드뮴)이나 납, 니켈과 같이 유독하다고 알려진 화합물이 들어 있지 않다. 인

그림 4-2 5R 솔루션

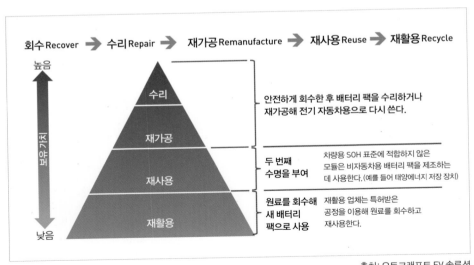

출처: 오토크래프트 EV 솔루션

산 리튬 철은 비료로도 사용된다. 재활
용 비율이 높아질수록 전체적으로 환
경에 미치는 영향은 더 줄어들 것이다.

영국에서는 모든 배터리 공급업체
가 폐배터리 처리 규정인 '폐배터리 및 폐축전지 규제 2009'를 준수해야 한다. 이
는 강제적인 법규로서, 제조업체가 고객에게서 배터리를 회수해 적절한 방식으로
재사용하거나 재활용(또는 폐기)하도록 규정하고 있다.

2019년 기준, 배터리 셀 가격은 순수 전기 자동차 가격의 약 30%를 차지한
다. 해결해야 할 문제는 2015년 대비 2030년에 25배가 될 것으로 예상하는 EU
내 원자재 수요 증가다. 로이터통신은 코발트, 리튬, 니켈, 구리 등 주요 원소 가격
이 폭발적으로 오를 수 있다고 보도했다. 이에 대비하는 한 가지 방법은 **그림 4-2**
와 같은 5R 솔루션이다.

셀마다 노화하는 속도가 다르므로 배터리 팩의 수명이 끝나는 시점에 다시
사용할 수 없는 상태가 되는 셀은 일부에 불과하다. 이런 셀(또는 모듈)을 가려내서
용도를 변경할 수 있다. 전체 셀의 5~30%를 교체하면, EV 배터리 팩은 이론적으
로 거의 100%에 달하는 성능 상태SOH. State of Health로 여러 번 재가공할 수 있다.

오토크래프트 솔루션 그룹의 오토크래프트 EV 배터리 시스템은 다양한 등급
의 배터리 팩을 식별해 등급을 지정하며, 생산까지 한다.

- A등급의 팩(수리)은 신품 사양 범위 내에 들 때 차량에 사용할 수 있다.
- B등급의 팩(재가공)은 더 낮은 배터리 용량의 차량에 사용할 수 있다.
- C등급의 팩(재사용)은 대체 시장에서 사용할 수 있다.
- D등급의 팩(재활용)은 원료 재활용 업체가 안전하게 사용할 수 있다.

출처 및 자세한 정보: ww.autocraftsg.com

배터리 충전량

충전량은 배터리가 가득 찼을 때를 기준으로 현재 남아 있는 배터리 잔량을 측정한 것이다. 운전자에게 재충전이 필요할 때까지 배터리가 얼마나

더 오래 작동할 것인지를 알려준다. 배터리의 단기 성능을 측정하는 한 방법이다.

그러나 충전량을 정의하는 것은 생각보다 훨씬 어렵다. 이 수치는 현재 사용 가능한 에너지를 기준 용량과 비교해 백분율로 나타낸 것이다. 기준 용량이란 등급 용량(신품과 동일), 가장 최근의 충전 및 방전 용량을 말한다.

특히 전기 자동차의 경우, 기준 용량이 문제가 될 수 있다. 완전히 충전했을 때 주행 거리가 100km인 차량이 있다고 해보자. 이 차량의 배터리가 새것이라면, 50% 충전 시에는 주행 거리가 50km 정도 나올 것이라고 예상할 수 있다. 그러나 사용한 지 몇 년 지난 차량이라면 어떨까. 이때 완전히 충전한 배터리의 용량은 예전 용량의 80%에 불과할 수 있다. 이 경우, 충전량이 50%라면 주행 거리는 40km밖에 되지 않는다.

전기 자동차는 주행 거리를 결정하려고 충전량을 사용하기 때문에 새 배터리 용량에 기초한 절댓값을 쓰는 것이 이상적이다. 배터리의 충전량을 추정하는 데는 몇 가지 방법이 사용되지만, 대부분 충전 상태에 따라 달라지는 특정 인자 값을 측정해서 충전량을 측정한다.

충전량을 모니터링하는 가장 쉬운 방법은 전압 측정인데, 이 방법도 여러 요인 때문에 아주 정확하지는 않다. 회로가 끊어져 있을 때의 전압은 셀 내부 저항으로 인해 전류가 흐를 때보다 높아진다. 온도 또한 큰 영향을 끼친다. 리튬 이온 배터리의 셀 전압은 완전 충전과 완전 방전 사이에 큰 차이가 없다. 실제로 배터리는 충전량이 80%에서 20% 사이라면 작동한다. 이렇게 작동하는 이유는 이 방식이

시간이 갈수록 배터리 성능이 저하되는 것을 줄이는 방법이기 때문이다. 따라서 이 경우, 전압 변화는 훨씬 더 작다. 이처럼 부정확한 측정값이 나올 수 있는 여러 요인이 있지만, 이 모두를 고려한 채 일정한 부하를 주고 전압을 측정하는 것이 충전량을 그나마 합리적으로 추정하는 방법이다.

전류와 시간(인/아웃)을 측정해 충전량을 계산할 수도 있다. 전류에 시간을 곱하면 충전량으로 쓰기에 적합한 값이 된다. 그러나 여기에는 다음 같은 몇 가지 문제가 있다.

- 배터리가 방전될수록 방전 전류는 비선형적으로 변한다.
- 배터리 충전량을 확인하려면 배터리를 방전시켜야 한다.
- 충전/방전 주기 동안 에너지 손실이 발생한다.

배터리는 충전을 위해 투입한 에너지보다 공급하는 에너지양이 항상 적다. 이 현상은 배터리의 쿨롱 효율로 설명하기도 한다. 여기서도 온도가 큰 영향을 미친다. 그러나 모든 요소를 고려한다면 충전량으로 쓸 수 있는 합리적인 수치를 계산할 수 있다. 배터리 제조업체 대부분은 제품 보증의 기준으로 입력 전류Coulombs in 와 출력 전류Coulombs out를 사용한다.

배터리의 성능 상태

배터리의 성능 상태는 새 배터리와 비교했을 때 현재 배터리의 전반적인 상태와 수행 능력을 나타내는 측정값이다. 여기에는 충전 허용, 내부 저항, 전압 및 자가 방전이라는 요소가 고려된다. 배터리의 장기 성능을 측정하는 척도로 사용한다.

성능 상태는 절댓값을 측정한 것이 아니고, 정성적인 표시다. 배터리는 사용할수록 물리적 화학적 변화가 일어나 성능이 저하한다. 불행히도 성능 상태와 관련해서 합의된 정의는 없다.

셀 임피던스Cell Impedance 또는 셀 전도성은 성능 상태의 합리적인 추정치로 종종 사용된다. 더욱 복잡한 시스템에서는 다른 인자를 모니터링하고, 다양한 계산을 해서 성능 상태를 알아내기도 한다. 성능 상태는 배터리 상태를 새 배터리와 비교해서 계산한 상대적 수치다. 따라서 측정 시스템은 지속적으로 데이터를 수집하고 저장하면서, 변화하는 사항을 계속 모니터링해야 한다.

배터리의 충전/방전 주기를 세는 것도 배터리 사용량을 나타내는 척도가 될 수 있다. 원래 예상되는 값과 비교하면 성능 상태를 나타내는 용도로 사용할 수 있다. 리튬 이온 전지의 용량이 제작 연수 또는 주기 수명에 따라 선형적으로 저하하기 때문이다. 따라서 남은 사이클 수명을 성능 상태의 척도로 사용할 수 있다.

배터리 종류와 특징

납산 배터리

개발된 지 150년 정도가 지났고, 다른 에너지 저장 기술도 다양하게 등장했지만, 납산 배터리는 여전히 저전압 자동차용으로는 제일 나은 선택이다. 이는 비용 및 에너지 밀도를 고려할 때 특히 그렇다.

오랜 시간을 거치는 동안 납산 배터리에 점진적 변화가 일어났다. 현재 보편적으로 사용하는 납산 배터리는 밀폐형으로 유지 보수가 필요 없는 형태다. 이는 신뢰할 수 있으면서도 장기간 사용할 수 있는 배터리라는 뜻이다. 일부 소비자는 이런 납산 배터리의 장점에 동의하지 않을 수도 있겠으나, 제품의 품질을 판단할 때는 가격도 고려해야 할 요소다. 품질 보증 기간이 12개월인 최하위 등급의 값싼 배터리를 종종 13개월까지 쓸 수 있다는 사실을 떠올려보자.

표시 전압이 12V인 납산 배터리의 기본 구조는 직렬로 연결된 셀 6개로 구성된다. 각 셀당 약 2V를 생성한다. 셀은 폴리프로필렌 또는 유사한 재질로 만든 케이스 안에 있는 개별 공간에 들어 있다.

그림 4-4는 납산 배터리의 주요 구성 요소와 부품의 단면을 보여준다. 활성

핵심 체크

• 납산 배터리는 저전압 자동차에 적합하다.

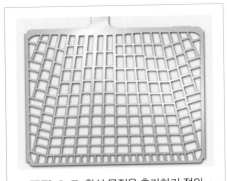

그림 4-3 활성 물질을 추가하기 전의 배터리 그리드

물질은 격자 또는 바스켓에 고정돼 양극 및 음극판을 형성한다. 미세 다공성 플라스틱으로 만들어진 분리막은 이 판을 서로 절연한다.

배터리를 사용하다 보면 매우 적은 양이지만 가스가 발생한다. 따라서 밀봉했다고 선전하는 최신 배터리라도 여전히 내부 압력의 축적을 막기 위해 작은

그림 4-4 납산 배터리의 구조

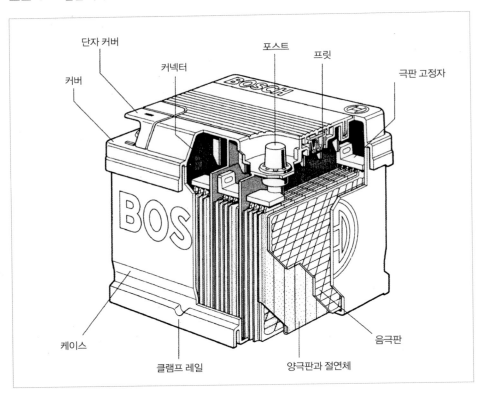

그림 4-5 배터리 방전 및 충전 프로세스

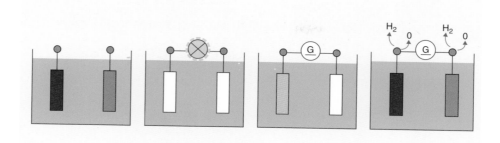

(왼쪽에서 오른쪽 순으로) 완전 충전, 방전, 충전, 충전 및 가스 발생

통풍구가 있다. 밀봉한 배터리에 추가적으로 요구되는 점은 충전 전압을 정확하게 제어하는 것이다. 배터리를 사용하면서는 다음 사항을 지킨다. 이 외에는 거의 주의를 기울이지 않아도 된다.

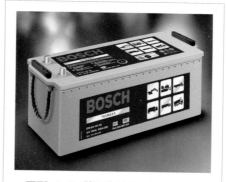

그림 4-6 최근에 볼 수 있는 차량 배터리

- 뜨거운 물을 사용해 단자의 부식을 청소한다.
- 단자는 일반 그리스가 아닌 석유 젤리나 바셀린으로 닦아야 한다.
- 배터리 덮개는 깨끗하고 건조해야 한다.
- 밀봉하지 않은 배터리라면 극판 위 3mm까지 증류수로 보충한다.
- 배터리는 제자리에 단단히 고정해야 한다.

알칼리성 배터리

차량용 니켈 카드뮴Ni-Cad 또는 NiCad 셀의 주요 구성 요소는 다음과 같다.

- 양극판 – 수산화니켈NiOOH
- 음극판 – 카드뮴Cd
- 전해질 – 수산화칼륨KOH 및 물H2O

충전 과정에서는 산소가 음극판에서 양극판으로 이동하고, 방전 과정에서는 그 반대로 움직인다. 완전히 충전되면 음극판은 순수한 카드뮴이 되고, 양극판은 수산화니켈이 된다. 이 반응을 나타낸 화학식은 다음과 같다. 하지만 이것은 실제 일어나는 더 복잡한 반응을 단순화한 식이라는 점을 기억해야 한다.

$$2NiOOH + Cd + 2H_2O + KOH = 2Ni(OH)_2 + CdO_2 + KOH$$

이 화학식의 $2H_2O$는 사실 수소H와 산소O2의 형태로 방출된다. 가스 방출은 충전 중에 항상 발생한다. 화학식에서도 알 수 있듯이 물이 사용되고 있다는 것은 셀이 작동 중임을 나타낸다. 반응 중에 전해질은 변하지 않는다. 따라서 상대 밀도를 나타내는 측정값은 충전량을 나타내는 데 적합하지 않다.

니켈 메탈 하이드라이드NiMH 배터리는 일부 전기 자동차에 사용되고 있으며 성능이 입증됐다. 이 배터리는 토요타가 개발했다. NiMH 배터리는 음극이 수산화니켈, 양극이 수소 흡수 합금이며, 전해질이 수산화칼륨이다. NiMH의 에

핵심 체크

- 일단 산화카드뮴이 카드뮴으로 바뀌면 더는 반응이 일어날 수 없기에 니켈 카드뮴 배터리는 과충전을 겪지 않는다.
- NiMH 배터리는 일부 전기 차량에 사용되고 있으며 성능이 입증됐다.

너지 밀도는 납산 배터리의 2배 이상이
지만, 리튬 이온 배터리보다는 낮다.

토요타는 1997년에 Rav4 EV와
e-com 전기 자동차에 전력을 공급할
원통형 NiMH 배터리를 개발했다. 그
이후 토요타는 NiMH 배터리의 크기
와 중량을 줄이고, 전력 밀도를 높였으
며, 배터리 팩/케이스를 개선하고 단가
를 낮추는 등 NiMH 배터리를 계속 개
선해왔다. 3세대 프리우스에 전력을 공
급하는 NiMH 배터리의 단가는 1세대
프리우스 배터리의 25%다.

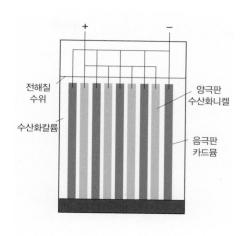
그림 4-7 니켈 카드뮴 알칼리성 배터리 셀의 단
순 모식도

NiMH 배터리는 저렴한 비용과 높은 신뢰성 및 내구성 덕분에 합리적 가격
의 하이브리드 차량을 대량 생산하기에 이상적이다. 1세대 프리우스 배터리는 아
직도 사용되고 있으며, 32만 킬로미터가 넘는 거리를 주행하고 있다. 이것이 현재
NiMH 배터리가 토요타의 일반 하이브리드 제품군에 여전히 쓰이고 있는 이유다.

그림 4-8 토요타 NiMH 배터리 및
배터리 관리 부품(출처: 토요타)

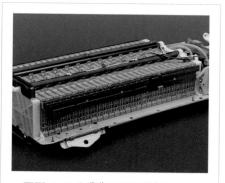
그림 4-9 3세대 NiMH 배터리
(출처: 토요타)

나트륨 염화니켈 배터리

용융염 배터리(액체 금속 배터리 포함)는 녹은 소금을 전해질로 사용하는 배터리의 한 종류다. 에너지 밀도와 전력 밀도가 높다. 기존 '1회용' 열전지는 가열해 사용하기 전에 실온에서 장기간 고체 상태로 저장할 수 있다. 충전식 액체 금속 배터리도 전기 자동차에 사용

한다. 이 배터리는 그리드 에너지 저장에도 사용할 수 있는데, 이는 태양 전지나 풍력 터빈 같은 재생 에너지원의 간헐성을 보완한다.

열전지는 정상 실온 상태에서 고체이고 비활성인 전해질을 사용한다. 50년이 넘는 기간 동안 안정적으로 저장할 수 있으면서도 필요할 때는 즉시 최대 전력을 제공할 수 있다. 일단 활성화하면, 수 와트에서 수 킬로와트의 출력으로 짧은 활성화 시간(수십 초)을 거쳐 고전력을 60분 이상 제공한다. 이 배터리의 전력 성능이 높은 이유는 용해된 염의 이온 전도도가 매우 높기 때문이다. 납산 배터리에서 사용하는 황산보다 전도도가 1,000배 이상 높다.

지금까지 나트륨을 음극으로 사용한 충전식 배터리 분야에서 상당한 발전이 있었다. 나트륨은 2.71V의 높은 전위차, 저중량, 무독성, 상대적으로 풍부한 매장량과 수급의 용이성, 저렴한 비용 때문에 매우 매력적인 소재다. 다만 실용적인 배터리를 만들려면 액체 상태의 나트륨을 사용해야 한다. 나트륨의 용융점은 98°C다. 이것이 의미하는 바는 나트륨 기반 배터리는 400~700°C 사이의 고온에서 사용해야 하고, 새로운 설계가 적용된 경우라도 245~350°C의 구간에서 작동함을 뜻한다.

나트륨 황 배터리

나트륨 황 또는 Na-S 배터리는 집전체current collector가 달린 액체 나트륨 음극으로 구성한다. 집전체는 알루미나(산화알루미늄의 일종)로 이뤄진 고체 전극이다. 양극(황 전극)과 접촉하고 있는 금속 캔이 전체 구성품을 둘러싸고 있다. 이 시스템의 주요 문제는 작동 온도가 300~350℃여야 한다는 점이다.

이 때문에 충전 회로의 일부가 수백 와트 정격의 히터다. 이렇게 하면 차량이 작동하지 않을 때에도 배터리 온도가 유지된다. 배터리 저항을 통과하는 전류가 내는 열 덕분에(일반적으로 I^2R 전원 손실이라고 한다.) 사용 중인 배터리의 온도가 유지된다.

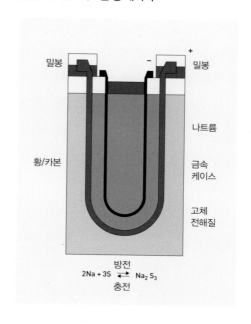

그림 4-10 나트륨 황 배터리

이 배터리는 셀이 매우 작으며, 셀당 약 15g의 나트륨만 사용한다. 이는 배터리가 안전함을 뜻한다. 셀이 손상돼도 외부에 있는 황이 위험한 나트륨을 비교적 무해한 폴리설파이드로 변환시킬 수 있다. 셀의 크기가 작으므로 자동차 어디에든 놓을 수 있다는 장점이 있다. 각 셀의 용량은 약 10Ah이다. 이 셀은 회로가 개방되는 조건에서는 고장 나므로 조심해야 한다. 이렇게 되면 필요한 전압을 생성하는 데 사용하는 셀 전체가 연결하지 않을 수 있다. 각 셀의 출력 전압은 약 2V다.

리튬 이온 배터리

리튬 이온은 현재 가장 선호하는 배터리 기술이지만, 여전히 발전 가능성이 크다. 오늘날 리튬 이온 배터리의 에너지 밀도는 최대 140Wh/kg 이상

이다. 향후 최대 280Wh/kg까지 상승할 가능성이 있다. 더 높은 에너지 밀도와 더 긴 운행 거리를 기능케 하는 배터리를 만들기 위해 셀 최적화와 관련한 연구가 많이 이뤄지고 있다. 리튬 이온 기술은 현재로서는 가장 안전한 기술로 여겨지고 있다.

리튬 이온 배터리의 작동 원리는 다음과 같다. 음극과 양극은 전해액 분리막과 함께 리튬 이온 배터리 셀을 구성한다. 음극은 흑연이며, 양극은 산화 금속층이다. 이 층들 사이에 리튬 이온이 축적된다. 배터리가 충전될 때, 리튬 이온이 음극에서 양극으로 이동해 전자를 받아들인다. 이때 이온의 수가 에너지 밀도를 결정한다. 배터리가 방전되는 과정은 리튬 이온이 음극으로 전자를 방출하고, 양극으로 다시 이동하는 과정이다.

전자가 배터리에서 외부 회로를 거쳐 흐르면, 모터가 돌거나 조명에 빛이 들어오는 등 유용한 작업이 수행된다. 다음 화학식은 배터리에서 일어나는 화학 반응을 몰mole 단위로 보여준다. 몰 단위를 쓰기 때문에 계수 x를 사용할 수 있다.

양극(+표시)에서 일어나는 반쪽 반응은 다음과 같다.

$$Li_{1-x}CoO_2 + xLi^+ + xe^- \rightleftharpoons LiCoO_2$$

음극(-표시)에서 일어나는 반쪽 반응은 다음과 같다.

$$xLiC_6 \rightleftarrows xLi^+ + xe^- + xC_6$$

이런 유형의 배터리에서 한 가지 문제는 낮은 온도에서 충전하면 리튬 이온의 움직임이 느려진다는 것이다. 낮은 온도에서 리튬 이온들은 음극의 내부보다는 표면에 있는 전자와 결합한다. 그

그림 4-11 리튬 이온 배터리의 기본 작동 원리

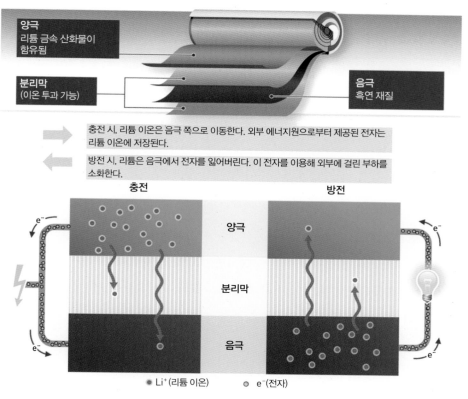

양극
리튬 금속 산화물이 함유됨

분리막
(이온 투과 가능)

음극
흑연 재질

충전 시, 리튬 이온은 음극 쪽으로 이동한다. 외부 에너지원으로부터 제공된 전자는 리튬 이온에 저장된다.

방전 시, 리튬은 음극에서 전자를 잃어버린다. 이 전자를 이용해 외부에 걸린 부하를 소화한다.

충전   방전

양극

분리막

음극

● Li⁺ (리튬 이온)   ○ e⁻ (전자)

출처: 보쉬 미디어

리고 너무 높은 충전 전류를 사용하면 리튬 금속이 생성된다. 이런 경우, 음극 위에 리튬 금속이 침전돼 표면을 덮어버릴 수 있다. 그 결과 이온이 움직이는 통로가 막힌다. 이를 리튬 도금이라고 한다. 현재 이에 관한 연구가 진행 중이며, 가능한 해결책 중 하나는 충전하기 전에 배터리를 예열하는 것이다.

보쉬는 리튬 이온 배터리의 뒤를 이을 기술을 개발하고 있다. 그중에는 에너지 밀도와 용량을 크게 높인 리튬 황 배터리가 있다. 보쉬에서는 리튬 황 배터리의 양산 시기를 2020년대 중반으로 보고 있다.

그림 4-12 배터리는 계속 발전 중이다.
(출처: 보쉬 미디어)

배터리 성능을 향상하는 방법에는 여러 가지가 있다. 예를 들어, 양극과 음극의 재료로 사용되는 물질이 가장 중요한 역할을 한다. 오늘날 대부분의 양극은 니켈 코발트 망간NCM과 니켈 카복시안하이드라이드NCA로 만드는 반면 음극은 흑연, 연질 또는 경질 탄소 혹은 실리콘 카본으로 만든다.

고전압 전해질의 경우, 셀 내부 전압을 4.5V에서 5V까지 높여 배터리 성능을 올릴 수 있다. 기술적 문제는 성능을 올리면서 안전과 수명까지 확보하는 데 있다. 셀의 화학 반응을 근본적으로 바꾸지 않고, 배터리 관리를 정교하게 하는 것만으로 차량의 운행 거리를 최대 10%까지 늘릴 수 있다.

연료전지

보통 열로 나타나는 재래식 연료의 산화 에너지를 연료전지에서는 전기로 직접 전환할 수 있다. 모든 종류의 산화 반응에서는 연료와 산화제 사이에 전자가 이동하는 과정이 있다. 연료전지에서는 이런 전자의 이동을 이용해 에너지를 직접 전기로 변환한다. 모든 배터리 셀에서는 화학 반응의 일부로 다음과 같은 일이 발생한다. 양극에서 산화 반응이, 음극에서 환원 반응이 일어나는 것이다. 연료전지에서는 이를 분리하려고 양극, 음극, 전해질을 사용한다. 전해액은 연료와 함께 직접 공급된다.

수소 연료가 산소와 결합했을 때가 가장 효율적이라는 사실이 밝혀졌다. 이를 이용한 연료전지는 매우 신뢰할 수 있고, 사용했을 때도 큰 문제가 없다. 다만 제조하는 데 비용이 많이 든다는 단점이 있다.

연료전지의 작동 원리는 촉매로 코팅된 전극(음극) 위로 수소가 지나가면서 전해질 속으로 확산하는 것에서 시작한다. 이 과정에서 수소에 있던 전자가 떨어져 나온다. 떨어져 나온 전자는 외부 회로를 거쳐 흘러 나간다. 산소가 흘러가는 전극 위에서는 수소 음이온이 형성된 후 전해질 용액으로 확산한다. 수소 음이온은 전해질을 매개로 음극으로 이동한다. 수소 이온, 전자, 산소 원자가 서로 화학 반응을 일으키면 물이 생긴다. 연료전지의 반응 과정에 생성된 열까지 사용하면, 80% 이상의 에너지 효율과 매우 우수한 에너지 밀도 값을 얻을 수 있다. 많은 개별 연료전지로 구성된 단위를 스택stack이라고 부른다.

이런 셀이 작동하는 온도의 범위는 넓지만, 일반적으로 약 200°C다. 셀 작동에는 30bar에 이르는 높은 압력이 필요하다. 연료전지를 대중화하려면 높은 압력과 수소 저장이라는 현실적 문제를 극복해야 한다.

핵심 체크

- 연료전지는 재래식 연료의 산화 에너지를 전기로 직접 전환할 수 있다.

연료전지에서 연료와 산화제를 조합하는 방식은 다양하다. 그중에서 수소와 산소를 조합하는 것이 개념적으로는 가장 단순하지만, 수소를 사용하는 조합은 몇 가지 현실적인 어려움을 동반한다. 표준 온도와 압력에서 수소가 기체로 존재하는 점이 첫 번째 난제이고, 현재 소비자에게 수소를 공급할 기반 시설이 부족하다는 것이 두 번째 난제다. 연료전지를 지금보다 쉽게 사용하려면 취급이 쉬운 연료를 사용해야 한다. 이를 위해 메탄올로 작동하는 연료전지가 개발됐다. 메탄올을 사용하는 연료전지에는 두 가지 유형이 있다. 바로 리폼된 메탄올 연료전지RMFC, 직접 메탄올 연료전지DMFC다.

핵심 체크

- 많은 개별 연료전지로 구성된 단위를 스택이라고 부른다.

그림 4-13 양성자 교환막 연료전지의 작동 원리

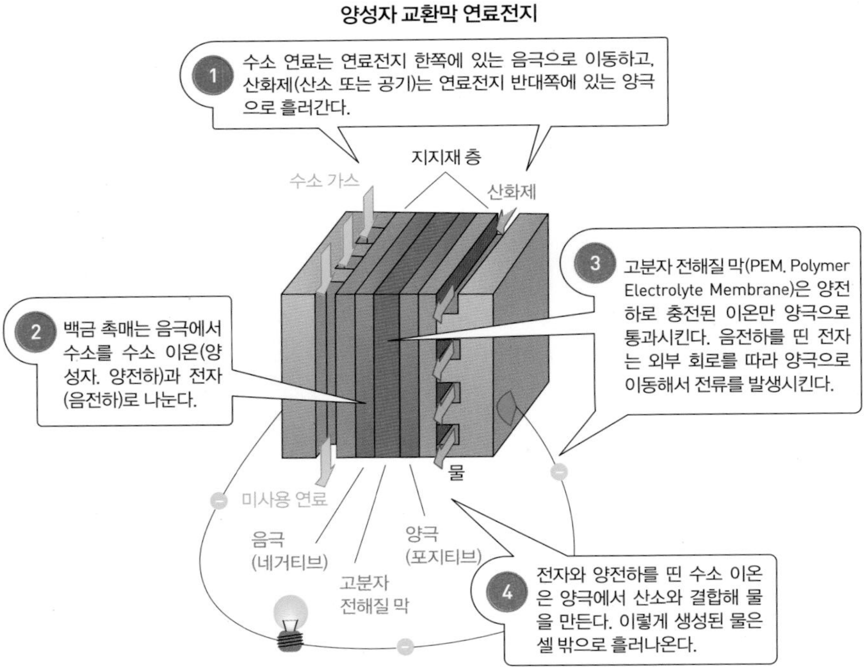
양성자 교환막 연료전지
1 수소 연료는 연료전지 한쪽에 있는 음극으로 이동하고, 산화제(산소 또는 공기)는 연료전지 반대쪽에 있는 양극으로 흘러간다.
지지재 층
수소 가스
산화제
2 백금 촉매는 음극에서 수소를 수소 이온(양성자. 양전하)과 전자(음전하)로 나눈다.
3 고분자 전해질 막(PEM. Polymer Electrolyte Membrane)은 양전하로 충전된 이온만 양극으로 통과시킨다. 음전하를 띤 전자는 외부 회로를 따라 양극으로 이동해서 전류를 발생시킨다.
물
미사용 연료
음극 (네거티브)
양극 (포지티브)
고분자 전해질 막
4 전자와 양전하를 띤 수소 이온은 양극에서 산소와 결합해 물을 만든다. 이렇게 생성된 물은 셀 밖으로 흘러나온다.

출처: 위키미디어

RMFC에서는 먼저 메탄올에서 수소를 추출하는 반응이 일어나고, 이 수소를 이용해 연료전지가 작동한다. 이 과정에서 메탄올은 수소의 운반체로

핵심 체크

• 연료전지가 작동하는 온도의 범위는 넓지만, 일반적으로 약 200℃다. 셀 작동에는 30bar에 이르는 높은 압력이 필요하다.

사용된다. DMFC는 메탄올을 직접 사용한다. RMFC는 DMFC보다 연료 사용에 있어 더 효율적일 수는 있지만, 더욱 복잡하다.

DMFC는 양성자 교환막 연료전지PEMFC의 한 종류다. PEMFC의 막은 일반 배터리의 전해질 역할을 하며, 양성자(양전하 수소 이온)는 전극 사이에서 전하를 전달한다. DMFC의 연료는 수소가 아닌 메탄올이기 때문에 PEMFC와는 다른 반

그림 4-14 연료전지의 작동

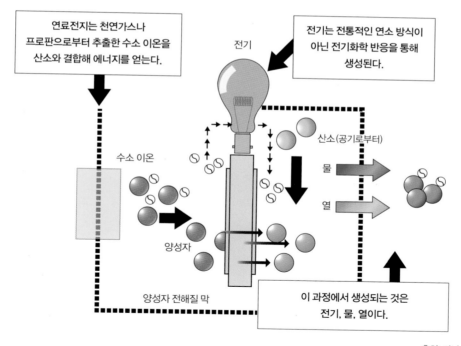

연료전지는 천연가스나 프로판으로부터 추출한 수소 이온을 산소와 결합해 에너지를 얻는다.

전기

전기는 전통적인 연소 방식이 아닌 전기화학 반응을 통해 생성된다.

수소 이온

산소(공기로부터)

물

열

양성자

양성자 전해질 막

이 과정에서 생성되는 것은 전기, 물, 열이다.

출처: 다나

응이 음극에서 일어난다.

메탄올은 탄화수소 연료로 수소와
탄소가 포함된다.(메탄올은 산소도 포함
한다.) 탄화수소가 연소할 때 수소는 산
소와 반응해 물을 생성하고, 탄소는 산소와 반응해 이산화탄소를 생성한다. 이와
동일한 화학 반응이 DMFC에서 일어난다. 하지만 이 과정에서 수소는 PEMFC와
마찬가지로 이온 형태로 막을 통과한다.

메탄올의 가장 큰 이점은 기존 충전소가 보유한 연료 인프라에 쉽게 채울 수
있으며, 전문 장비나 취급이 필요하지 않다는 것이다. 무겁고 비싼 탱크가 필요한
수소와는 달리 차량에 보관하는 것도 쉽다.

슈퍼 커패시터

슈퍼 또는 울트라 커패시터축전기는 저장 용량이 크지만, 크기는 상대적으로
작다. 슈퍼 커패시터가 큰 저장 용량과 작은 크기라는 특성을 지니려면 특별한 공
정을 거쳐 준비한 몇 가지 특수 전극 재료를 사용해야 한다. 일부 최첨단 울트라
커패시터는 표면적이 넓은 이산화루테늄RuO_2과 탄소 전극으로 만든다. 루테늄은
매우 비싸고, 아주 적은 양만 구매할 수 있다.

전기화학적 커패시터는 고출력 장치에 사용한다. 여기에는 휴대 전화, 전력
변환, 산업용 레이저, 의료 장비 및 내연기관 자동차, 전기 자동차, 하이브리드 자
동차의 전력 전자장치와 같은 것들이
포함된다. 기존 차량의 파워스티어링
및 제동에는 간헐적으로 고압 전력이
필요하다. 이때 대형 교류 발전기를 써

야 하는데, 이는 상당한 부담으로 작용
한다. 울트라 커패시터는 이런 부담을
줄이는 데 유용하다. 울트라 커패시터
는 열로 발산되는 제동 에너지를 회수

해서 파워스티어링이 소모하는 에너지로 이용할 수 있다.

하이브리드 버스에서 사용 중인 한 시스템의 경우, 울트라 커패시터 30개에
1,600kJ의 전기 에너지를 저장한다.(400V에서 20F) 커패시터 뱅크의 무게는 950kg
이다. 커패시터는 매우 짧은 시간에 충전된다. 이 기술을 사용해 제동 시 발생하는
에너지를 회수할 수 있다. 커패시터를 쓰지 않으면, 이 에너지는 손실된다. 커패시
터에 저장한 에너지는 후에 가속이 필요할 때 매우 빠르게 사용할 수 있다.

플라이휠

앞에서 설명한 바와 같이, 차량 브레이크에서 손실되는 에너지를 회수하는 것
은 연비를 개선하고 배기가스를 줄이는 데 매우 효과적인 방법이다. 그러나 배터
리를 제조하거나 (수명이 다한 배터리를) 폐기할 때 환경에 악영향을 미친다는 사실
을 많은 사람이 우려하고 있다. 이에 대해 실현 가능성이 있는 해결책 중 하나가
플라이휠 기술이다.

플라이브리드라는 회사는 플라이휠 기술을 이용해 운동 에너지 회수 시스템
을 생산한다. 플라이휠 기술 자체는 새로운 것이 아니다. 플라이휠 에너지 저장 장
치는 이전에 버스, 트램 및 프로토타입
자동차용 하이브리드 차량에 사용했다.
하지만 장치 자체가 무겁고, 이로 인해
플라이휠을 회전시키려면 큰 힘이 필요

그림 4-15 탄소 섬유 플라이휠(출처: 플라이브리드)

그림 4-16 플라이브리드(Flybrid®) 하이브리드 시스템(출처: http://www.flybridsystems.com)

했다. 새로운 시스템에서는 작고 비교적 가벼운 탄소와 강철로 플라이휠을 만들어서 한계를 극복했다.

운동 에너지 회수 시스템, 즉 KERS는 차량 감속 중에 손실되는 에너지를 회수해 저장한다. 차량 속도를 줄이는 과정에서 연속 가변 변속기CVT. Continuously Variable Transmission 또는 클러치 변속기CFT를 이용해 운동 에너지를 KERS로 회수한다. 이렇게 회수한 에너지는 플라이휠을 가속하는 방법으로 저장한다. 차량 속도를 올릴 때는 플라이휠에 저장한 에너지를 CVT 또는 CFT를 거쳐 구동계로 다시 되돌린다. 엔진 에너지를 사용하는 대신, 저장한 에너지로 차량을 가속해서 엔진의 연료 소비량과 이산화탄소 배출량을 줄인다.

플라이휠 시스템은 배터리 또는 슈퍼 커패시터의 대안으로 사용할 수 있다. 직접적으로 비교하자면 배터리보다 덜 복잡하고, 더 작고, 더 가볍다. 그러나 플라이휠을 최대 64,000rpm으로 회전시키면서 에너지를 추출하고, 이를 안전하게 유지할 수 있으려면 극복해야 할 기술 과제가 많다.

배터리 종류별 에너지 밀도

다음 표 4-1에서 여러 배터리 유형에 따른 잠재적 에너지 밀도를 비교했다. Wh/kg은 킬로그램당 와트시를 의미한다. 킬로그램당 어느 정도의 전력을 얼마나 오래 공급할 수 있는지를 나타내는 단위다.[1]

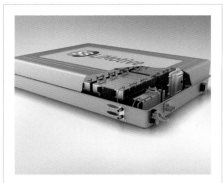

그림 4-17 리튬 이온 배터리
(출처: 보쉬 미디어)

표 4-1 배터리 및 저장 장치의 전압과 에너지 밀도

배터리 종류	비에너지 (Wh/kg)	에너지 밀도(Wh/l)	비전력 (W/kg)	공칭 셀 전압 (V)	Amp-hour 효율성
납산	20~35	54~95	250	2.1	80%
니켈 카드뮴 (Ni-Cad)	40~55	70~90	125	1.35	좋음
니켈 메탈 하이드라이드 (Ni-MH)	65	150	200	1.2	꽤 좋음
나트륨 니켈 클로라이드 (ZEBRA)	100	150	150	2.5	매우 높음
리튬 이온(Li-ion)	140	250~620	300~1,500	3.5	매우 좋음
아연 공기	230	270	105	1.2	n/a
알루미늄 공기	225	195	10	1.4	n/a
나트륨 황	100	150	200	2	매우 좋음
수소 연료전지	400		650	0.3~0.9 (1.23 개방 회로)	
직접 메탄올 연료전지 (DMFC)	1,400		100~500	0.3~0.9 (1.23 개방 회로)	
슈퍼 커패시터[2]	1~10		1,000~10,000		
플라이휠	1~10		1,000~10,000		

내부 저항 (옴)	작동 온도 (°C)	자가 방전 (%)	80%까지 수명 주기	재충전 시간(h)	상대 비용 (2015년)
0.022	대기 온도	2%	800	8 (1시간에 80%)	0.5
0.06	-40~+80	0.5%	1,200	1 (20분에 60%)	1.5
0.06	대기 온도	5%	1,000	1 (20분에 60%)	2
매우 낮음 (충전량이 낮을 경우 증가함)	300~350	10%/일	>1,000	8	2
매우 낮음	대기 온도	10%/월	>1,000	2~3 (1시간에 80%)	3
보통	대기 온도	높음	>2,000	10분	
높기 때문에 출력이 낮아짐	대기 온도	>10%/일, 하지만 공기가 없으면 매우 낮아짐	1,000	10분	
0.06	300~350	따뜻한 상태에서는 매우 낮음	1,000	8	

기본 출처: Larminie and Lowry 2012

배터리 기술의 발전

온도와 배터리의 관계

AAA3[3]가 수행한 최근 연구에 따르면, 온도가 전기 자동차에 미치는 영향이 예상보다 훨씬 크다. 이 연구에서는 다섯 가지 차량 모델을 테스트했다. 바로 BMW i3, 쉐보레 볼트 EV, 닛산 리프, 테슬라 모델S, 폭스바겐 e-Golf 등이다.

각 차량은 -7°C와 35°C 사이에서 각각 운행했다. 모두 비슷한 결과를 보였고, 저온에서 주행 거리 손실이 평균 약 12% 나타났다. 이 수치만 보면 그렇게 크지 않은 손실이지만, 히터를 사용하지 않았을 때의 값이란 사실을 기억해야 한다. HVAC 시스템이 활성화됐을 때는 주행 거리 손실의 평균이 41%였다. 여기서는 시트 및 스티어링휠 히터, 헤드램프를 사용하지 않았다. 이들을 사용한다면 주행 거리가 훨씬 더 줄어들 것이다. 소비자 연합이 실시한 또 다른 연구[4]는 전기 자동차 두 종류에 초점을 맞췄다. 498킬로미터 범위 등급의 테슬라 모델3, 243킬로미터 범위 등급의 닛산 리프를 테스트했다.

외부 온도가 평균 -18°C에서 -12°C 사이일 때 트랙에서 테스트했다. 테슬라 모델3는 실제 103킬로미터를 주행하는 데 195킬로미터를 갈 수 있는 에너지를 사용했으며, 화면에 표시된 잔여 거리는 304킬로미터였다. 닛산 리프는 103킬로키터를 주행하려고 227킬로미터를 갈 수 있는 에너지를 사용했으며, 화면에 표시된 잔여 거리는 16킬로미터밖에 되지 않았다. 리튬 이온 배터리의 구성 부품은 저온에서 저항이 증가한다. 이로 인해 저온에서는 전력 보유량과 충전 또는 방전 속도가 제한된다.

급속 충전 배터리

전류는 배터리 셀과 관련 연결부에서 열을 발생시키므로 냉각이 필수다. 발열 현상은 전류의 제곱에 비례하며, 셀 및 연결부의 내부 저항에 비례한다. 셀의 내부 저항은 추울 때 상승한다.

많은 리튬 배터리 셀은 온도가 0°C 미만일 때 급속 충전하면 안 된다. 이런

그림 4-18 리튬 이온 배터리 팩

저온 문제는 배터리 관리 시스템이 처리할 수 있지만, 반대로 리튬 셀의 온도가 너무 높아도(일반적으로 45°C 이상) 리튬 셀의 성능이 빠르게 떨어진다. 따라서 고온일 때 사용하면 안전 문제가 우려된다.

셀의 온도 또한 팩 전체에 걸쳐 일정하게 유지돼야 한다. 그렇지 않으면 성능 저하와 잠재적인 과열 문제를 초래할 수 있다.

효율적인 액체 냉각을 위한 두 가지 옵션이 있다. 바로 간접 냉각과 직접 담금 냉각이다. 간접 냉각indirect cooling은 쿨러나 라디에이터 등을 통과한 액체를 배터리 주위로 펌핑한다. 직접 담금 냉각direct immersion cooling은 배터리 셀 구성 요소를 직접 냉각제에 담근다.

유전 오일(냉각제)로 배터리를 냉각한 후 열 교환기 시스템으로 보내는 것이 효과적인 냉각 방법이며, 제어도 잘된다. **그림 4-20**이 예시다.

현재 가장 널리 사용되는 냉각 방식은 전통적인 냉각제를 사용하는 간접 냉각 방식이다. 에너지 체적 밀도, 안전 및 전력 밀도에 대한 요구가 증가함에 따라 더 안전하고 효율적인 냉각 시스템 설계와 냉각제가 시급하다. 직접 담금 냉각이 안전한 방식이라 추천할 만하다.

열전달 유체가 안전하고 안정적인 유전체라는 전제하에 직접 액체 냉각/난방이 더 효과적이면서도 적은 부피를 차지한다. 직접 담금 냉각은 안전하고 효율적이며 설계가 단순해서 작은 패키징이 가능하다.

전자 제품에 쓸 '직접 담금 냉각용

그림 4-19 배터리 팩 내부에서 발생한 열의 표시 (펭귄 효과)

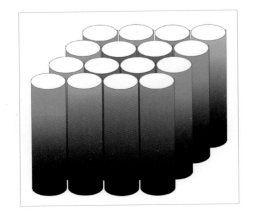

그림 4-20 냉각제 연결부가 있는 배터리 팩(출처: 포르쉐 미디어)

액체'를 선택할 때는 열전달 특성만을 생각해서는 안 된다. 단락, 부식, 교차 오염, 인화성 위험 등 다양한 문제가 일어날 수 있음을 생각해야 한다. 이 문제를 방지하려면 냉각제를 선택할 때 셀, 전자장치(제어 장치), 기타 포장 재료 등과의 화학적 호환성을 고려한다.

급속 충전에는 리튬 도금, 입자 균열, 원자 재배열, 온도 상승 등 주요 제한 요인이 있다. 그러니 셀을 급속 충전하려면 재료적인 측면에서 고려해야 할 요인이 많다. 최적의 고속 충전 프로세스를 결정할 때는 이 네 가지 요인을 고려한다. 그렇지 않으면 셀 용량이 현저하게 감소한다. 셀 화학이나 설계를 변경해 충전 시간을 늘리면 수명과 에너지 밀도가 감소한다.

새로운 설계를 채용한 배터리 중 일부는 충전 시간이 몇 분에서 몇 시간

핵심 체크

• 열전달 유체가 안전하고 안정적인 유전체라는 전제하에 직접 액체 냉각/난방이 더 효과적이면서도 적은 부피를 차지한다.

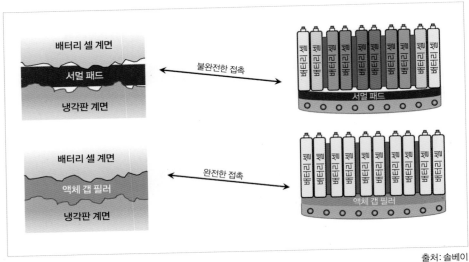

그림 4-21 갭 필러는 리튬 이온 배터리의 열 환경에 큰 영향을 미칠 수 있다.

배터리 셀 계면
서멀 패드
냉각판 계면
불완전한 접촉
서멀 패드

배터리 셀 계면
액체 갭 필러
냉각판 계면
완전한 접촉
액체 갭 필러

출처: 솔베이

까지 다양하다. 지금보다 더욱 빠르게 충전되는 배터리를 만들려면 몇몇 중요한 기술적 장벽을 뛰어넘어야 한다. 이때 최소한의 필요조건은 매우 효율적인 열 관리 시스템과 세밀하게 만들어진 (구성 부품을 포함하는) 패키징이다.

열 폭주

리튬 이온 배터리는 과열되면 열 폭주thermal runaway 과정으로 돌입할 수 있다. 이 과정은 다음 세 단계로 구분한다.

발열 반응은 배터리 온도를 올리고, 따라서 리튬 이온 배터리의 내부 압력을 증가시킨다. 가스 발생은 다시 배터리 셀의 압력을 올린다. 셀에 압력 방출 밸브(파우치 셀에는 없음)가 있는 경우라면, 이 밸브가 열리면서 인화성 유기 화합물이 방출된다. 내부 압력이 너무 높으면 파우치 셀이 터질 수 있다.

유기 탄산염이 방출되면 하얀 연기로 보일 수 있다. 셀이 더 가열되면 활성 전극 물질(주로 흑연 입자)을 방출해 연기 색이 회색으로 바뀐다. 열 폭주 과정에서 셀은 최대 700~1,000°C까지 가열될 수 있다. 온도가 높게 올라가면 인접한 셀에 영향을 미치고, 연쇄 반응을 일으킬 수 있다. 유기용매와 함께 전도성염인 LiPF6도 방출되며 다음과 같은 반응이 일어날 수 있다.

핵심 체크

- 발열 반응은 배터리 온도를 올리고, 따라서 리튬 이온 배터리의 내부 압력을 증가시킨다.

- 건조한 환경에서 가열하면 염이 분해된다.
- 물이나 공기 중의 습기와 접촉하면 유독성 불화수소HF 가스가 발생한다.

그림 4-22 열 폭주가 일어나는 단계

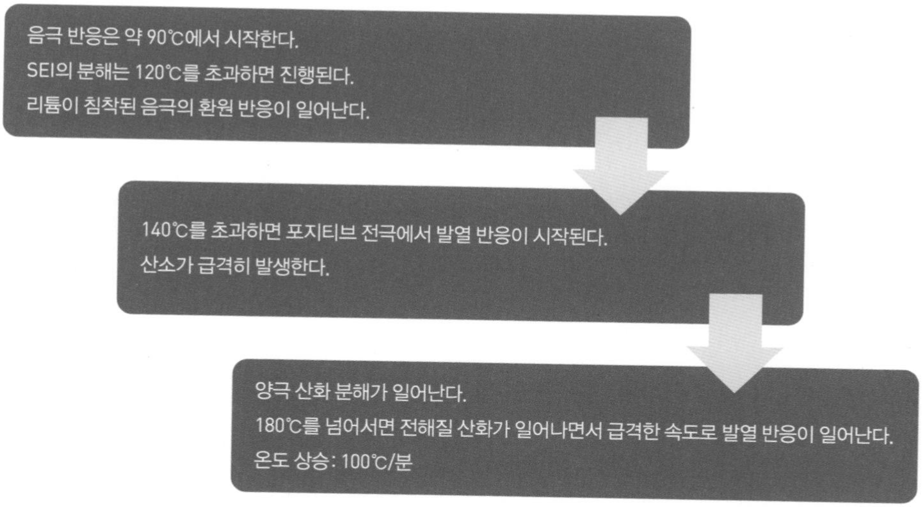

음극 반응은 약 90℃에서 시작한다.
SEI의 분해는 120℃를 초과하면 진행된다.
리튬이 침착된 음극의 환원 반응이 일어난다.
140℃를 초과하면 포지티브 전극에서 발열 반응이 시작된다.
산소가 급격히 발생한다.
양극 산화 분해가 일어난다.
180℃를 넘어서면 전해질 산화가 일어나면서 급격한 속도로 발열 반응이 일어난다.
온도 상승: 100℃/분

SEI(Solid Electrolyte Interphase) 층(layer)은 배터리의 전해질과 관련한 물질이 분해되면서 생긴 고체 막이다.

열 폭주가 발생하면 다양한 화학물질이 많이 생성된다. 이때의 연소 반응은 (주로 유기물로부터 발생한) $CO \cdot CO_2$ 또는 $NOx \cdot HF$, 낮은 분자량의 유기산·알데하이드·케톤 등을 생성한다.

일반적으로 리튬 이온 배터리 때문에 일어난 화재는 일반적인 물pure water로 진화해서는 안 되지만, 주변 셀을 냉각하면 열 폭주 과정에 돌입하는 일을 피할 수 있으니 물을 많이 사용하는 것이 합리적인 선택일 수 있다. 또한, 이 경우에 방출된 입자와 독성 가스 화합물 대부분이 물과 결합하면 희석되는 장점이 있다.

전고체 배터리

보쉬는 리튬 이온 배터리를 대체할 전고체 배터리 기술 노하우를 보유하고 있다. 그들은 2024년이면 전고체 배터리 생산이 가능하다고 예상한다. 전고체 배터리는 기존 배터리보다 빠르게 충전되고, 더 작다. 지금의 배터리와 비교하면 매우 획기적이다.

지금까지 발표된 업계의 목표는 이렇다. 배터리의 에너지 밀도를 2배로 늘리고, 생산 비용을 10년 안에 절반으로 줄이는 것이다. 새로운 전고체 배터리를 사용하면 에너지 밀도를 2배 이상 높이는 동시에 비용을 훨씬 더 절감할 수 있다. 현재 주행 거리가 150km인 동급 전기 자동차는 저렴한 비용으로 충전 없이 300km 이상을 주행할 수 있게 된다. 엔지니어들은 관련 기술을 더욱 발전시키기 위해 노력하고 있으며, 이 같은 목표를 달성하면 전기 자동차는 모빌리티 시장에서 더욱 실용적인 대안이 될 수 있다. 보쉬는 2025년까지 전 세계에서 생산한 모든 신차 중 약 15%가 적어도 하이브리드 파워트레인 정도는 장착할 것으로 예측한다.

에너지 저장 장치의 성능은 다양한 방법으로 개선할 수 있다. 예를 들어, 셀 화학에서는 양극과 음극을 구성하는 물질이 중요한 역할을 한다. 현재 리튬 이온

그림 4-23 배터리 유해 사고의 흐름도

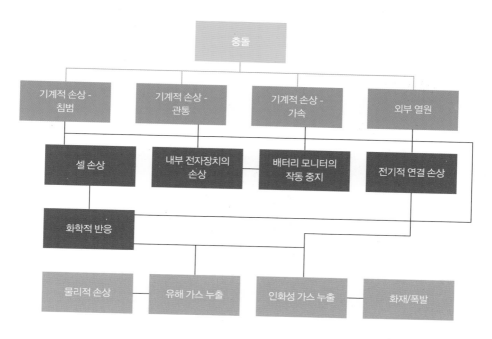

그림 4-24 전기 자동차용 전고체 배터리의 잠재력

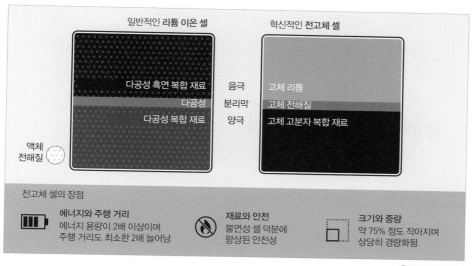

출처: 보쉬 미디어

─ **그림 4-25** 전고체 셀(출처: 보쉬 미디어)

배터리에서 에너지 용량이 제한되는 이유 중 하나는 음극을 대부분 흑연으로 구성했기 때문이다. 전고체 배터리 기술을 사용한다는 것은 음극을 순수한 리튬으로 만들 수 있다는 것을 의미하며, 이는 저장 용량을 상당히 증가시킨다. 게다가 새로운 셀들은 이온성 액체 없이 작동하므로 가연성이 사라진다.

클라우드 기반 배터리 관리

배터리가 오래될수록 성능과 용량이 낮아지고 차량 운행 거리도 짧아진다. 보쉬는 배터리가 더 오래 지속되도록 개별 차량의 배터리 관리 시스템을 보완하는 새로운 클라우드 서비스를 개발하고 있다. 클라우드 안에서 작동하는 스마트 소프트웨어는 배터리 상태를 지속해서 분석하며 적절한 조처를 한다. 이 덕분에 셀의 노화를 방지하거나 지연한다. 이런 조치 덕분에 전기 자동차에서 가장 비싼 부품인 배터리의 성능 저하를 최대 20%까지 줄일 수 있다.

클라우드 기반의 소프트웨어를 이용해 배터리 성능 저하를 줄이는 데 차량과 주변 환경에서 수집한 실시간 데이터가 중요한 역할을 한다. 보쉬의 클라우드 서비스는 이 데이터를 사용해 모든 충전 프로세스를 최적화하고, 배터리 전력을 절약하는 맞춤형 운전 팁을 운전자에게 제공한다.(관련 정보를 계기판의 디스플레이로 보여줌) 최종 목적은 배터리 성능을 최적화해 배터리 사용 생태계에 있는 운전자와 운송 회사 모두가 혜택을 보도록 하는 것이다.

전문가들에 따르면 오늘날 리튬 이온 배터리의 평균 사용 수명은 8년에서 10년 사이 또는 500번에서 1,000번의 충전 사이클 사이라고 한다. 배터리 제조업체들은 보통 10만에서 16만 킬로미터 사이의 주행 거리를 보장한다.

급속한 배터리 충전, 잦은 충전 주기, 지나치게 스포티한 주행 스타일, 극도로 높거나 낮은 주변 온도 등 모두가 스트레스 요인으로 작용해 배터리 노화를 촉진한다. 보쉬의 클라우드 기반 서비스는 이런 스트레스를 파악하고, 이에 대응하기 위해 설계됐다. 모든 배터리 관련 데이터(예를 들어 현재 주변 온도와 충전 습관)는 먼저 클라우드로 실시간 전송되고, 기계 학습 알고리즘이 데이터를 평가한다.

보쉬는 이 같은 클라우드 서비스를 이용해 항상 배터리의 현재 상태를 파악하는 방법을 처음으로 제공했다. 그리고 배터리의 잔여 사용 수명 및 향후 성능까지도 안정적으로 예측할 수 있는 길을 열었다. 이전에는 전기 자동차 배터리가 얼마나 빨리 노화되는지 정확하게 예측할 방법이 없었다.

클라우드 스마트 소프트웨어는 군집 원리를 이용한다. 분석에 사용한 알고리즘은 개별 차량뿐만 아니라 전체 차량 집단에서 데이터를 수집해 평가한다. 차량 배터리의 스트레스 요인을 더 많이 찾아내고 파악 속도를 높이는 데 있어 군집 지

그림 4-26 클라우드에 수집되는 데이터(출처: 보쉬 미디어)

능은 핵심 요소다.

배터리의 현재 상태에 대한 새로운 통찰력을 얻은 보쉬는 배터리 노후화를 적극적으로 방지할 수 있다. 한 가지 예를 들면, 완전히 충전된 배터리는 특히 높은 주변 온도 또는 낮은 외부 온도 환경에서 더욱 빠르게 노후화를 겪는다. 따라서 보쉬의 클라우드 서비스는 너무 덥거나 추울 때 배터리가 100% 충전되지 않도록 한다. 배터리 충전량을 몇 퍼센트만 줄이면 배터리가 실수로 노화되지 않도록 보호할 수 있다.

또한 클라우드 데이터는 배터리 유지 보수 및 수리 개선에도 도움이 된다. 예를 들어 배터리 고장 또는 결함이 확인되는 즉시 이를 운전자 또는 운송 업체에 통보할 수 있다. 따라서 배터리가 완전히 손상되거나 한꺼번에 작동을 중지하기 전에 배터리를 수리할 수 있는 가능성이 높아진다. 마지막으로, 클라우드 서비스는 충전 프로세스 자체를 최적화한다.

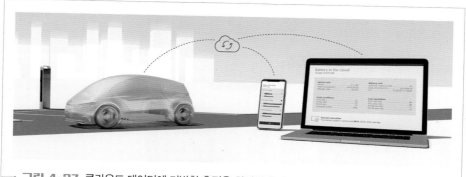

그림 4-27 클라우드 데이터에 기반한 충전은 최적의 충전 전략을 사용할 수 있음을 의미한다.
(출처: 보쉬 미디어)

충전 과정에서 배터리 셀의 성능과 용량이 영구적으로 손실될 위험이 있다. 클라우드 스마트 소프트웨어는 가정에서 혹은 다른 곳에서 진행되는

각 충전 프로세스에 대해 개별 충전 곡선을 계산할 수 있다. 즉, 배터리를 최적 수준으로 충전해서 셀을 보호하는 데 도움을 준다. 기존 앱에 설치된 충전 타이머는 전기 수요가 낮을 때 충전 프로세스가 수행되도록 시간 조정만 하는 역할을 한다. 반면 스마트 소프트웨어는 빠르고 느린 충전 과정 모두를 최적화하고, 충전되는 동안 전기와 전압의 레벨을 제어해 배터리 수명을 연장한다.

5

모터와 제어 시스템

모터 기술의 기초

모터 종류

구동 모터의 유형에는 여러 가지가 있다. 먼저, 모터 종류는 AC와 DC 모터 두 가지로 나뉜다. AC 모터는 제어가 쉽다는 장점을 제공하지만, 배터리에서 생산한 DC 전기를 인버터로 변환해서 써야 한다는 한계가 있다. 과거 50kW급 DC 션트 권선 모터가 소형 차량용으로 널리 사용되기도 했지만 현재는 AC 모터가 가장 보편적으로 사용된다. 사실 AC와 DC 모터를 구별하기는 애매하다. 구동 모터를 AC와 DC로 나눌 수는 있지만, 실제로 AC 모터와 브러시리스 DC 모터 사이의 차이점을 설명하기는 어렵다.

> **핵심 체크**
>
> • AC 모터는 제어가 쉽다는 장점을 제공하지만, 배터리에서 생산한 DC 전기를 인버터로 변환해서 써야 한다는 한계가 있다.

모터 기술 동향

이제 대부분의 제조사에서는 영구 자석 로터가 있는 3상 AC 모터를 사용한다. 토크 특성뿐만 아니라 효율성, 크기, 제어 용이성과 같은 이유 때문이다. AC 모터는 DC '펄스'에 의해 구동된다. 이 유형의 모터를 전자 정류 모터ECM. Electronically Commutated Motor라고 부르기도 한다.

전기 모터의 구조 및 기능

AC 모터의 기본 원리

일반적으로 모든 AC 모터는 같은 원리로 작동한다. 3상 권선이 래미네이트 스테이터 주위에 분산돼 회전 자기장을 만들고, 로터는 이것을 따라가며 움직인다. 일반적으로 사용되는 용어는 AC 유도 전동기다. 결국 로터의 속도라고 할 수 있는 이 회전장의 속도는 다음과 같이 계산한다.

$n = 60\ f/p$

여기서 n은 속도로서 rpm으로 표시되고, f는 공급 주파수, p는 폴 페어pole pair 수다.

비동기식 모터

비동기식 모터는 종종 다수의 폴 페어로 구성된 다람쥐 케이지 로터squirrel cage rotor와 함께 사용된다. 스테이터는 보통 3상이며, 별 모양 또는 델타 모양으로 감겨 있다. 스테이터의 회전 자기장이 로터에 EMF를 유도하며, 이 과정에서 하나의 완전한 회로인 로터에 전류가 발생하는 원리다. 이 과정을 거쳐 자력

이 생성되면, 스테이터에 의해 발생한 원래 자기장과 상호 작용하면서 로터가 회전한다. 슬립의 양(로터와 자기장 회전 속도의 차이)이 약 5%일 때, 모터가 가장 효율적이다.

동기 모터 : 영구 엑시테이션

이 모터는 인덕터라고 알려진 권선형 로터를 포함한다. 이 권선은 슬립 slip ring 2개를 통해 DC 전원에 의해 자화된다. 회전 자기장에 자력이 고정되면 일정한 토

그림 5-1 비동기식 모터는 폴 페어 여러 개로 구성된 다람쥐 케이지 로터와 함께 사용된다.

그림 5-2 동기식 모터

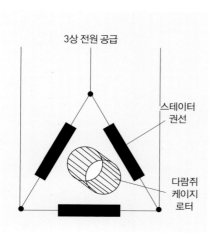

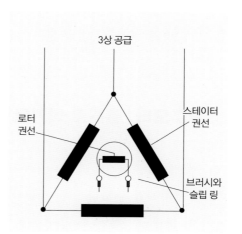

크를 생성한다. 속도가 n 미만일 경우 (188쪽 공식 참고) 토크 변동이 발생하고, 고전류가 흐른다. 이 모터는 회전하려면 특별한 준비가 필요하다. 그러나

이상적인 제너레이터로 사용할 수 있다는 장점도 있다. 원리는 일반 차량 교류 발전기와 매우 유사하다.

DC 모터 : 직렬 권선

DC 모터는 이미 잘 검증된 장치로서 수년간 우유 배달 차량과 포크리프트 트럭 같은 전기 자동차에 사용됐다. 주요 단점은 높은 전류가 브러시와 정류자에 흘러야 한다는 것이다.

DC 직렬 권선 모터가 저속에서 높은 토크를 낼 수 있다는 것은 잘 알려진 특징이다. 그림 5-3은 사이리스터thyristor를 사용해 직렬 권선 모터를 제어하고, 간단한 회생제동도 하는 방법을 보여준다.

DC 모터 : 별도로 여기된 션트 권선

저항을 추가하거나 초퍼chopper 제어를 이용해서 모터의 자기장을 제어하면 속도를 변화시킬 수 있다. 시동 토크가 문제일 수 있지만, 적절한 컨트롤러를 사용하면 이 문제도 극복할 수 있다. 또한 모터는 적당한 때에 자기장의 강도를 높여

그림 5-3 직렬 권선 모터는 사이리스터를 사용해 제어할 수 있으며, 간단한 회생제동도 한다.

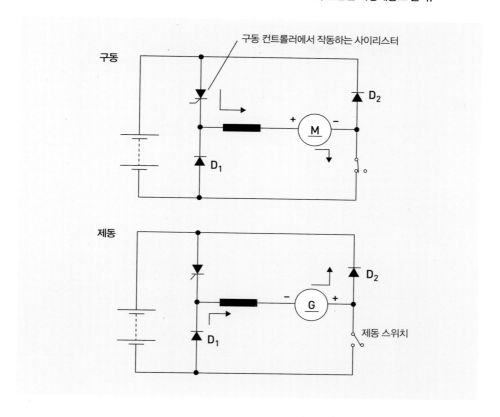

회생제동에도 사용할 수 있다. 일부 전기 자동차의 구동 시스템은 정상 주행 시의 자기장 크기만 변화시킨다. 이 탓에 저속 주행 시 고전류 문제가 발생할 수 있다.

모터 토크 및 동력 특성

앞서 살펴본 구동 모터 네 가지 유형이 보여주는 토크 및 출력 특성은 **그림 5-4**와 같다. 그래프 4개는 토크와 출력을 회전 속도의 함수로 보여준다.

그림 5-4 모터 토크 및 출력 특성

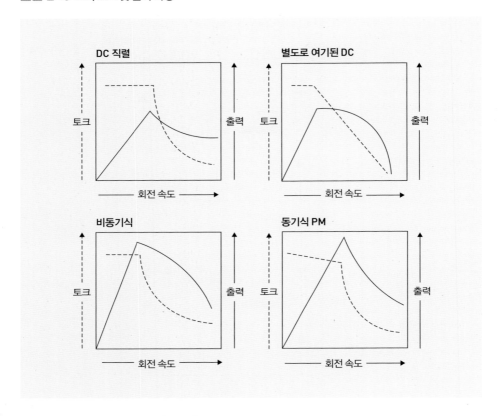

전기식 정류 모터

EC 모터라고도 불리는 전기식 정류 모터는 사실상 AC 모터와 DC 모터의 중간 정도의 특징을 가진다. 그림 5-5는 이 시스템을 표현한다. 로터에 영구 자석이 포함돼 슬립 링이 없다는 점을 제외하면, 이 원리는 앞선 동기식 모터와 매우 유사하다. 이 모터는 브러시리스 모터로도 알려져 있다. 이 로터는 센서를 작

용어 설명

- ECM : 전기식 정류 모터
- BLDC : 브러시리스 DC 모터

동해 컨트롤 및 파워 전자장치에 피드백을 제공한다. 제어 시스템이 회전 자기장을 생성하며 이때의 주파수가 모터 속도를 결정한다. 구동 모터로 사용하고자 할 경우, 고유의 토크 특성 때

문에 모터 속도를 충분하게 유지하려면 변속 장치가 필요하다. 모터를 어떻게 구분할지 여러 의견이 있는데, 일부에서는 모터에 사각파 펄스가 공급되면 DC이고 사인파 펄스가 공급되면 AC라고 부를 것을 제안한다.

이 모터는 브러시리스 DC 모터라고 하며, 모터를 통과하는 전류가 AC이기 때문에 실질적으로는 AC 모터에 해당한다. 하지만 전원 주파수가 가변적이므로 DC 모터 계열이라고 봐야 한다. 그리고 속도/토크 특성이 브러시드 DC 모터와 유사하므로 DC 모터가 맞다.

이 모터는 자체 동기식 AC 모터, 가변 주파수 동기식 모터, 영구 자석 동기식 모터 또는 전기식 정류 모터로도 불린다. 더는 혼동하지 않기 바란다. 이 모터는 이제 거의 모든 전기 자동차에 사용한다.

작동 원리는 **그림 5-6**에 자세히 나와 있다. 로터는 영구 자석이며 코일을 통과하는 전류가 스테이터의 극성을 결정한다. 만약 스테이터의 극성이 순차적으로 전환되고 그 타이밍이 적절하면, 로터의 모멘텀에 의해 스테이터의 극성이 바뀌면서 계속 로터가 움직인다. 스위칭 타이밍을 변경하면 로터가

그림 5-5 EC 모터는 AC 모터

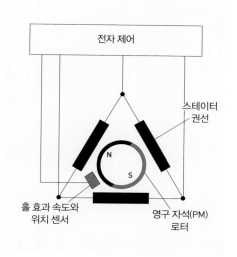

전자 제어

스테이터 권선

홀 효과 속도와 위치 센서

영구 자석(PM) 로터

그림 5-6 브러시리스 DC 모터의 작동 원리

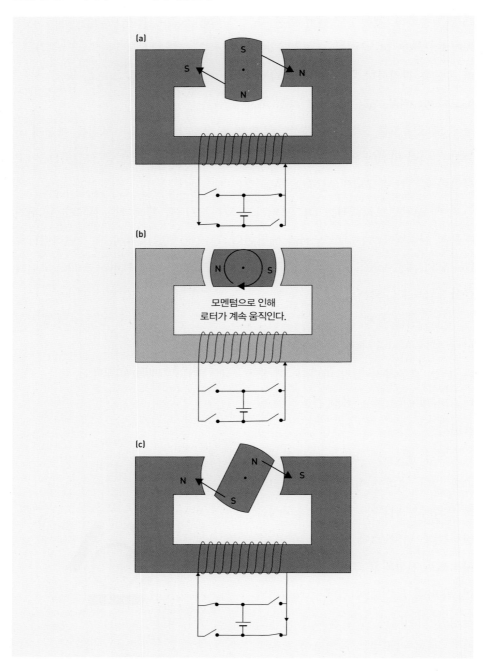

역회전할 수도 있다. 이 원리를 이용해 모터를 전체적으로 적절히 제어한다.

스위칭은 로터 위치와 동기화해야 한다. 동기화는 센서의 홀 효과와 동일한 원리를 사용해 로터 위치와 속도를 결정해서 이뤄진다. 아래 그림과 같이

코일 3개 또는 위상을 사용하면, 보다 세밀한 제어가 가능하다. 또한 빠른 속도, 부드러운 작동 및 토크 증가도 얻을 수 있다. 후방 EMF 때문에 토크는 속도가 증가할수록 감소한다. 최대 속도는 후방 EMF가 공급 전압과 동일할 때 도달한다.

그림 5-7 기본 원리를 이용해 코일 3개(3상)를 쓰는 모터로 발전했다. 실제 기계에는 더 많은 코일이 사용된다.(**그림 5-8** 참고)

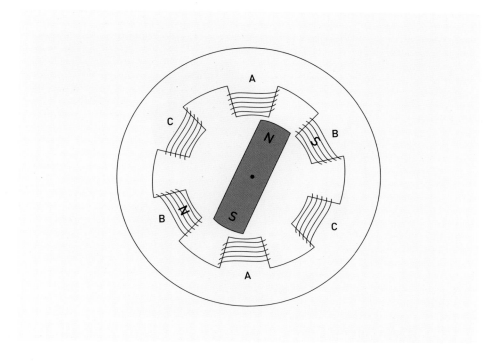

그림 5-8 보쉬의 통합 모터 제너레이터(IMG, Integrated Motor Generator), 다른 제조사에서
는 통합 모터 보조장치(IMA, Integrated Motor Assist)라고 한다.

그림 5-9 분리된 형태의 모터 장치. 측면에 냉각수 연결부, 상단에 주요 전기 연결부 3곳이 있다.

196쪽에 대표적인 모터 2개를 소개했다. 하나는 엔진 플라이휠과 통합된 형태이고, 다른 하나는 분리된 형태다. 두 모터는 모두 브러시리스 DC 모터이며 수냉식이다.

스위치드 저항 모터

스위치드 저항 모터SRM, Switched Reluctance Motor는 앞서 설명한 브러시리스 DC 모터와 유사하다. 한 가지 주요 차이점은 영구 자석

을 사용하지 않는다는 것이다. 이 모터의 로터는 연성 철 종류로 만들어졌으며 자화된 스테이터의 인력에 의해 움직인다. 기본 원리는 **그림 5-10**을 참고한다. 개선된 스위치드 저항 모터의 구조는 **그림 5-11**을 참고한다.

여기서는 스테이터의 스위칭 타이밍이 매우 중요하다. 이 모터의 중요한 장점은 값비싼 희토류 자석을 쓰지 않는다는 점이다. 희토류 원자재는 중국이 주요 원산지인 관계로 늘 정치적 분란의 중심에 놓여 있다. 전반적으로 이 모터는 매우 단순하고 따라서 원가가 싸다는 장점이 있다. 초기 SRM은 노이즈가 심했지만, 이제는 정확하게 스위칭 제어를 해서 해결됐다.

HEVT라고 알려진 회사가 유도 및 영구 자석 모터의 전체 판도를 바꿀 수 있는 모터를 개발했다. 이 모터는 희토류 광물을 전혀 사용하지 않아서 비용 변동성 또한 크게 감소했다.

특허받은 이 회사의 SRM은 유도 및 영구 자석 모터/제너레이터를 대체할 수 있을 만큼 성능이 우수해서 기존 모터의 대안으로 떠오르고 있다. 현재 전기 자전거용으로 한 가지 모델이 출시돼 있다. 이 모터의 경우, 약 150W에서부터 1MW의 높은 출력까지 낼 수 있기 때문에 조만간 일부 전기 자동차에도 선보일 것으로 예

그림 5-10 스위치드 저항 모터의 기본 원리

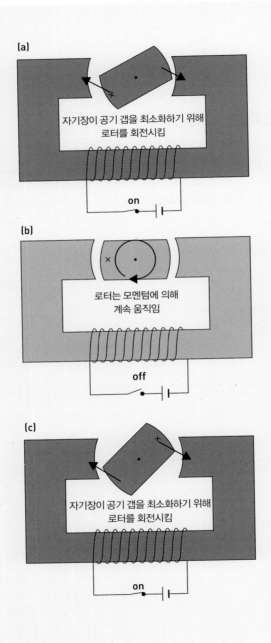

그림 5-11 극이 추가돼 개선이 이뤄진 SRM(언제나 스테이터보다 로터의 극이 2개 적음)

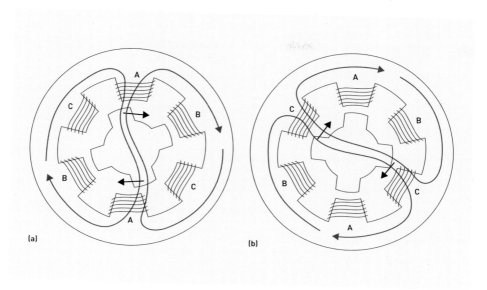

(a)

(b)

상한다. 그러나 비자기형 로터를 사용하기 때문에 제너레이터로는 사용하기 어렵다.

SRM 제어 시스템은 BLDC 모터와 유사하다. 최고 토크는 약간 낮은 대신 속도와 토크의 범위가 훨씬 넓어서 효율이 유지된다. SRM은 사실상 강력한 스테퍼stepper 모터라고 할 수 있다.

그림 5-12 스위치드 저항 모터의 스테이터(왼쪽)와 스테이터에 권선이 없는 로터(출처: HEVT)

모터 효율

모터의 종류, 크기, 폴 수, 냉각 및 중량에 따라 모터 효율이 달라진다. 엔지니어들은 항상 더 작고 가벼운 패키지에서 더 좋은 성능을 얻기 위해 노력

하고 있다. 일반적으로 BLDC의 효율은 1kW 모터의 경우 약 80%, 90kW 모터의 경우 95%까지 가능하다.

모터 효율은 입력 전력에 대한 출력 축shaft 전력의 비율로 나타낼 수 있다. 출력 전력의 단위는 와트로 측정되고, 효율은 다음과 같이 계산한다.

$$P_{out}/P_{in}$$

여기에서 P_{out} = 출력 축 전력(W)이고 P_{in} = 모터에 입력된 전력(W)이다. 1차 로터 및 2차 스테이터 권선의 저항에서 손실된 전력을 구리 손실이라고

부른다. 구리 손실은 전류 제곱에 비례하는 부하에 따라 변동되며 RI^2라고 계산한다. 여기서 R은 저항이고 I는 전류다.

기타 손실은 다음과 같다.

- 철 손실: 스테이터의 코어에 모터의 자기장이 가해졌을 때, 결과적으로 소멸하는 자기 에너지.
- 표류 손실: 1차 구리 손실, 2차 손실, 철 손실 및 기계적 손실 후에 남는 손실. 표류 손실에 가장 크게 영향을 주는 것은 모터가 부하 상태에서 작동할 때 발생하는 하모닉

에너지다. 이런 에너지는 구리 권선의 전류, 철 부품의 하모닉 플럭스 요소 또는 래미네이트 코어의 누출로 소멸한다.

- 기계적 손실: 공냉식의 경우 팬에서, 물이나 오일 냉각의 경우에는 펌프 안의 모터 베어링에서 일어나는 마찰을 말한다.

제어 시스템

대략적인 제어 시스템의 구성

그림 5-13은 PHEV의 일반적인 블록 다이어그램(어떤 과정의 흐름을 명료하게 이해하려고 이를 구역, 즉 블록으로 나누고 그림으로 표현한 것)이다. 이 블록 다이어그램에서 AC 주전원을 제외하면 HEV가 되고, 내연기관을 제외하면 순수 전기 자동차가 된다.

제어 시스템의 구성 요소는 다음 장에서 간략하게 설명했다. 이것은 센서와 드라이버의 입력에 반응하도록 프로그래밍한 마이크로프로세서 컨트롤 유닛이다.

기본 작동

모터는 서로 다른 위상이 서로 다른 시간에 켜져 회전을 일으키는 원리로 작동한다. 트랜지스터를 켜는 데 사용하는 신호(대개 IGBT)는 보다 세밀한 제어를 위해 펄스폭이 변조된다. 기본적인 순서는 **그림 5-14**와 같다. 이 프로세스에 대해서는 나중에 자세히 다루겠지만, 먼저 모터 제어가 발생하기 전 단계를 살펴보겠다.

그림 5-13 주요 구성 요소를 보여주는 EV 블록 다이어그램

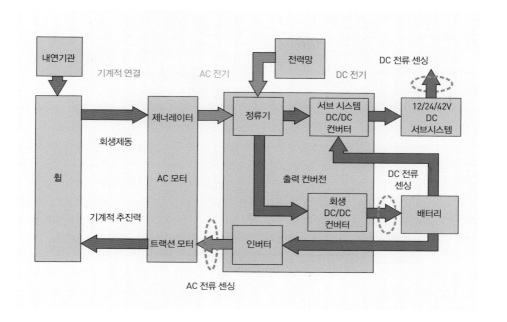

시작 및 종료

전기 자동차와 하이브리드 차량은 내연기관 차량과 마찬가지로 키를 돌리거나 버튼을 누르면 시동이 켜진다. 그러나 눈에 보이는 모습 뒤에서 진행되는 과정은 내연기관 차량과 상당히 다르다. 여기에서 설명하는 내용은 대부분 시스템에 적용할 수 있지만, 실제 작동 과정은 제조업체마다 다양한 방식으로 진행되므로 항상 제조업체의 정보를 확인하자. 일반적인 운행 조건에서 고전압 시스템은 오프 OFF·시동·준비·종료라는 네 가지 모드 중 하나가 된다.

그림 5-15는 릴레이(또는 접점) 3개를 사용하는 (단순화한) 고전압 시스템 회로를 보여준다. 그림에서 보듯 릴레이 3개는 각각 주전원(+) 릴레이, 주전원(-) 릴레이, 예비pre 충전기다. 앞서 언급한 고전압 시스템의 네 가지 모드를 하나씩 살펴보자.

그림 5-14 인버터 스위치 작동 및 모터 회전

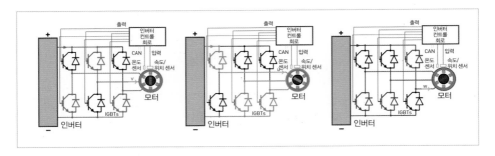

그림 5-15 일반적인 EV 고전압 회로

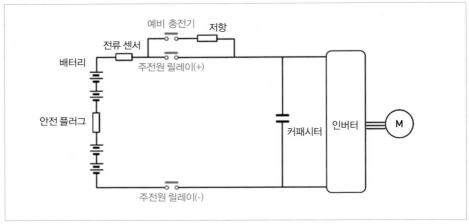

출처: LS ELECTRIC

먼저 오프 모드를 살펴보면, 오프 위치에서 릴레이는 정해진 시퀀스대로 작동한다. **그림 5-16**은 이 시퀀스와 시스템 전압을 보여준다.

다음으로 시동 모드다. 차량의 시동이 처음 켜지면 예비 충전기의 접점이 짧은 시간 동안 연결됐다가 다시 열린다. 이 과정에서는 전류가 흐르지 않으므로 이때 테스트가 가능하다. 다음으로 주전원(-) 릴레이의 접점이 연결된다. 이때 다시 한번 회로 테스트가 가능하다. 예비 충전기의 접점이 다시 연결되고, 제한된 전류로 충전하기 위해 커패시터는 저항을 거쳐 고전압 배터리에서 충전한다. 마지막으

로, 주전원(+) 릴레이가 연결되고 커패
시터가 완전히 충전되면, 시스템은 준
비 모드에 있다고 표현할 수 있다.

예비 충전 프로세스는 배터리를
보호하고 진단 기능을 제공한다. 주전원 릴레이를 통해 연결되는 즉시 커패시터는
매우 빠르게 충전된다. 매우 짧은 순간이기는 하지만 갑작스럽게 배터리 방전 전
류가 증가하면 셀이 손상될 수 있다.

주전원 커패시터는 전압을 일정하게 유지하고 일시적인 전압 피크peak를 평
탄화하는 역할을 한다. 용량은 500mF 정도다. 이 정도면 매우 큰 값이며, 많은 에
너지를 저장할 수 있음을 의미한다. 따라서 커패시터를 만지는 것은 배터리보다
더 위험할 수 있다. 사실 배터리와 커패시터 둘 중 무엇을 만지든 사망할 위험이
있다.

준비 모드를 알아보자. 주전원 릴레이 2개가 연결 상태를 유지하면, 차량은
정상적으로 사용할 수 있는 준비 상태가 된다. 보통 Ready준비 또는 이와 유사한

그림 5-16 시동, 준비 모드 및 정지 시 시퀀스 접점 위치와 시스템 전압

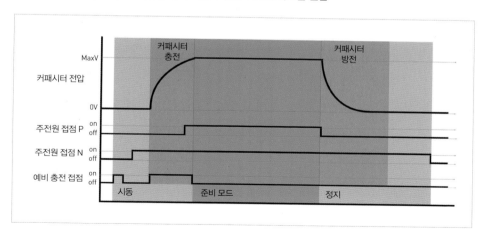

표시가 계기판에 나타난다.

종료 모드에서는 차량의 시동이 꺼지고, 주전원(+) 릴레이가 끊어지며 커패시터는 방전된다. 완전히 방전된 후에는 시스템이 꺼진 것으로 간주한다. 방전은 두 가지 다른 방식으로 이뤄진다. 바로 액티브와 패시브다.

액티브 방전의 경우, 4초 이내에 고전압을 60V 미만으로 낮춘다. 이를 위해 인버터의 트랜지스터에 방전 펄스가 가해지면 모터의 권선을 이용해 효과적으로 커패시터를 방전시킨다.

점화 스위치 꺼짐, 충돌(벨트 텐셔너 또는 에어백이 작동될 때), 파일럿 라인이 끊어질 때 등 이 같은 경우에 액티브 방전이 일어난다. 인버터에 결함이 있는 경우, 방전 저항을 이용해 비상 커패시터 방전을 실시한다. 이때 약 4초가 걸린다.

패시브 방전은 고전압 양극과 음극 사이에 있는 전력 및 제어 전자장치의 다양한 저항 덕분에 일어난다. 이 방전 과정은 약 120초가 걸리며, 이것은 항상 수행되는 작업이다.

대부분 시스템에서 차량을 견인할 때 인버터 트랜지스터가 열린다. 점화 스위치가 꺼져 있는 경우에는 차량을 보행 속도 정도로 밀 수 있다. 점화 스위치가 켜져 있고 셀렉터 레버가 N 위치에 있는 경우, 대부분 차량을 최대 50km/h까지 견인할 수 있다.

점화 스위치가 꺼져 있는 상태에서 차량이 보행 속도보다 빠른 속도로 밀리거나, 점화 스위치를 켠 상태에서 약 50km/h 이상의 속도로 견인될 때는 트랜지스터가 액티브 단락 회로로 전환된다. 3상 라인 U, V 및 W는 트랜지스터를 닫아서 단락시킨다. 이 경우 전기 구동 모터는 매우 큰 기계적 저항을 이겨내야만 회전할 수 있다. 액티브 단락 회로로 차량을 장시간 견인하면 과열 위험이 있다.

고전압 DC 릴레이

고전압 DC HVDC 릴레이는 DC 전원을 공급하거나 차단하는 용도로 사용한다. 이 작동은 액추에이터로 접점을 여닫으면서 이뤄진다. DC 전원이

핵심 체크

• 아크는 DC 전원이 차단될 때 발생하며 이로 인해 릴레이 접점이 손상될 수 있다.

차단될 때 발생하는 아크는 접점 및 주변 구성 요소에 손상을 일으킬 수 있으므로 아크를 최대한 빨리 꺼야 한다. LS ELECTRIC(옛 LS산전)의 HVDC 릴레이 제품군은 전기 내구성이 뛰어나면서 크기가 작고 소음도 적다. 그리고 내부에 영구 자석과 수소가 있어 최적의 아크 소화가 가능하게 한다. 기억해야 할 것은 산소가 존재할 때만 수소에 가연성이 있다는 점이다.

LS ELECTRIC은 450V 장치를 개발해 공급해왔으며 현재 1,000V 및 1,500V 릴레이를 생산한다. 일반적으로 정격 전압이 증가하면 절연성을 보장하기 위해 제품 크기도 커져야 한다. 그러나 이 시리즈는 이전 제품과 크기가 같고, 기

그림 5-17 GPR-M 시리즈 릴레이(출처: LS ELECTRIC)

능 또한 같다. 따라서 공간 활용도 면에서 우수하다.

차량의 배터리 용량이 증가하면 정격 전압이 증가하고 외부 충전량이 늘어난다. 따라서 DC 릴레이 전압의 증가와 접점 온오프ON OFF를 모니터링해야 한다. 예를 들어 GPR-M 시리즈그림 5-17의 정격 전압은 DC 1,000V, 10~400A[1]다.

출력 제어

모터/제너레이터 컨트롤 시스템은 모터가 제너레이터로 작동할 때 구동력뿐만 아니라 회생 에너지도 제공한다. 메인 MCU마이크로프로세서 컨트롤 유닛는 프리 드라이버 회로를 통해 인버터를 제어한다. 인버터(그림 5-18에 IGBT라고 명명함)가 전환되는 시퀀스와 전환 속도가 모터의 토크와 속도를 결정한다. IGBT는 3단자 전

그림 5-18 모터 제어 시스템

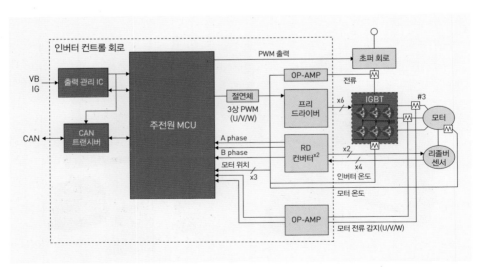

력 반도체 소자로서 주로 고속, 고효율 전자 스위치로 사용된다. 전기 자동차 뿐만 아니라 많은 최신 가전제품에서 전원을 끄고 켜는 데 사용한다.

인버터는 모터를 구동하는 데 사용하는 전자회로다. 효과적으로 DC를 AC로 변환하기 때문에 보통 인버터라고 불린다. 이런 유형의 모터 및 이와 관련한 컨트롤 장치가 가진 중요한 측면은 회생제동 시 실질적으로는 제너레이터로 작동한다는 사실이다. 인버터는 모터 컨트롤러의 메인 MCU에 의해 제어된다. **그림 5-19**에 표시된 스위치는 실제로는 IGBT다. 이 IGBT는 프리 드라이버 회로가 제어하는데, 이 드라이버 회로는 적절한 시퀀스로 인버터를 전환하는 신호를 생성한다.

모터를 구동할 때의 인버터 출력 신호를 **그림 5-20**에서 단순화한 형태로 표현했다. (이 장의 출처: Larminie and Lowry, 2012)

표 5-1 각 부품의 기능

부품	기능
모터/제너레이터	휠에 구동력을 전달하고 차량이 감속 및 제동 중일 때는 전기를 생성한다.
인버터	DC를 AC로 변환한다.
정류기	AC를 DC로 변환한다.(인버터와 정류기는 일반적으로 같은 부품)
DC/DC 컨버터: 회생제동	제동 중에 모터로부터 생성된 AC를 DC로 정류한 후 이것을 변환한다. 충전에는 정확한 전압 레벨이 필요하기에 이런 변환이 필요하다.
DC/DC 컨버터: 서브시스템	차량의 일반 전기 장치를 구동하기 위해 고전압 DC를 저전압 DC로 변환한다.
DC 서브시스템	차량의 12V(또는 24/42V) 시스템으로서 조명 및 와이퍼와 같은 장치에 이용된다. 여기에는 소형 12V 배터리가 포함될 수 있다.
배터리(고전압)	에너지를 저장해 구동 모터를 작동하는 데 사용하며 일반적으로 리튬 이온 또는 니켈 메탈 하이드라이드 셀이다.
배터리 컨트롤	배터리 충전 및 방전을 모니터링하고 제어해 배터리를 보호하며 효율성을 향상한다.

모터 컨트롤	가장 중요한 컨트롤러인 이 장치는 다양한 작동 모드(가속, 정속 주행, 제동 등)에서 센서 신호와 운전자가 주는 입력에 반응해 모터/발전기를 제어한다.
내연기관	HEV 및 PHEV에 사용하는 내연기관(모터와 하이브리드됨)을 말한다. REV에서는 엔진이 오직 고전압 배터리를 충전하려 제너레이터를 구동한다.

그림 5-19 DC 전원으로부터 3상 AC를 발생시키는 데 사용된 인버터 전환 패턴

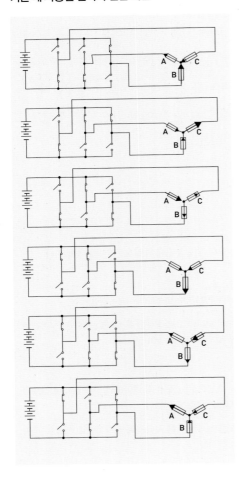

그림 5-20 3상 모두에 대해 하나의 완성된 사이클을 보여주는 전류/시간 그래프

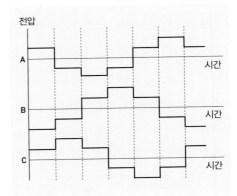

그림 5-21 IGBT의 모습

펄스폭 변조

펄스폭 변조PWM. Pulse Width Modulation는 스위칭 구성 요소(IGBT 또는 MOSFET)를 제어해서 모터를 구동하는 프로세스다. 이 방법을 이용한 스위칭 효율은 보통 90%를 넘는다.

PWM은 온오프 시간을 변경해 전원 스위치의 출력 전력을 제어한다. 스위칭 작동 시간 대비 온ON 시간의 비율이 듀티 사이클duty cycle이다. **그림 5-22**는 효과적으로 사인파 혹은 AC 전력을 생성하기 위해 듀티 사이클이 변화하는 방식(파란색 선)을 보여준다. 듀티 사이클이 높을수록 전력 반도체의 스위치 출력 전력이 높다.

> **용어 설명**
>
> • 펄스폭 변조(PWM): 전기 신호가 전달하는 평균 전력을 잘게 나눠서 줄이는 방법이다. 외부에서 걸리는 부하에 대응해 빠른 속도로 스위치를 끄고 켜는 방법으로 공급되는 전압의 평균값을 조절한다.

그림 5-22 사인파 생성에 사용되는 PWM 신호

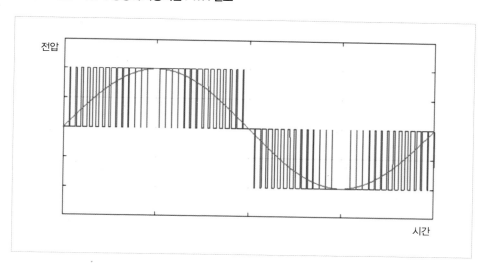

그림 5-23 3상 모터 공급 전류

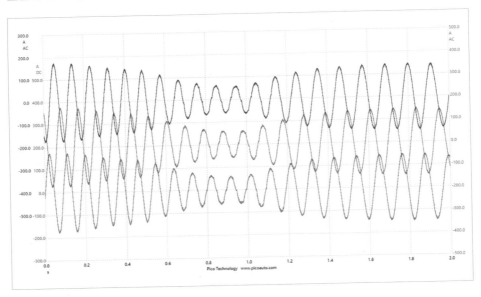

그림 5-22에는 단 하나의 출력만 표시돼 있다. EV 인버터에서는 그림 5-23과 같은 3상 출력을 내기 위해 120도 간격으로 이와 같은 과정이 3회 반복된다. 그림을 보면, 출력 전압이 변한다. 이 그림은 전류 클램프가 있는 피코스코프Pico Scope를 사용해 인버터에서 모터로 연결되는 U, V 및 W에서 캡처한 실제 파형이다.

센서

모터는 제너레이터 역할을 하기도 한다. 기능적인 면에서 모터가 제너레이터로 또는 제너레이터가 모터로 전환할 때, 이 같은 전환이 정확하게 이뤄지려면 전원/제어 전자장치가 모터 상태는 물론이고 정확한 속도와 위치를 알아야 한다. 속도·위치 정보는 1개 이상의 센서가 제공하는데, 이 센서들은 릴럭터 링reluctor ring과 연결된 케이스에 장착된다.

그림 5-24에서 표현한 시스템은 센서 코일 30개와 로브 릴럭터 링 8개를 사용한다. 로브가 코일에 접근하면 출력 신호는 변하고, 이를 컨트롤 유닛이 인식한다. 코일은 직렬로 연결돼 있으며, 철심 주변에 1차 권선과 2차 권선 2개가 있다. 각 권선은 각기 다른 신호그림 5-25를 생성한다. 릴럭터가 움직이면 2차 권선의 신호가 증폭된다. 이런 방식으로 신호의 진폭을 이용하면 로터의 위치를 높은 정확도로 확인할 수 있다. 회전 속도는 신호의 주파수로 알아낼 수 있다. 일부 시스템은 매우 간단한 센서를 사용한다.

구동 모터에는 온도 센서가 일반적으로 사용되며, 전기 구동 컨트롤 유닛에

그림 5-24 로터 위치 센서

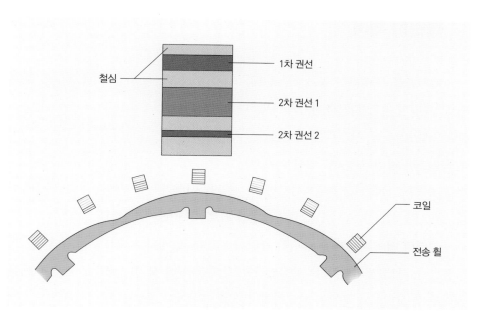

그림 5-25 센서 신호

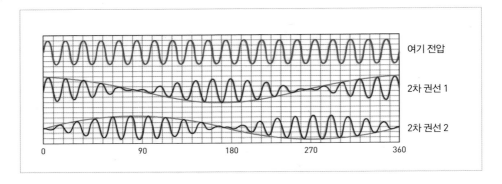

도 신호를 전송한다. 일반적으로 온도가 약 150℃ 이상이면 구동 모터의 출력이 제한되며, 때에 따라서는 과열을 방지하려고 온도가 180℃ 이상 올라가면 구동 모터의 작동을 막는다. 송신기는 일반적으로 음온계수 서미스터thermistor다.

배터리 제어

배터리를 구성하는 요소 중에 배터리 충전기가 있다. 충전기와 DC/DC 스텝업step-up 시스템은 가정용 전원으로부터 공급되는 AC 입력을 제어

> **용어 설명**
>
> • 역률 보정(PFC. Power Factor Correction): 전력 시스템의 작동 효율을 개선하는 에너지 절약 기술이다.

한다. 그리고 DC/DC 컨버터를 사용해 전압을 배터리가 요구하는 수준까지 올린다. MCU는 역률 보정과 DC/DC 스텝업 회로의 제어를 수행한다. **그림 5-26**

배터리 제어 시스템은 배터리 잔량을 관리하고, 배터리 충전량을 제어하는 데 사용한다. 개별 셀의 전압을 모니터링하고, 배터리 셀 모니터 MCU 및 리튬 이온 배터리 셀 모니터가 통합된 회로가 밸런스를 제어한다. **그림 5-27**

그림 5-26 배터리 충전기 회로 및 제어

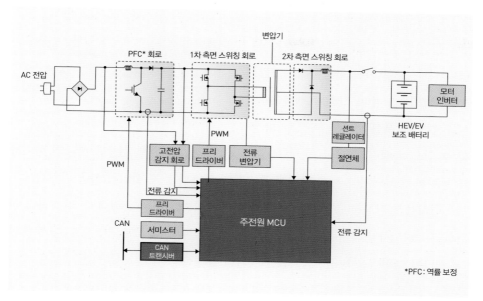

출처: http://www.renesas.eu

그림 5-27 배터리 제어 시스템

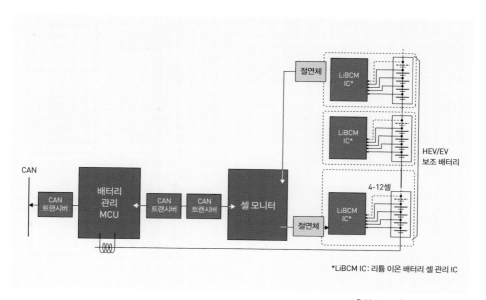

출처: http://www.renesas.eu

셀 밸런싱

품질이 좋은 리튬 이온 전지는 용량이 매우 균일하며, 신품이라면 자가 방전 속도도 느리다. 그러나 개별 셀의 성능 감소가 조금씩 다른 속도로 발생

할 수 있으니 밸런싱balancing을 하는 것이 좋다. 직렬 연결에서는 단 하나의 셀이라도 용량이 손실되거나 자가 방전이 증가하면 연결된 전체 셀이 영향을 받는다.

패시브 밸런싱은 충전 전류의 일부를 우회시키기 위해 특정 셀을 가로질러 연결할 수 있는 저항을 사용한다. 이 작업은 보통 셀이 70~80% 충전됐을 때 수행한다. 액티브 밸런싱은 방전 중에 고전압 셀에 발생한 추가 전하를 저전압 셀로 가져온다.

액티브 밸런싱은 많은 EV 배터리 제조업체가 사용하는 방법이다. DC/DC 컨버터가 필요하므로 패시브 밸런싱보다 복잡하지만 전체적으로는 더 유리하다. 충전 전류의 보정은 mA 범위에서 이뤄진다. 가속 중에는 부하가 높아지고, 종종 회생제동으로 급속 충전이 뒤따르기 때문에 배터리 수명을 연장하려면 셀의 밸런싱을 유지하는 것이 중요하다.

그림 5-28 셀 밸런싱의 원리

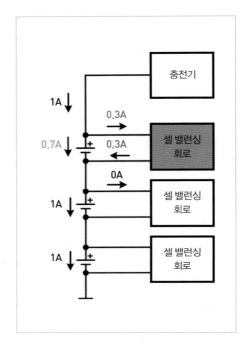

부품 냉각

　민감한 부품을 고온으로부터 보호하려고 냉각수로 적절한 온도를 유지하는 경우가 많다. 냉각수 온도는 65℃까지 상승할 수 있으며 모터 컨트롤 유닛이 모니터링과 조절을 한다. 3상 전류 드라이브·충전 장치·전원 및 제어 전자장치 같은 부품들은 냉각수를 사용해 냉각한다. **그림 5-29**는 폭스바겐 자동차의 냉각 회로를 보여준다. 많은 냉각 회로 중에서 대표적인 예다.

그림 5-29 냉각 회로

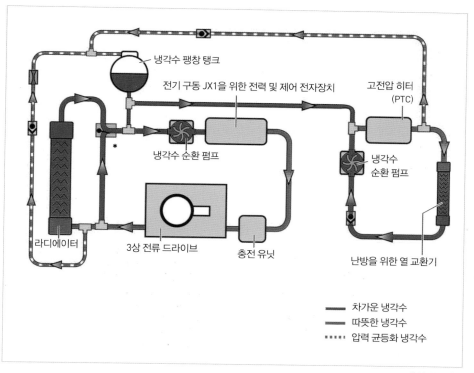

출처: 폭스바겐

모터 기술 발전 및 개발

권선 형태 및 단열재

더 높은 전압(700V 이상)을 사용하면 모터 권선에 더 두꺼운 절연체가 필요하다. 바니시varnish와 같은 용제溶劑 기반의 절연체는 이런 용도에 적합하지 않다. 새로운 소재를 세심하게 설계하고 사용하면, 세 가지 주요 이점을 얻을 수 있다. 바로 토크 증가, 전력 증가, 크기 증가다.

그림 5-30 직사각형 권선은 절연체 두께가 비슷하거나 증가하더라도 공간을 보다 효율적으로 사용할 수 있다.

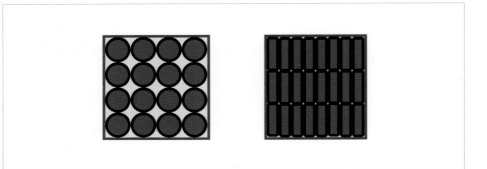

스테이터 권선은 제조법과 절연 방식이 혁신적으로 발전한 덕분에 효율성이 크게 향상됐다. 전기 모터 스테이터 권선은 전통적으로 둥근 구리 선이고, 에나멜 또는 바니시로 만들어진 보호층 아래에 있었다. 원형 와이어를 직사각형 와이어로 변경하면 **그림 5-30**에서 보듯, 공간을 꽉 채우는 데 도움이 된다.

그림 5-31 와이어를 덮은(에나멜) 압출 수지

에나멜을 절연체로 사용하면, 필요한 만큼 정확한 두께로 절연체를 만드는 것이 매우 어렵다. 전압이 높을수록 절연체가 두껍고 유전 등급이 높아야 한다. 기존 모터는 일반적으로 막의 두께가 0.1mm 이하인 에나멜 와이어를 사용한다. 에나멜은 같은 위상 안에 있는 와이어에는 적절한 절연 효과를 제공하지만, 위상이 달라지면 전압 차이가 크기 때문에 절연 종이가 추가된다.

그림 5-31 상단에 있는 에나멜 자석 와이어를 보자. 에나멜 코팅의 두께를 늘릴 수 없어서 압출된 고성능 플라스틱으로 덮었다. 여기에서는 케타스파이어 Ketaspire PEEK Polyetheretherketone 수지[2]가 쓰였다. **그림 5-31**의 하단에 있는 와이어는 PEEK만 사용하고 에나멜을 사용하지 않았다.

에나멜 절연체의 경우, 균일한 두께로 코팅할 수 있어서 성능을 예측할 수 있다. 또한 금속에 대한 접착력도 우수하다. 압출 방식으로 원형이나 사각형 또는 직사각형 모양을 만들 수 있으며, 이를 통해 모터 설계자는 슬롯을 효율적으로 채울 수 있다. 압출 방식은 용제 기반 코팅 방식에 비해 더 효율적인 제조 과정이라는 장점이 있다.

축 및 방사 방향 권선

분리된 세그먼트로 권선이 구성된 모터는 권선을 감는 방식이 두 가지다. **그림 5-32** 하나는 권선이 샤프트를 감싸는 방식인데, 축 방향에 평행하게 감긴다.(축형) 다른 하나는 중심 샤프트의 반지름을 감는 것처럼 방사적으로 감는다.(방사형)

영국의 야사YASA. Yokeless and Segmented Armature라는 회사는 전기 모터와 컨트롤러의 디자인과 제조에 있어서 혁신적인 아이디어를 가지고 있다. 야사 모터는 권선이 개별 세그먼트로 구성됐으며, 최소의 엔지니어링 기술로 대량 생산하는 데 이상적이다. **그림 5-33**을 보면, 축 방향으로 나열된 권선 모터를 확인할 수 있다.

축 방향 자속 방식은 기존 모터와 비교해 구리, 철, 영구 자석 등과 같은 재료를 덜 사용하므로 재료비가 크게 절감된다. 주요 자성 및 구조 재료를 보다 효율적으로 사용하기에 동급의 다른 모터보다 작고 가볍다는 이점도 있다. 또한 야사 모터의 위상 배치는 복잡한 제조 공정을 크게 줄였기에 자동화 대량 생산에 알맞다.

YASA 750, YASA P400 시리즈 및 YASA 400 Axial Flux 모터[3]는 최대

그림 5-32 방사형(왼쪽) 및 축형(오른쪽) 모터 설계

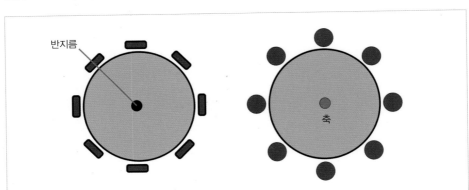

10kW/kg의 출력 밀도를 지녔으며, 야사 모터에 가장 근접해 있는 경쟁 모터의 위상 배치보다 훨씬 우수한 토크 밀도를 달성했다. 축 방향 자속 방식은 비교적 낮은 속도(2,000~9,000rpm)에서 높은 전력 밀도를 달성할 수 있으므로 하이브리드 및 제너레이터 모터로 쓰기에 좋다.

그림 5-33 야사 축전기 모터, 260Nm/180kW 10s peak, 길이 65mm, 직경 260mm, 12kg, 15W/kg(출처: YASA)

6

충전 첨단기술

충전, 표준 및 인프라

인프라

현재 전기 자동차 대부분은 가정에서 충전하지만 국가가 운영하는 충전 인프라도 발전하고 있다. 충전소의 경우, 여러 기관과 영리 회사가 서로 경쟁 관계에 있다. 따라서 이들이 운영하는 충전소를 이용하려면 각 단체에 개별적으로 모두 등록해야 한다. 많은 장소에서 직원과 방문객을 위해 충전소를 운영한다. 요금은 선불이나 후불로 지급하고, 월 정기 가입이 필요한 서비스도 있다. 충전소의 위치는 앱과 웹사이트를 통해 찾을 수 있다. (한국은 ev.or.kr에서 충전소 위치를 찾을 수 있다.)

PHEV를 타고 약 965킬로미터에 달하는 영국 왕복 여행을 마쳤을 때, 필자는 큰 도로에서 충전소를 찾지 못했다. 당시 차가 충전이 필요한 상태였다면 아마 충전소를 찾아 그 지역 마을을 헤매고 다녀야 했을 것이다. 다국적 석유회사들이 연료를 공급하고 있는 고속도로 휴게소에는 왜 충전소가 없는지 궁금하다.

충전식 전기 자동차와 장비는 가정용 벽면 소켓을 이용해 충전할 수 있

핵심 체크

- 기관과 영리 회사 사이에 충전소를 차지하려는 경쟁이 벌어지고 있다.

지만, 충전소의 경우 전기 자동차가 충전되지 않을 때 전원을 차단하는 (전류 또는 연결 감지) 장치가 추가로 제공된다. 안전 센서에는 두 가지 주요 유형이 있다.

1. 전류 센서: 소비된 전력을 모니터링해 미리 정해진 전력 소비 범위 내에서만 연결을 유지한다.
2. 추가 센서 와이어: 피드백 신호를 제공한다. 이를 위해 특수한 전원 플러그를 적합하게 설치한다.

공공 충전소 대부분은 충전 케이블에 잠금장치가 있다. 이 덕분에 지나가는 사람이 마음대로 케이블을 뺄 수 없다. 일부 충전소에서는 차량 플러그가 예기치 않게 분리된 경우에 차량 소유자에게 문자 메시지를 보내거나, 차량이 완전히 충전된 시점을 알려주기도 한다. 비 오는 날씨에 충전해도 안전하다. 충전 리드를 연결하면 플러그가 완전히 꽂힐 때까지는 전원이 들어오지 않는다. 추가적인 안전장치로 회로 차단기를 사용한다. 물론 안전을 확보하려면 사용자가 상식적으로 행동하는 것이 우선이지만, 전반적으로 EV 충전은 매우 안전하다고 말할 수 있다.

가정에서 전기 자동차를 충전하려면 가정용 충전기를 설치하는 방법도 있다. 가정용 충전 소켓 및 배선은 자격 있는 전기 기술자가 설치하고 감수할

핵심 체크

- 전류 센서는 소비된 전력을 모니터링해 미리 정해진 전력 소비 범위 내에서만 연결을 유지한다.
- 충전 리드를 연결하면 플러그가 완전히 꽂힐 때까지 전원이 들어오지 않는다.

그림 6-1 도로변의 충전기(출처: 로드 올데이, http://www.geograph.org.uk)

것을 강력하게 권고한다. 자체 전용 회로가 있는 가정용 충전기는 전기 자동차를 안전하게 충전하는 최상의 방법이다. 이렇게 하면 충전 회로가 차량의

전기 수요를 관리하고, 충전기가 차량과 통신할 때만 회로가 활성화한다. 급속 충전을 하려면 특수 장비와 함께 업그레이드된 전기 공급 장치가 필요하다. 가정에서는 대부분 밤새 충전하는 것이 일반적이라서 급속 충전 설비가 설치될 가능성은 낮다.

충전 시간

전기 자동차를 충전하는 데 걸리는 시간은 차량 유형, 배터리 방전 상태 및 충전기 유형에 따라 달라진다. 표준 충전을 사용하는 순수 전기 자동차는 일반적으로 완전 충전에 6~8시간이 소요되므로, 가능할 때마다 배터리를 조금씩 충전하는 편이다.

급속 충전소를 사용하는 순수 전기 자동차는 충전소의 종류와 사용 가능한 전력에 따라 완전 충전에 30분 내외, 보충 충전에 20분 내외가 걸린다. PHEV의 경우, 표준 전기 공급 장치로 완전 충전하는 데 약 2시간이 걸린

그림 6-2 충전소
(출처: 리차드 웹, http://www.geograph.ie)

그림 6-3 가정에서 충전하는 모습

그림 6-4 가정용 충전기

다. E-REV의 경우, 표준 전기 공급 장치로 완전 충전에 약 4시간이 걸린다. PHEV와 E-REV의 경우, 순수 전기자동차보다 배터리가 작아서 충전하는 데 더 짧은 시간이 걸린다.

충전 비용

충전 비용은 배터리 크기와 충전 전 배터리 잔량에 따라 달라진다. 전기 자동차를 방전 상태에서 완전 충전하는 데 드는 비용은 1파운드에서 4파운드에 불과하다. 이 비용은 운행 거리 약 160킬로미터를 제공하는 24kWh 배터리를 장착한 일반적인 순수 전기 자동차의 경우다. 마일당 평균 몇 펜스 정도의 비용밖에 발생하지 않는다는 계산이 나온다. (한국은 2019년 기준, 충전 비용이 1kW당 173.8원이며 아파트나 개인 충전소를 이용하면 1kW당 비용이 83.6~174.3원이다.)

밤새 충전한다면 전기요금이 더 쌀 때 충전할 수 있다. 공공장소에서 충전할 때는 비용이 다양할 것이다. 단기적으로는 많은 곳에서 무료 전기를 제공할 것이다. 재생 에너지를 집중 공급하는 업체에도 등록해 이용할 수 있을 것이다.

표 6-1 예상 충전 시간

100km 운행을 위한 충전 시간	전력 공급	전력	전압	최대 전류
6~8시간	단상	3.3kW	230V AC	16A
3~4시간	단상	7.4kW	230V AC	32A
2~3시간	3상	10kW	400V AC	16A
1~2시간	3상	22kW	400V AC	32A

20~30분	3상	43kW	400V AC	63A
20~30분	DC	50kW	400~500V DC	100~125A
10분	DC	120kW	300~500V DC	300~350A

표준화

전기 자동차를 어디서나 연결 문제 없이 충전할 수 있도록 충전 케이블과 소켓, 충전 방식 등을 표준화할 필요가 있다. IEC는 기술적 요구 사항이 포함된 전세계 표준을 배포하고 있다. **표 6-2**에는 EV 충전과 관련된 가장 중요한 표준 몇가지가 나열돼 있다. IEC 61851-1은 다양한 충전 케이블 유형을 정의한다.

표 6-2 IEC의 충전 표준

IEC 62196-1	플러그, 콘센트, 차량 커넥터 및 차량 주입구 전기 자동차의 전도성 충전
IEC 62196-2	AC 핀과 컨택트 튜브 액세서리 사이의 치수 호환성과 상호 교환성에 대한 요구 사항. 허용되는 플러그 및 소켓 유형에 관해 설명한다.
IEC 62196-3	전용 DC 및 복합 AC/DC 핀과 차량의 컨택트 튜브 연결 장치 사이의 치수 호환성과 상호 교환성에 대한 요구 사항
IEC 61851-1	전기 자동차의 전도성 충전 시스템. 차량과의 기본 통신뿐만 아니라 연결 구성의 다양한 형태가 이 표준에 정의돼 있다.
IEC 61851-21-1	전기 자동차의 전도성 충전 시스템과 AC/DC 전원에 대한 전도성 연결을 위한 전기 자동차 온보드 충전기 EMC 요구 사항
IEC 61851-21-2	전기 자동차 전도성 충전 시스템. 오프보드 전기 자동차 충전 시스템에 대한 EMC 요구 사항
HD 60364-7-722	저전압 전기 설비 설치 및 전기 차량의 특수 설치 설비의 요구 사항

그림 6-5 사례 1. 충전 케이블이 차량에 영구적으로 연결된 경우

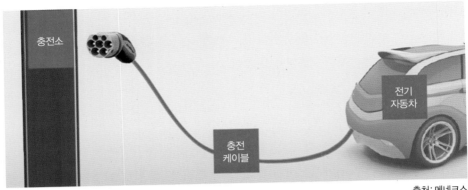

출처: 메네크스

그림 6-6 사례 2. 충전 케이블이 차량 또는 충전소에 영구적으로 연결되지 않은 경우

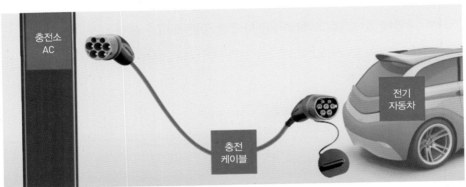

출처: 메네크스

그림 6-7 사례 3. 충전 케이블이 충전소에 영구적으로 연결된 경우

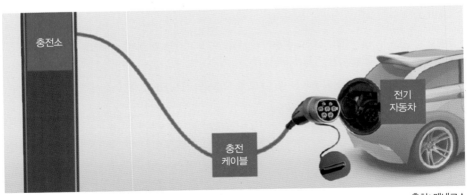

출처: 메네크스

충전 방법

AC 충전 방식은 이제 표준적인 충전 방법으로 확립됐다. 상대적으로 투자 비용이 적어서 민간 부문은 물론 준공영·공영 부문 충전소에서도 설치할

수 있기 때문이다. 따라서 이 충전 방법은 장기 전망이 밝다. 표준 충전은 AC 연결을 통해 이뤄지며, 가장 일반적이고도 탄력적인 충전 방법이다. 충전 모드 1과 2에서는 가정용 소켓이나 CEE 소켓으로 충전한다. 가정용 소켓의 충전 시간은 소켓을 통해 전달할 수 있는 전력이 제한돼 있으므로 충전 배터리 용량, 충전 수준 및 충전 전류에 따라 최대 몇 시간이 걸릴 수 있다.

충전 모드 3는 최대 43.5kW의 전력 공급이 가능한 충전소에서 사용하기 때문에 충전 시간을 크게 단축할 수 있다. 민간이 운영하는 충전소라면 사용 가능한 전력이 제한되는데, 이는 건물 연결부의 퓨즈를 보호해야 하기 때문이다. 일반적으로 가정용 충전소에서 사용할 수 있는 가장 높은 전력은 400V AC에서 최대 22kW다.

충전 장치는 차량에 영구적으로 설치돼 있고, 용량은 차량 배터리에 맞춰 조절한다. 다른 충전 방법과 비교해, AC 충전 장치에 들어가는 투자 비용은 크지 않다. DC 충전 방식에는 두 가지 충전 방법이 있고, 다음과 같은 차이가 있다.

- DC 저충전: 타입2 플러그를 사용하고 최대 38kW
- DC 고충전: 최대 170kW

충전 장치는 충전소의 일부이므로 고가 장비를 써야 하는 DC 충전소는 AC 충전소와 비교했을 때 훨씬 더 투자 비용이 많이 든다. DC 충전을 위한 전제조건

은 충전소 네트워크가 형성돼 있어야
한다는 점이다. DC 충전소는 높은 전
력이 필요하므로 기반 시설 투자가 많
이 필요하다. 높은 전류로 급속 충전하

려면 충전선의 단면 크기가 적합해야 한다. 하지만 이 탓에 차량을 충전기에 연결
하기가 더 번거로워지는 측면도 있다.

　　DC 충전 연결 방식과 관련한 표준화는 아직 마무리되지 않았으며, 시장 가용
성도 여전히 불확실하다. DC 충전 연결부가 있는 차량에는 AC 표준 충전을 할
수 있는 연결부도 있으므로 가정에서도 충전할 수 있다.

　　유도 충전 방식을 이용하면 인덕션 루프를 통해 접촉 없이도 충전할 수 있다.
유도 충전이 가능해지려면 차량뿐만 아니라 충전소에도 복잡한 기술이 들어가고,
투자 비용도 커진다는 점을 고려해야 한다. 이 시스템은 시장에 선보이거나 대규
모 생산을 할 준비가 아직 미흡하다.

　　배터리 교체 방식은 차량 충전용
배터리를 배터리 교환소에서 완전히
충전된 배터리로 교체하는 것을 말한
다. 이 경우, 몇 분 후에는 바로 운전할

수 있다. 이 방식이 가능하려면 차량 제조사에서 표준화된 위치에 표준 충전식 배
터리를 설치해야 한다는 전제조건이 필요하다. 그러나 차량의 종류와 용도가 매우
다양하기에 이런 표준화는 거의 불가능하다. 그렇다면 여러 배터리를 종류별로 충
전소에서 마련해놓고, 즉시 교체할 수 있어야 한다. 하지만 이 역시 실제로 이뤄지
기는 매우 어렵다. 결과적으로, 배터리 교체 방식은 현재 개별 운송 회사 정도에서
만 가능하다.

충전 모드

전기 자동차의 충전 요건을 충족하면서도 안전하게 충전하기 위한 네 가지 충전 모드가 정의돼 있다. 충전 모드는 사용하는 전원에 따라 달라진다.(보호 컨택트, CEE, AC 또는 DC 충전 소켓) 그리고 최대 충전 전력 및 통신 여부에 따라서도 다르다.

그림 6-8 DC 고속 충전

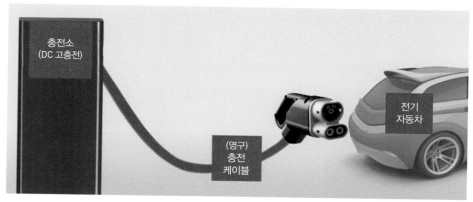

출처: 메네크스

그림 6-9 유도 충전

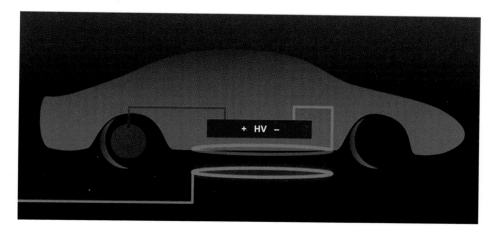

모드 1은 차량과 통신하지 않고 소켓을 통해 최대 16A, 3상으로 충전한다. 충전 장치는 차량에 설치한다. 잔류 전류 보호 장치가 퓨즈 역할을 하는 표

준 플러그(기성품)와 소켓으로 에너지 네트워크와 연결한다. 하지만 모드 1은 그다지 권장하지 않는 방법이다. 차량과 통신이 가능한 모드 2가 안전성 면에서 더 우수하기 때문이다.

모드 2는 소켓을 통해 최대 32A, 3상으로 충전한다. 케이블 또는 벽면 플러그에 제어 기능과 보호 기능이 통합됐다. 충전 장치는 차량에 설치한다. 기성품인 표준 플러그와 소켓으로 에너지 네트워크와 연결한다. 모드 2 표준은 안전 수준을 높이기 위해 모바일 장치를 사용하도록 규정하고 있다. 또한, 전원 설정과 안전 요구에 관한 규정을 충족하려면 차량과 통신할 수 있는 장치가 필요하다. 이런 두 가지 구성 요소는 케이블 일체형 컨트롤 박스ICCB. In-Cable Control Box에 통합돼 있다.

그림 6-10 배터리 교체

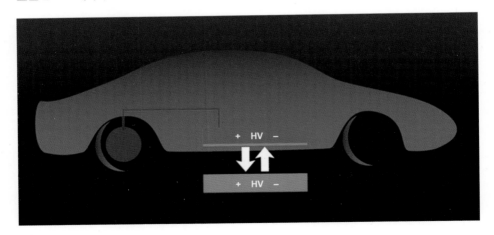

모드 3는 AC 충전소에서 충전할 때 사용한다. 충전 장치는 충전소의 구성 요소이며 안전 보호 장치를 포함한다. 충전소는 PWM 통신, 잔류 전류 장치, 과전류 보호, 차단 및 특정 충전 소켓을 갖추도록 규정한다. 모드 3에서는 차량을 최대 63A로 3상 충전한다. 이 경우, 최대 43.5kW의 충전 전력을 공급할 수 있다. 이때, 충전식 배터리의

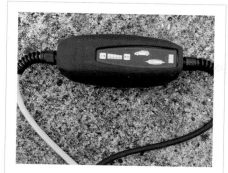

그림 6-11 케이블 일체형 컨트롤 박스(ICCB)

용량과 충전 상태에 따라 1시간 이내에도 충전할 수 있다.

모드 4는 DC 충전소에서 사용한다. 충전 장치는 충전소의 구성 요소이며 안전 보호 장치를 포함한다. 모드 4를 이용하면 차량을 플러그 앤 소켓 시스템 2개로 충전할 수 있으며, 두 시스템은 모두 타입 2 플러그 형상을 기반으로 한다. '복합 충전 시스템'은 200A 및 최대 170kW 충전 전력에 연결되는 추가 DC 접점을 2개 가지고 있다. 다른 옵션으로는 더 낮은 용량의 플러그와 소켓으로(타입 2 설계를 적용) 80A 및 최대 38kW까지 충전할 수 있다. 이런 표준은 호환성뿐만 아니라 안전성과 사용 편의성을 개선하기 위해 계속 검토되고 변경된다.

핵심 체크

• 현재 AC 충전소에서 이용하는 모드 3가 가장 널리 쓰인다.

통신 시스템

기본 통신에 대해 알아보자. 안전 점검을 거친 후에는 충전 전류의 제한 한계가 결정된다. 충전 과정이 시작되기 전부터 충전 모드 2, 3, 4에서는 제어 파일럿

CP. Control Pilot 라인이라고 불리는 연결을 통해 차량과 PWM 통신이 이뤄진다. 이 라인을 거쳐 여러 파라미터가 전달되고 조정된다. 모든 보안 쿼리query가 규격과 명확하게 일치하고, 최대 허용 충전 전류가 전달됐을 때만 충전된다. 충전 전에 다음과 같은 테스트 과정을 항상 실행한다.

1. 충전소는 인프라의 측면 충전 커플러coupler를 잠근다.
2. 차량이 충전 커플러를 잠근 후, 충전을 요청한다.
3. 충전소(모드 2에서는 충전 케이블의 제어 장치)는 보호 도체와 차량이 연결됐음을 확인하고 공급 가능한 충전 전류를 보낸다.
4. 차량이 그에 따라 충전기를 세팅한다.

다른 모든 전제조건이 충족되면 충전소는 충전 소켓의 스위치를 켠다. 충전 과정이 진행되는 동안 보호 도체는 PWM 연결을 통해 모니터링된다. 차량은 충전소에 의해 전압 공급이 차단될 수 있다. 충전이 종료되면 플러그와 소켓은 스톱 장치(차량 내)를 통해 잠금 해제된다.

충전 전류 제한이 일어나는 경우가 있다. 차량에 설치된 충전 장치가 충전 전 과정을 통제하는데, 차량 충전 장치는 충전소 또는 충전 케이블의 용량 과부하를 방지하기 위해 시스템의 전력 데이터를 파악해 이와 일치하도록 조절한다. CP 박스는 케이블을 통해 케이블 전력 데이터를 읽는다. 충전 과정이 시작되기 전에 CP 박스가 PWM 신호를 이용해 전력 데이터를 차량에 전달하면, 차량의 충전 장치는 그에 따라 충전 과정을 조절한다. 이 과정을 거치면, 과부하 상황이 발생할 가능성을 없애고 충전을 시작할 수 있다.

충전 과정 중에 가장 약한 연결부가 최대 충전 전류량을 결정한다. 즉 충

핵심 체크

• 충전 인프라 측의 플러그가 차량과 완전히 연결되고, 플러그끼리 잠긴 상태에서 보호 도체가 올바르게 연결됐는지를 시스템이 감지한 경우에만 전압이 켜진다.

전기의 충전 전류량은 충전소의 전력과 충전 케이블 플러그의 저항값에 따라 결정된다는 뜻이다.

EU 시스템

충전 커플러는 통신 및 안전장치 덕분에 셔터가 필요하지 않다. 일부 유럽 국가에서는 가정용 커플러를 위한 국가 표준을 전기 자동차 충전용 커플러에 적용한다. 메네크스는 타입 2에 쓸 부가 장치를 개발했다. 따라서 타입 2 소켓에 셔터를 장착할 수 있는 모듈식 시스템이 생산됐다. 이런 요구 사항이 규정돼 있지 않은 국가에서는 셔터를 생략한 채 생산한다. 그러므로 타입 2는 유럽 전체를 위한 솔루션이라고 할 수 있다.

충전 플러그

타입 1은 일본에서 차량 측면 충전 연결 전용으로 개발한 단상 충전 플러그다. 최대 충전 전력은 230V AC에서 7.4kW다. 타입 1은 3상이 기본인 유럽의 전력망에서 적용할 가능성이 낮다. 이 플러그는 SAE J1772 표준에 의해 규정되며 J 플러그라고도 한다. 이 플러그가 북미에서는 표준 플러그다.

CHAdeMO는 CHARGE de MODE의 약자로, 2010년에 개발됐다. 현재 최대 62.5kW(최대 500V DC에서 125A)까지 공급할 수 있으며, 이를 400kW까지 늘릴 계획이다. 하지만 기존 CHAdeMO 충전기는 대부분 50kW 이하다.

복합 충전 시스템CCS은 콤보 1과 콤보 2 커넥터를 사용해 최대 80kW 또는

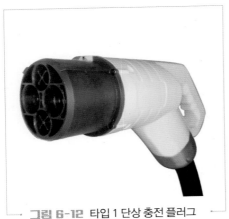

그림 6-12 타입 1 단상 충전 플러그
(미국에서는 J 플러그로 알려져 있음)

그림 6-13 CCS 콤보 타입 1

350kW로 전기 자동차를 충전할 수 있다. 두 커넥터는 타입 1과 타입 2 커넥터가 확장된 형태로, 고출력 DC 급속 충전을 가능케 하는 DC 접점이 2개 추가됐다. CCS는 지리적 위치에 따라 타입 1과 타입 2 커넥터를 선별적으로 사용할 수 있게 해서 AC 충전이 가능하다. 2014년부터 EU는 유럽 전기 자동차 네트워크 안에서 타입 2 또는 콤보 2를 사용하도록 요구했다.

2019년 테슬라는 유럽에서 모델3에 CCS 콤보 2 플러그를 쓰고, 모델S와 모델X에는 어댑터가 장착돼 출시된다고 발표했다.

테슬라가 현재 유럽에서 사용하는 플러그는 기본적으로 메네크스 커넥터를 기반으로 한다. 이 플러그는 CCS 콤보 2 플러그와 상단 부분 동일하다. 현재 테슬라의 슈퍼차저 네트워크가 이 플러그를 사용할 수 있도록 업데이트되고 있다. 기존에 사용하던 타입 2 플러그가 CCS 타입 2의 상단부에 맞는 것처럼 보이나 이것으로 테슬라를 충전할 수는 없다.

그림 6-14 테슬라 모델3의 CCS 콤보 타입 2 충전 포트(출처: 테슬라)

V2G 기술

V2G Vehicle-to-grid 시스템은 양방향 전력을 사용한다. 전력망에서 차량으로 전력이 이동하는 일반적인 경우는 물론이고 차량에서 전력망으로 전력이 이동할 수도 있다. 이 시스템이 대중화되면 가정이나 사업장의 백업 전원으로 자동차 배터리를 사용할 수 있다. 자동차가 태양 전지판이나 풍력 발전과 같은 재생가능 에너지원으로 충전한다면, 차량의 전력을 전력망으로 다시 반환하는 일은 생태학적으로 유익할 것이다. 전력망의 수요 변동을 안정화하는 데도 이상적인 방법이다. 많은 차량이 동시에 급속 충전을 할 때 발생할 일시적인 전류 급상승을 관리해야 한다는 점이 잠재적 문제다. V2G와 관련한 아이디어는 현재 현실과 거리가 있지만, 이 기술을 활용한 '스마트 그리드' 개념의 실현은 아주 먼 미래의 일이 아니다.

V2G 기술을 실현하는 데 걸림돌 중 하나는 배터리 보증 기한이다. 대부분 배

터리 제조업체는 정해진 시간(몇 년) 동
안 배터리를 보증하지만, 사용량에 제
한이 있다는 단서가 있다. 이런 제한의
배경이 되는 원리는 '전하(쿨롱)는 들어

온 만큼 나간다.'이다. 쿨롱c은 전하를 나타내는 SI 단위다. 1C은 1A의 정전류에
의해 1초 동안 전달되는 전하량q을 의미한다.

무선 전력 전송

기술 현황에 대해

운행 거리에 대한 불안은 전기 자동차 대중화에 큰 걸림돌이다. 반면 무선 전력 전송WPT. Wireless Power Transfer은 중량이나 비용에 큰 영향을 미치지 않고도 전기 자동차의 운행 거리를 늘리는 수단이다. WPT는 무선으로 전기 자동차의 배터리를 충전하는 혁신적인 시스템이다. 여기에는 다음과 같은 세 가지 범주가 있다.

- 정적 WPT : 차량이 주차한 상태이고, 차량 내에 운전자가 없음
- 준동적 WPT : 차량이 정지한 상태이고, 차량 내에 운전자가 있음
- 동적 WPT : 차량이 이동 중인 상태

WPT 전력 클래스(SAE J2954)에는 세 가지가 있다. 바로 저부하 홈(3.6kW), 저부하 고속 충전(19.2kW), 고부하(200~250kW)다.

정적 충전 모드에서는 주차 차량(일반적으로 승객이 탑승하지 않음)으로 전기 에너지가 전달된다. 에너지가 충분히 효율적으로 전달되려면 허용된 공차 범위 내에서 1차 및 2차 코일이 기하학적인 정렬을 유지하는 것이 중요하다.

그림 6-15 WPT 원리

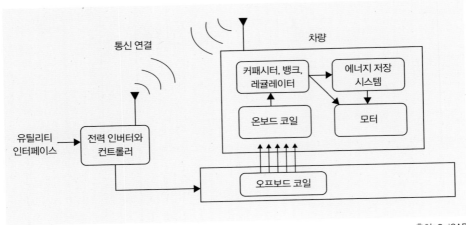

출처: CuiCAR

　준동적 무선 충전 모드의 경우, 제한된 길이의 도로변 1차 코일 시스템으로부터 천천히 움직이는 차량 혹은 정지와 운행을 반복하는 차량(승객 동승)으로 전기에너지가 전달된다.

　동적 무선 충전 모드에서는 고전력의 1차 코일 시스템이 설치된 특수 주행 차선을 차량이 중속에서 고속으로 이동할 때, 2차 코일로 전기 에너지가 전달된다.

정적 WPT

　인덕션 패드 위에 전기 자동차를 주차하면 자동으로 충전된다. WPT에서는 충전 전극이나 케이블이 필요하지 않다. 단일 온보드 장치로도 각기 다른 충전 속도에 대응할 수 있으며, 충전 속도 또는 그에 상응하는 충전 요금을 차량 내부에서 설정할 수 있다. 눈에 보이는 배선이나 연결부가 없으며 포장도로에 매립된 충전 패드와 차량에 통합된 패드만 있으면 된다.

이 시스템은 극한 온도를 포함해 물에 잠겨 있거나 얼음과 눈으로 덮여 있는 등 다양한 악천후 환경에서도 작동하거

나 콘크리트 안에 내장할 수도 있다. 또한 먼지나 화학물질의 영향을 받지 않는다. WPT 시스템은 도시용 소형 자동차에서 화물차와 버스에 이르기까지 도로에서 움직이는 모든 차량에 전원을 공급하도록 구성 요소를 디자인할 수 있다.

haloIPT라는 회사는 특정 주파수(일반적으로 20~100kHz 범위)에서 원래 전원과는 전기적으로 격리된 IPT 유도 전력 전송 패드를 통과하면 전력이 자기적으로 연결되는 기술을 개발했다. 이 시스템의 개념을 **그림 6-17**에서 설명했다. 해당 시스템은 두 요소로 구성된다. 트랙을 포함한 1차 측면 전원 공급 장치와 컨트롤러를 포함한 2차 측면 픽업 패드가 그것이다.

그림 6-16 정적 유도 무선 충전 시스템

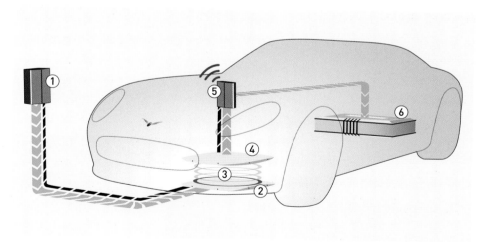

① 전원 공급 장치, ② 트랜스미터 패드, ③ 무선 전력 및 데이터 전송, ④ 리시버 패드, ⑤ 시스템 컨트롤러, ⑥ 배터리
(출처: haloIPT)

그림 6-17 무선 IPT 충전 시스템 개념도

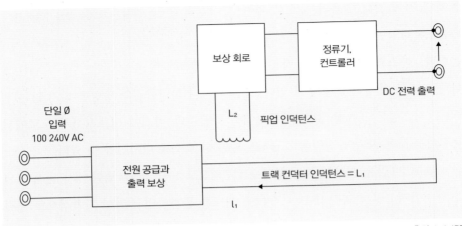

보상 회로

정류기, 컨트롤러

DC 전력 출력

L_2 픽업 인덕턴스

단일 Ø 입력 100 240V AC

전원 공급과 출력 보상

트랙 컨덕터 인덕턴스 = L_1

l_1

출처: haloIPT

이 전원 공급 장치는 주전력망으로부터 공급된 전력을 코일 덩어리에 전달해 5~125A 범위의 전류를 흐르게 한다. 코일은 유도성이므로 공급 회로의 작동 전압과 전류를 줄이려면 직렬 또는 병렬 커패시터를 사용해 이를 보상해야 한다. 또한 이런 커패시터를 사용하면 적절한 역률을 확보할 수 있다.

픽업 코일은 1차 코일과 자기적으로 연결된다. 전력 전달은 직렬 또는 병렬 커패시터로 픽업 코일의 주파수를 1차 코일의 작동 주파수에 맞춰서 이뤄진다. 전력 전달은 스위치 모드 컨트롤러로 제어할 수 있다.

단상 무선 충전기의 블록 다이어그램은 **그림 6-18**과 같다. 주전력망에서 공급받은 전력은 풀 브리지 정류기에 이은 소형 DC 커패시터로 정류한다. 커패시터를 작게 유지하면 전체 역률에 도움이 되며, 최소의 과전류로 시스템을 빠르게 시작할 수 있다. 인버터는 튜닝한 1차 패드에 20kHz의 전류(전원)를 공

용어 설명

• 역률: 0과 1 사이의 숫자 또는 백분율로 표현되는 실제 전력의 비율이다.

• 실제 전력: 특정 시간에 작업을 수행하기 위한 회로의 용량

• 겉보기 전력: 회로의 전류와 전압을 곱한 값

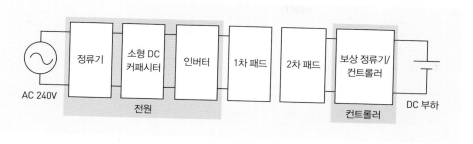

그림 6-18 IPT(WPT) 시스템 구성 요소

출처: haloIPT

급하려고 H 브리지H-bridge로 구성된다. 20kHz 전류는 소형 DC 버스 커패시터 때문에 100Hz/120Hz의 주파수 범

용어 설명

• 인버터: DC를 AC로 변환하는 전기 장치

위를 가진다. 전력은 2차 튜닝한 패드에 연결돼 전달된다. 그런 다음 정류 과정을 거쳐 차량과 해당 배터리에 적합한 DC 출력 전압으로 제어된다. 주파수를 변경하려면 전원을 AC에서 DC로, 그리고 다시 AC로 변환해야 한다.

이 시스템에는 다음과 같은 하드웨어 구성 요소가 있다.

1. 고주파수 발전기 또는 전원 공급 장치
2. 자기 커플링 시스템 또는 송신기/수신기 패드
3. 픽업 컨트롤러/보상 회로

고주파수 발전기는 주전력망의 전압 입력(50/60Hz에서 240V AC)으로 고주파 전류(20kHz 초과)를 생성한다. 출력 전류는 통제되고 발전기는 부하 없이 작동할 수 있다. 발전기의 효율은 2kW에서 94% 이상으로 높은 편에 속한다. 발전기는 다음과 같이 구성된다.

- 주 필터(EMI 감소용)

- 정류기

- DC를 고주파로 변환하는 브리지(MOSFET)

- 결합 절연 변압기/AC 인덕터

- 튜닝 커패시터(주파수 및 출력 전류에 따라 다름)

- 제어 전자장치(마이크로 컨트롤러, 디지털 로직, 피드백 및 보호 회로)

최신 송신기/수신기 패드의 설계와 구조는 구형 패드 구성와 비교해 여러 중요한 점을 개선했다. 이 덕분에 동일한 전력을 전달하면서도 분리 기준

으로 더 우수한 커플링, 더 낮은 중량, 더 작은 설치 공간과 같은 이점이 생겼다. 패드 사이에 최대 400mm의 갭이 있는 상황에서도 전력을 연결(커플링)할 수 있다. 커플링 회로는 보정 커패시터를 추가하면서 튜닝한다.

픽업 컨트롤러는 수신기 패드로부터 전원을 공급받아 제어된 전력을 배터리에 제공한다.(일반적으로 250~400V DC) 부하 및 패드 간의 분리 간격과 무관하게 일정 출력을 제공하기 위해서는 컨트롤러가 필요하다. 컨트롤러가 없는 경우에 간극이 줄어들면 전압이 상승하고, 부하 전류가 증가하면 전압은 하락한다.

동적 WPT

여러 면에서 비논리적인 것처럼 보이지만, 도로를 주행하는 전기 자동차를 무선으로 충전한다는 개념은 실

제로 가능할 뿐만 아니라 이미 여러 국가에서 시험하고 있다. 원리는 기본적으로 정적 무선 충전 방식과 같지만 실제로는 훨씬 더 복잡하다. 이 기술이 풀어야 할 당면 과제는 다음과 같다.

- 에너지 코일의 동기화(전력 전달의 타이밍)
- 허용 전력의 수준
- 차량 얼라인먼트
- 허용 속도 프로파일profile
- 차량 여러 대를 동시에 충전할 수 있는 차선

이 기술과 관련해 많은 타당성 조사와 시험이 진행 중이며 가까운 시일 내에 이 시스템을 이용할 수 있을 것으로 예상된다. **그림 6-19**는 동적 WPT의 원리를 보여준다.

향후 무선 충전과 함께 운전자 어시스턴스 시스템이 큰 역할을 할 것이다. 정적 무선 충전의 경우, 차량이 자동으로 주차됨과 동시에 1차·2차 코일이 완벽하게 정렬되도록 시스템을 개발해야 한다. 준동적/동적 무선 충전 시스템은 차량 속도와 수평·수직 정렬을 동적 크루즈 컨트롤과 차선 지원을 이용해 자동으로 조절할 수 있어야 한다. 이런 식으로 코일 시스템을 이용해 에너지 전달을 동기화하면 에너지 전달 효율을 높일 수 있다.

전력망과 차량 제어 시스템이 표준 제어 명령을 실시간으로 교환하려면 통신이 필수다. 안전을 위해 다른 차선의 차량과 충전 차선의 메인 코일 시스템을 이용 중인 사용자를 실시간으로 모니터링해야 한다.

이 같은 작업을 짧은 시간 안에 처리하는 무선 통신 기술에는 전용 단거

핵심 체크
- 향후 무선 충전과 함께 운전자 어시스턴스 시스템이 큰 역할을 할 것이다.

그림 6-19 동적 무선 충전의 원리. RSU(Road Side Unit)는 도로변 장치다.

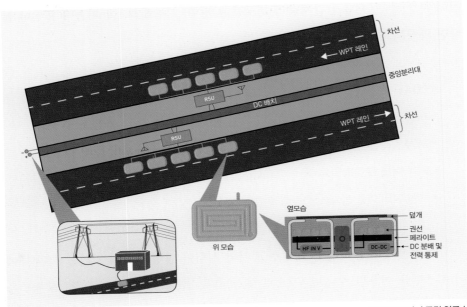

출처: 오크리지 국립 연구소

그림 6-20 동적 WPT에는 통신이 필수다.

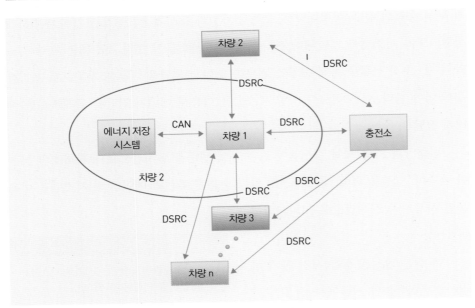

리 통신(IEEE 802.11p)이 사용될 가능성이 크다. 활성 충전 구역의 1차 코일과 2차 코일 사이에는 강력한 전자기장이 존재한다. 따라서 국제 표준을 준수해서 사람들의 안전을 보장해야 한다.

BMW의 무선 충전 시스템

BMW가 선보인 무선 충전 시스템은 휴대 전화나 전동 칫솔과 같은 장치에 널리 사용되는 것과 동일한 유도 충전 기술을 사용한다. 이 시스템의 주요 이점은 운전자가 충전 케이블을 연결할 필요가 없어서 사용이 편리하다는 것이다. 차량을 충전 스테이션의 올바른 위치에 주차한 후, Stop/Start 버튼을 누르면 충전이 시작된다. 배터리가 완전히 충전되면 시스템이 자동으로 꺼진다.

그림 6-21 충전 스테이션(출처: BMW 미디어)

그림 6-22 차량을 정확한 위치에 놓는 게 중요하다.(출처: BMW 미디어)

그림 6-23 BMW 무선 충전 시스템(출처: BMW 미디어)

주전력망 공급 장치에서 받은 에너지는 케이블이 없는 그라운드 패드Ground Pad를 거쳐 차량의 고전압 배터리로 (무선으로) 전달된다. 참고로 이 시스템은 차고에도 설치할 수 있다. 이때 운전자의 추가 조종 없이도 차량이 제자리에 주차되는 즉시 충전이 시작된다.

BMW는 내연기관 자동차에 연료를 재충전하는 것보다 더 간편하게 전기 자동차의 배터리를 충전할 수 있는 인프라를 구축하려고 노력 중이다.

BMW 무선 충전 시스템은 충전 스테이션과 차량 사이를 Wi-Fi로 연결해 운전자가 차량을 올바른 주차 위치로 움직일 수 있도록 도와준다. 차량 및 주변 환경을 보여주는 오버헤드 뷰가 센터 컨트롤 디스플레이에 표시된다. 화면에 표시된 라인을 따라 움직이면 올바른 위치로 이동할 수 있다. 유도 충전을 할 수 있는 주차 위치에 차량이 도달하면 아이콘이 화면에 나타난다. 이 경우, 차량의 길이 방향으로 최대 7cm, 폭 방향으로 최대 14cm까지는 최적 위치에서 벗어나도 무방하다. 전기가 통하는 모든 부품은 눈비로부터 보호되며, 접지 패드 위에 차를 놓아도 손상되지 않는다.

BMW 무선 충전 시스템은 차량 하부에 고정된 유도 충전 스테이션Ground Pad과 차량 구성 요소Car Pad로 이뤄진다. 그라운드 패드와 카 패드 사이에서 비접촉식 에너지 전달이 이뤄지는데, 이때 두 패드 사이의 거리는 약 7.5cm다. 그라운드 패드는 자기장을 형성한다. 그러면 카 패드에서 전압이 유도돼 전류가 흐르고, 이에 따라 고전압 배터리가 충전된다.

충전 중에는 전자기장의 방출이 차량 하부 차체로 한정된다. 그라운드 패드는 계속 모니터링되며 이물질이 감지되면 꺼진다. 인증을 통과한 유도 충전 시스템은 이물질이나 생명체를 감지하는 기능이 있다. 차량과 접지 패드 사이에서 무언가가 감지되면 충전 작업이 중단된다. 이 시스템은 3.7kW의 충전 전력을 갖추고 있다. 따라서 BMW 530ei 퍼포먼스에 탑재된 고전압 배터리를 약 3시간 반 만에 완전히 충전할 수 있다. 이때 시스템의 효율성은 약 85%다.

7

전기 자동차 작업에
필요한 도구 및 위험 관리

일반적인 안전 대책

안전을 위한 두 가지 규칙

모든 자동차 시스템을 다룰 때 안전하게 작업하는 것이 가장 중요하다. 이는 자신의 안전뿐만 아니라 타인의 안전을 위해서도 필요하다. 특히 고전압 시스템을 대상으로 작업할 때는 자신이 무엇을 하고 있는지 알아야 한다. 안전하려면 두 가지 규칙만 따르면 된다.

- 상식을 따르라.(장난을 치지 말라.)
- 확신이 없으면, 도움을 청하라.

다음에는 전기 또는 전기 시스템을 다룰 때 접하는 특정 위험에 대해 논하도록 하겠다. 동시에 작업 시 위험을 줄이기 위한 방법도 함께 설명한다. 위험도 평가라고 알려진 방법을 사용할 것이다.

용어 설명
•위험도 평가: 작업 또는 사업장에서 발생할 수 있는 잠재적 위험을 평가하는 체계적인 프로세스.

안전 문제에 관하여

전기 자동차(순수 전기 자동차 또는 하이브리드)는 고전압 배터리를 사용한다. 이로 인해 매우 짧은 시간 내에 에너지가 구동 모터에 전달되고, 다시 에너지가 배터리 팩으로 돌아올 수 있다. 예를 들어 혼다 인사이트 시스템은 144V 배터리 모듈을 사용해 회생된 에너지를 저장한다. 토요타 프리우스는 처음에는 273.6V 배터리 팩을 사용했으나 2004년에 201.6V 배터리 팩으로 바뀌었다. 현재 400V 전압은 일반적인 편이고 최대 700V까지 사용되고 있다. 따라서 이런 고전압 차량을 대상으로 작업할 때는 반드시 전기 안전 문제가 존재한다.

전기 자동차용 배터리와 모터는 전기 및 자기 포텐셜이 높아 올바르게 취급하지 않으면 심각한 부상을 입거나 사망에까지 이를 수 있다. 제조업체가 표시한 모든 경고와 권장 안전 조치

> ### 핵심 체크
> - 전기 자동차용 배터리와 모터는 전기 및 자기 포텐셜이 높아 올바르게 취급하지 않으면 심각한 부상을 입거나 사망에까지 이를 수 있다.

⌐ 그림 7-1 볼보 하이브리드 차량(출처: 볼보 미디어)

그림 7-2 혼다 배터리 팩(결합된 전원 유닛)

그림 7-3 모터 전원 연결

는 물론이고 이 책에서 따로 다루는 사항에도 반드시 유의해야 한다. 심박 조절기 또는 다른 전자 의료기기를 몸에 지닌 사람은 높은 자기장 때문에 위험할 수 있으므로 EV 모터를 작업해서는 안 된다. 또한 정맥 인슐린 주사기나 인슐린 측정기와 같은 다른 의료기기도 영향을 받을 수 있다.

고전압 부품 대부분은 전원 유닛에 결합한다. 이것은 종종 뒷좌석 후면이나 트렁크 플로어(테슬라에서는 전체 바닥) 아래에 위치한다. 전원 유닛의 경우, 금속 상자 안에 있고 볼트로 완전히 잠겨 있는 상태다. 배터리 모듈 스위치는 전원 유닛 위에 위치한 작은 보안 커버 아래에 있다. 전기 모터는 엔진과 변속기 사이에 위치하거나 하이브리드 또는 순수 전기 자동차의 경우 변속기의 일부로 합쳐져 있다. 주구동 부품인 것이다. 몇몇 차량의 경우 휠 모터를 사용하기도 한다.

전기 에너지는 굵은 오렌지색 와이어를 통해 모터로 전달되거나 모터에서 나온다. 와이어를 분리해야 하는 경우, 먼저 고전압 시스템의 스위치를 끄거나 전원을 차단하라. 이렇게 하면 고전압 시스템이 유발하는 감전 또는 단락 위험을 방지할 수 있다.

핵심 체크

- 고전압 와이어는 오렌지색이다.
- 항상 제조사의 지침을 따라야 한다. 여기서 모든 종류의 지침을 다 열거할 수는 없다.

전문가 등록 제도

IMI TechSafe™ 전문가 등록 제도는 차량을 안전하게 수리하려는 목적으로 자동차 부품과 기술자를 인증하려고 만들었다. 영국을 대상으로 만들어졌지만, 국제적으로 통용될 수 있다. 이 시스템에 등록하려면 정비사가 특정 자격증(예: 전기/하이브리드 차량 레벨 2, 3, 4)을 취득해야 한다. 또한 IMI 전문가 등록부에 가입한 후에도 계속 해당 역량을 유지하기 위해 지정된 연간 교육 과정을 완료해야 한다. 전기 작업 규정 1989[1](영국)에는 고전압 차량 작업에 적용되는 부분이 몇 가지 있다.[2] 핵심 내용은 다음과 같다.

규정 3(1)(a)는 명시하고 있다: "모든 (a) 고용주 및 자영업자는 자신이 통제할 수 있는 문제와 관련된다면 이 규정의 조항을 준수하는 것이 의무"라고 명시한다. 3(2)(b)는 종업원에 대한 의무를 반복해 규정하고 있다.

규정 16에는 다음과 같이 명시돼 있다: "위험이나 부상을 예방하기 위한 기술적 지식이나 경험이 필요하거나, 업무의 성격과 관련해 적절한 수준의 감독을 받고 있지 않는 한, 어떤 사람도 해당 작업 활동에 종사할 수 없다."

규정 29에는 다음과 같이 명시돼 있다: "규정 4(4), 5, 8, 9, 10, 11, 12, 13, 14, 15, 16 또는 25의 위반에 대한 모든 소송 절차에서, 모든 합리적인 조치를 취했고 위반을 피하기 위해 모든 주의를 기울였다는 것이 증명되면 좋은 방어 수단이 될 것이다."

그림 7-4 IMI TechSafe 절차

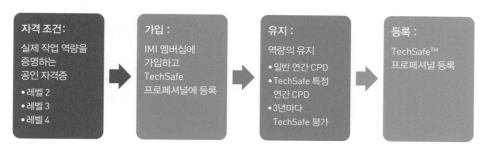

전기 자동차를 다루는 고전압 작업자는 반드시 해당 역량을 갖추고 있어야 한다는 법적 요건이 있다. IMI 과정을 마치면 이 요건을 완전히 충족한다.(전기 작업 규정 1989) ADAS와 다른 영역들도 비슷한 방식으로 충족할 수 있을 것이다. 기술 안전이란 기술자의 안전과 함께 사용자의 안전도 포함하는 개념이다.[3]

그림 7-5 IMI TechSafe 로고

일반 안전 지침

유지 보수 전

- 시동 스위치를 끄고 키를 제거하라.
- 배터리 모듈 스위치를 끄거나 시스템 전원을 차단하라.
- 시스템을 유지 보수하기 전에 5분은 기다려라. 모든 저장 커패시터capacitor를 방전시키기 위해서다.

유지 보수 중

- 항상 절연 장갑을 착용한다.
- 고전압 시스템을 정비할 때는 항상 절연 공구를 사용하라. 이런 예방 조치를 통해 돌발적인 합선을 방지할 수 있다.

그림 7-6 고전압 배터리 스위치

유지 보수의 중단

일부 고전압 부품의 커버가 벗겨져 있거나 부품이 분해된 상태에서 유지 보수 작업을 중단해야 하는 경우라면 다음을 확인하라.

- 시동 스위치를 끄고 키를 제거한다.
- 배터리 모듈 스위치를 끈다.
- 훈련받지 않은 사람이 해당 영역에 접근할 수 없도록 하고, 의도치 않게 부품을 만지지 못하도록 한다.

유지 보수 후

수리가 완료된 후 스위치를 켜거나 배터리 모듈에 다시 전원을 공급하기 전에 다음 사항을 확인하라.

그림 7-7 고전압 케이블은 오렌지색이다.

- 모든 단자가 지정된 토크 값으로 조여져 있어야 한다.

- 고전압 와이어 또는 단자가 손상되거나 본체에 접촉되지 않아야 한다.

- 분해한 각 고전압 부품의 단자와 차량 본체 사이의 절연 저항을 점검한다.

전기 및 하이브리드 차량에 대한 작업은 앞서 설명한 안전 지침과 제조업체의 지침을 따른다면 위험하지 않다. 작업을 시작하기 전에 항상 최신 정보를 확인하고, 무모한 짓은 하지 말아야 한다. 감전사는 심각한 사고다.

> **핵심 체크**
>
> • 전기 자동차는(영국 기준) 현재 도로에서 운행되고 있는 다른 차량과 동일한 기준에 의거해 테스트한다. 2011년 2월 최초의 순수 전기 자동차가 유로 NCAP 시험을 통과했다.

보행자 안전

정숙성은 전기 자동차가 가진 장점이지만, 저속 주행을 할 때 시각 장애인과 청각 장애인에게 위험이 될 수 있다. 차량 속도가 최대 24km/h라면 해당 차량을 본 보행자에게 피할 수 있는 시간적 여유가 있다. 그러나 연구 결과에 따르면 속도가 19.9km/h를 초과해야 타이어 소음이 보행자에게 차량의 존재를 경고할 수준으로 커진다.

일반 위험 및 위험의 감소

표 7-1에는 차량 작업과 관련한 위험 요소가 나열돼 있다. 하지만 이 표는 절대적인 것이 아니라 단지 참고할 만한 기준일 뿐이다.

표 7-1 위험 항목과 감소 대책

확인된 위험 항목	감소 대책
감전 1	EV 작업 시 감전 가능성이 많고, 다루는 전압이 높기 때문에 그만큼 위험 수준이 높다. 자세한 내용은 262쪽을 참고한다.
감전 2	점화 HT는 내연기관 차량에서 작업할 때 감전 사고가 발생할 가능성이 가장 높은 곳이다. 40,000V까지 올라가는 것이 보통이다. 엔진이 작동 중인 상태에서 HT 회로를 작업할 일이 있다면 절연 공구를 사용하라. 또한 전원이 꺼지더라도 권선을 포함한 회로에는 고전압이 존재한다는 점에 유의해야 한다. 후방 EMF 때문이다. 이런 경우 전압은 수백 볼트까지 올라가는 것이 일반적이다. 전원 장치를 다루는 공구와 리드는 양호한 상태여야 하며, 접지 누출 트립을 사용하는 것을 적극 권장한다. 고전압 시스템에 대해 교육을 받은 경우에만 HEV 및 EV 차량을 작업하라.
배터리 산	황산은 부식성이 있으므로 항상 안전한 개인 보호 장비를 사용해야 한다. 이 경우 오버올 작업복을 입어야 하고 필요한 경우 고무장갑을 착용한다. 배터리 작업을 많이 하는 경우, 고글과 함께 작업용 고무 앞치마를 착용하는 것이 좋다.
차량을 들어 올리는 것	차량을 잭 또는 드라이브온 리프트를 이용해 들어 올릴 때, 브레이크를 채우고 휠을 쐐기로 고정한다. 상당히 견고한 섀시 및 서스펜션 구조를 갖춘 경우에만 잭을 사용할 수 있다. 잭을 사용하지 못할 상황이라면 액슬 스탠드를 사용하라.
엔진 가동	헐렁한 옷을 입지 말아라. 오버올 작업복이 가장 좋다. 다른 사람이 시동을 걸지 못하도록 엔진 작업을 할 때는 자동차 열쇠를 직접 소지하고 있어야 한다. 구동 벨트 근처에서 작업할 경우 특히 주의하라.
배기가스	엔진이 실내에서 작동 중인 경우, 적절한 환기 시설을 사용한다. 당신을 병들게 하거나 심지어 죽게 할 수 있는 것은 일산화탄소만이 아니라는 점을 기억하라. 다른 배기가스 성분도 천식과 암을 유발할 수 있다.
중량물을 들 때	들기 쉬운 것만 들어 올려라. 필요한 경우 도움을 요청하거나 리프팅 장비를 사용하라. 너무 무겁다고 느껴지면 혼자서 들지 말라!
합선	테스트 시 합선으로 인한 손상을 방지하기 위해 인라인 퓨즈가 있는 점프 리드를 사용하라. 합선 위험이 있다면 배터리를 분리하라. (접지 리드를 가장 먼저 분리하고 가장 마지막에 연결하라.) 차량 배터리로부터 매우 높은 전류가 흐를 수 있다. 이는 당신은 물론이고 차량까지 불태울 수 있다.
화재	차량에서 작업할 때는 담배를 피우지 말라. 연료 누출은 즉시 조치해야 한다. 점화 3요소를 기억하라. 열, 연료, 산소. 세 가지 요소가 한꺼번에 모이지 않도록 하라.
피부 문제	좋은 배리어 크림 또는 라텍스 장갑을 사용하라. 피부와 옷을 규칙적으로 씻어라.

고전압과 관련한
안전 예방 조치

감전 사고의 위험성

이제 고전압과 저전압, AC와 DC
의 차이에 대해서도 살펴보자. 전기 차
량에 사용되는 전압(AC 또는 DC)은 사
람을 사망에 이르게 할 수 있고, 감전

핵심 체크

• 표준 12V 또는 24V보다 큰 전기 회로는 건
드리지 말라.

사망 사고는 오래전부터 발생해왔으며, 계속해 발생할 것이다.

모든 안전 절차를 따르라. 그리고 우리에게 익숙한 표준 12V 또는 24V보다
큰 전기 회로는 건드리지 말라. 그러면 일단 최소한의 안전은 확보될 것이다.

저전압과 고전압의 차이

저전압은 상대적인 용어이다. 상황에 따라 그 정의가 달라지기 때문이다. 예
를 들어 전력 송전 및 배전, 전자 산업에서 서로 다른 정의가 사용된다. 전기 안전
규정에서는 높은 전압에서 요구되는 보호 의무에서 면제되는 전압을 저전압 회로

로 정의한다. 이러한 정의는 국가 및 특정 규정에 따라 다르다. 국제전기기술위원회 IEC, International Electrotechnical Commission는 **표 7-2**와 같이 전압을 정의한다.

표 7-2 IEC가 정의한 전압

IEC 전압 범위	AC	DC	위험
고전압(전력 공급 시스템)	>1000 Vrms*	>1500 V	전기 아크
저전압(전력 공급 시스템)	50~1000 Vrms	120~1500 V	전기 아크
초저전압(전력 공급 시스템)	<50 Vrms	<120 V	위험도 낮음

*근평균제곱(rms, root mean square)은 AC 전류와 같이 지속적으로 변하는 값의 특성이다. 이것은 동일 저항에서 동일 전력을 소모하는 DC 값과 실질적으로 같은 값을 의미한다.

다시 한번 말하지만, 전기 차량에 사용하는 전압은 사람을 사망에 이르게 할 수 있고, 감전사는 오래전부터 발생해왔으며, 계속 발생할 것이다.

전기 자동차의 경우 고전압은 다음과 같이 정의된다.(근거는 UN document: Addendum 99: Regulation No. 100 Revision 2, section 2.17) 전기 부품이나 전기 회로의 작동 전압이 60V보

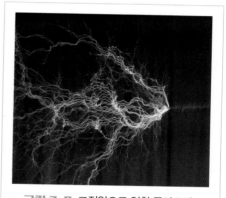

그림 7-8 고전압으로 인한 플라스마

다 크고 1,500V 이하일 때(DC), 또는 30V보다 크고 1,000V 이하일 때(AC root mean square) 고전압이라고 분류한다.

개인 보호 장비

고전압 시스템을 작업할 때는 일
반적인 자동차 작업용 개인 보호 장비
PPE. Personal Protective Equipment 외에 다음
과 같은 장비를 권장한다.

- 비전도성 고정 장치가 있는 오버올 작업복
- 전기 안전 장갑
- 보호 신발, 고무 밑창, 비금속 보호 토캡
- 고글(필요한 경우)

개인 보호 장비는 EV 작업에 필수적이다. 전기 안전 장갑은 차단할 수 있는
전압 수준에 따라 분류한다. EV 작업에 적합한 장갑의 전압 분류는 다음과 같다.

- Class 00: 최대 사용 전압은 500V AC/750V DC이며, 2,500V AC/10,000V DC에서
  테스트를 통과해야 한다.
- Class 0: 최대 사용 전압은 1,000V AC/1,500V DC이며, 5,000V AC/20,000V DC에
  서 테스트를 통과해야 한다.
- Class 1: 최대 사용 전압은 7,500V AC/11,250V DC이며, 10,000V AC/40,000V DC
  에서 테스트를 통과해야 한다.

Class 00에 해당하는 전기 안전 장갑도 괜찮지만, 전기 자동차의 전압이 증
가하는 추세이기 때문에 Class 0가 권장된다. 장갑은 매번 사용하기 전에 찢김,
구멍, 절단 및 기타 결함이 있는지 검사한다. 또한 석유 제품의 오염으로 인해 발

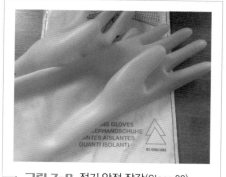

그림 7-9 전기 안전 장갑(Class 00)

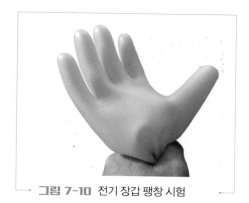

그림 7-10 전기 장갑 팽창 시험

생할 수 있는 팽윤이 있는지 확인한다. 절연 장갑은 외관 검사와 함께 공기 시험도 해야 한다. 장갑을 공기로 채운 후 누출 여부를 점검한다. 장갑에 어떤 종류의 결함이라도 있다면 작업에 사용해서는 안 된다.

고에너지 케이블 및 부품

전기 자동차는 고전압 배터리를 사용한다. 매우 짧은 시간 안에 에너지가 구동 모터로 전달되고, 효율적으로 배터리 팩으로 다시 돌아올 수 있도록 하기 위해서다. 전기 자동차에서 고에너지 케이블 및 관련 부품을 정확하게 식별할 수 있어야 한다. 식별은 색깔, 경고 기호, 경고 문구 등으로 한다. 다음 그림은 일부 경고 스티커와 함께 고전압 부품과 전선(오렌지색)의 위치를 보여준다.

그림 7-11 오렌지색 고전압 케이블

그림 7-12 위험 스티커

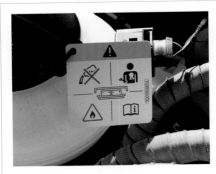

그림 7-13 경고 라벨

그림 7-14 일반 경고 스티커

AC 감전

30mA를 초과하는 AC 전류가 인체 일부를 통과할 때, 짧은 시간 내에 전류가 차단되지 않으면 당사자가 심각한 위험에 처한다. 적절한 국가 표준, 법령 규정, 실행 규정, 공식 지침 및 회람을 준수해 감전으로부터 사람을 보호해야 한다.

감전이란 전류가 인체를 관통할 때 발생하는 물리적 효과를 말한다. 근육, 순환기, 호흡기 기능에 영향을 미치며 때로는 심각한 화상을 입히기도 한다. 감전을 당한 사람에게 발생하는 피해 정도는 전류 크기, 전류가 통과하는 신체 부위, 전류가 흐르는 시간 등과 함수 관계에 있다.

    IEC 간행물 60479-1은 4개의 전류-강도/시간-지속 기간을 정의하고, 각 영역에서의 병태생리학적 영향에 대해 설명한다. 금속과 접촉하는 사람은 누구라도 감전 위험이 있다.

    그림 7-15의 C₁ 곡선은 30mA 이상의 전류가 손에서 발까지 인체를 통과할 때, 비교적 짧은 시간 내에 전류가 차단되지 않으면 사람이 사망할 가능성이 높다는 것을 보여준다. 최근 사용되고 있는 잔류 전류 회로 차단기의 장점을 여기서 찾을 수 있다. 심각한 부상이나 사망 전에 전류를 차단할 수 있기 때문이다.

그림 7-15 AC 전류가 왼쪽 손에서 발까지 통과할 때 인체에 미치는 영향의 시간/전류 구역

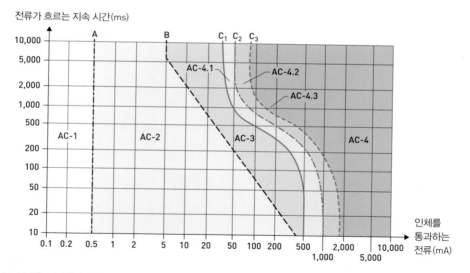

AC-1 구역: 감지할 수 없음. AC-2 구역: 감지할 수 있음. AC-3 구역: 가역적인 효과, 근육 수축. AC-4 구역: 돌이킬 수 없는 효과가 나타날 가능성 있음. AC-4.1 구역: 최대 5% 확률의 심장 세동. AC-4.2 구역: 최대 50% 확률의 심장 세동. AC-4.3 구역: 50% 이상 확률의 심장 세동.

A 곡선: 전류 지각 임계값. B 곡선: 근육 반응 임계값. C₁ 곡선: 심실 세동 0% 확률 임계값. C₂ 곡선: 심실 세동 5% 확률 임계값. C₃ 곡선: 심실 세동 50% 확률 임계값.

출처: http://www.electrical-installation.org/enwiki/Electric_shock

이와 관련한 국제 표준의 내용을 요약해 소개한다. IEC 간행물 60479-1의 내용은 이렇다. "인체를 통과하는 전류의 경우 사람이 입을 수 있는 위험은 주로 전류의 크기와 지속 시간에 따라 결정된다. 단, 본 간행물에 명시된 시간/전류 구역은 많은 경우에 실제 감전 방지 대책을 설계하기 위해 바로 적용할 수는 없다. 필요한 것은 접촉 전압 한계치(즉, 신체를 통과하는 전류인 접촉 전류와 신체 임피던스의 곱)의 시간에 따른 함수이기 때문이다.

여기서 전류와 전압의 관계는 선형적이지 않다. 인체의 임피던스가 터치 전압에 따라 달라지기 때문이다. 따라서 이 관계를 연결하는 데이터가 필요하다. 인체의 다양한 부위(피부, 혈액, 근육, 기타 조직 및 관절 등)는 전류에 대해 저항 및 커패시터 성분으로 이뤄진 임피던스 값을 가지고 있다. 신체 임피던스 값은 여러 요인에 의해 결정된다. 특히 전류 경로, 접촉 전압, 전류 지속 시간, 빈도, 피부 수분 정도, 접촉 표면 면적, 가해지는 압력 및 온도에 따라 결정된다. 이 기술 스펙에 표시된 임피던스 값은 주로 시체 및 일부 살아 있는 사람에 대한 측정 결과를 자세히 검사한 결과물이다. 이 기술 스펙은 IEC 가이드 104에 따른 기본 안전 간행물로 간주할 수 있다." (출처 : https://webstore.iec.ch/home)

IEC 간행물 60479-2의 내용을 요약하면 다음과 같다. "이 기술 스펙은 100Hz 이상의 주파수 범위를 갖는 사인파 교류가 인체를 통과할 때 인체에 미치는 영향에 대한 것이다. 직류 성분을 갖는 사인파 교류, 위상 제어가 된 사인파 교류, 다중 사이클 제어가 된 사인파 교류가 인체를 통과할 때의 영향을 설명한다. 하지만 이런 설명은 15~100Hz의 교류 주파수에만 적용 가능한 것으로 판단된다.

이 표준은 단방향 사각형 임펄스, 사인파 임펄스 및 커패시터 방전으로 인한 임펄스의 형태로 인체를 통과하는 전류의 영향에 대해 더 자세히 설명한다. 표시된 값은 0.1ms부터 10ms까지의 임펄스 지속 시간에 적용할 수 있을 것으로 생각된다. 10ms 이상의 임펄스 지속 시간에 대해서는 IEC 60479-1의 그림 20에 제시된 값을 적용한다. 이 표준은 IEC 60479-1 및 IEC 60479-3과 같이 전류의 공급원이 신체에 직접 접촉할 때 전도된 전류만을 고려한다. 반면 외부 전자기장에 노출돼 체내에서 유도되는 전류는 고려하지 않는다. 이 제3개정판은 1987년에 발행된 제2개정판을 취소 및 대체하며, 관련 기술도 대체한다. 지난 개정판에 비해 주요 변경 사항은 다음과 같다.

이 보고서는 15Hz부터 100Hz까지의 주파수 범위에서 직류 성분을 갖는 사인파 교류 전류, 위상 제어가 된 사인파 교류 전류, 다중 사이클 제어가 된 사인파 교류 전류가 인체를 통과할 때 미치는 영향에 대한 정보가 추가됐다. 혼합 주파수에 대한 등가 전류 임계값의 추정, 심실 세동에 대한 전류의 반복 펄스(버스트) 영향, 물에 잠긴 인체를 통과하는 전류의 영향 등이다." (출처: https://webstore.iec.ch/home)

AC가 신체에 미치는 영향은 주파수에 따라 많이 달라진다. 저주파 AC는 미국(60Hz)과 유럽(50Hz)의 가정 및 산업에서 사용된다. 이것은 고주파 AC보다 더 위험할 수 있으며 동일한 전압과 전류의 DC보다 3~5배 더 위험하다.

이것은 DC가 단지 심장을 멈추게 하는 경향이 있는 반면, AC는 심장을 세동 상태로 만드는 경향이 더 크기 때문이다. 정지한 심장은 충격 전류가 멈추면 세동 상태의 심장보다는 정상적인 박동 패턴을 회복할 가능성이 더 높다. 이것이 응급 구조요원이 제세동 장비를 사용하는 이유다. 제세동기가 공급하는 충격 전류는 직류로서 세동 작용을 멈추게 하고 심장에 회복할 기회를 준다.

저주파 AC는 근육 수축을 연장할 수 있다. 이렇게 되면 사람의 손이 감전원에 그대로 머물기 때문에 전류에 노출되는 시간이 길어질 수 있다. DC는 단일성 경련 수축을 일으킬 가능성이 높으며, 이것은 종종 피해자를 감전원에서 밀어내는 역할을 한다.

DC 감전

전류가 신체를 통과할 때 어떤 충격을 받는지 결정하는 기본 요소 세 가지는 전류 크기, 지속 시간, 주파수다. DC 전류는 전류가 일정하므로 사실상

주파수가 0이다. DC는 근육에 단일성 연속 수축을 일으킨다. 반면 AC는 주파수에 따라 근육이 수축과 이완을 반복한다. AC 전류이든 DC 전류이든 둘 다 사람에게 치명적이지만, 사망률의 측면에서 보면 조금 다르다. 같은 전압일 때 DC 전류가 사람을 죽이려면 AC 전류보다 더 많은 전류(밀리암페어 수준)가 필요하다.

충분히 높은 AC 또는 DC 전류는 심장 세동 작용을 일으킬 수 있다. 이는 일반적으로 30mA의 AC(rms, 50~60Hz) 또는 300~500mA의 DC에서 발생한다.

감전과 관련해서 알아둘 게 몇 가지 있다. 감전 효과는 전류 크기와 지속 시간과 관계있다. 이는 낮은 전류도 장기간 노출될 경우 치명적일 수 있다는 것을 의미한다. 감전된 피해자가 생존할 수 있는 전류와 시간은 500mA에서 0.2초, 50mA에서는 2초다.

전기 공급원의 전압은 전류 크기를 결정하는 면에서 중요하다. 전류=전압/저항이므로 신체 저항도 중요한 요인이 된다. 땀을 흘리거나 젖은 사람은 신체의 전기 저항이 낮아서 낮은 전압에서도 치명적으로 감전될 수 있다.

이탈 전류는 감전체가 도체를 떨쳐낼 수 있는 최고 전류다. 이 한도를 초과하면 도체가 감전체에서 떨어지지 않고 고정된다. 이탈 전류는 AC에서는 22mA, DC에서는 88mA다. 감전의 심각도는 이처럼 신체 전기 저항, 전압, 전류, 전류의 통과 경로, 접촉 면적 및 접촉 시간에 따라 달라진다.

저항으로 인한 발열은 광범위한 부위에 심한 화상을 입힐 수 있다. 손상 온도까지 도달하는 데는 몇 초 걸리지 않는다. 아크 섬광은 충분한 전기 에너지를 공급

받은 전기 아크로부터 발생하는 빛과 열이다. 상당한 손상, 위해, 화재 또는 부상을 입힐 수 있다. 용접 아크는 평균 24V DC로도 강철을 액체로 만들 만큼 강력하다. 통제할 수 없는 아크가 매우 높은 전압에서 형성될 때, 아크 섬광은 귀가 멀 정도의 소음, 초음속으로 뇌진탕을 일으킬 수 있는 힘, 과열된 파편, 태양 표면보다 훨씬 높은 온도, 인근

그림 7-16 전기 아크

물질을 증발시킬 수 있을 정도의 강력하고 높은 에너지의 방사선을 발생시킬 수 있다. 요약하자면, 감전 가능성 외에도 전기 시스템에 대한 부주의한 작업(모든 전압)은 화재, 폭발, 화학물질 발생, 가스(증기) 등의 결과를 초래할 수 있다.

보호 장치

고전압에서 신체를 보호하는 1차적인 방법은 엄폐(물건들을 덮어놓기), 절연(항상 오렌지색으로 표시), 위치(뜻하지 않게 접촉하는 것을 방지)를 이용하는 것이다. 그리고 고전압 및 과전류로부터 보호하기 위한 간접적인 방법 네 가지는 퓨즈, 소형 회로 차단기MCB. Miniature Circuit Breaker, 잔류 전류 장치RCD. Residual Current Device, 과전류용 잔류 전류 차단기RCBO. Residual Current Breaker with Overcurrents를 활용하는 것이다. 이 네 가지 방법에 대해 좀 더 자세히 설명하겠다.

퓨즈는 과전류 보호를 위해 전기 회로 대신 희생하는 역할을 한다. 의도적으로 약하게 만든 링크인 것이다. 퓨즈는 금속 와이어나 스트립 형태이며, 너무 많은 전류가 흐르면 녹으면서 회로를 끊어버린다. 합선, 과부하, 부적합 부하 또는 장치

그림 7-17 소형 블레이드 퓨즈
(실제 크기는 약 15mm)

고장은 과전류의 주요 원인이다.

MCB소형 회로 차단기는 과부하 상태에서 자동으로 전기 회로를 차단한다는 점에서는 퓨즈와 같다. 다만 MCB는 퓨즈보다 과전류에 더 민감하다. 그리고 단순히 다시 스위치를 켜기만 하면 빠르고 쉽게 원상태로 돌릴 수 있다는 장점이 있다. 대부분 MCB는 과전류의 열적 또는 전자기적 효과에 의해 작동된다. 열에 의한 동작은 바이메탈 스트립에 의해 작동된다. 과도한 전류에 의해 가열되면 바이메탈 스트립이 휘면서 기계적 래치를 해제하고 회로를 끊는다. 전자기 유형은 자력을 사용해 접점을 연다. 합선 상태에서는 전류가 갑자기 증가함에 따라 플런저가 움직이며 접점이 열린다.

RCD잔류 전류 장치는 전류가 통한 상태에서 접촉되었을 때 치명적인 감전 사고가 일어나지 않도록 설계됐다. RCD는 일반 퓨즈와 회로 차단기가 제공할 수 없는 수준의 보호 기능이 있다. 전기가 흐르는 부위를 사람이 만지면, 그 사람을 통해 전류가 흐른다. 이와 같이 의도하지 않았던 경로로 전기가 흐르는 것이 감지되면, 이 장치는 회로를 빨리 꺼서 사망이나 심각한 부상의 위험을 크게 줄인다.

그림 7-18 RCD 회로 차단기

RCBO과전류용 잔류 전류 차단기는 RCD와 같은 방식으로 생명을 보호하도록 설계된 회로 차단기의 일종이다. 하지만 과부하로부터 회로를 보호하는 기능도 한다. RCBO에는 과부하와 불균형을 감지하는 회로 2개가 있다. 두 회로 모두 동일한 차단 장치를 사용한다.

안전 작업 프로세스

전기 자동차를 작업할 때의 위험

전기 자동차를 대상으로 하는 수리 유지 보수, 도로변에서의 서비스 및 기타 차량 관련 활동에는 여러 위험이 수반된다. 그런데 이 외에도 또 다른 위험 요소가 작업장에 존재한다. 위험 요소에는 다음과 같은 것이 있다.

- 치명적인 감전을 일으킬 수 있는 고전압 부품 또는 케이블의 존재
- 폭발이나 화재를 일으킬 가능성이 있는 전기 에너지의 저장
- 차량 시동이 꺼져도 위험한 수준의 전압을 유지할 수 있는 부품
- 모터의 자력으로 인해 예기치 않게 움직일 수 있는 전기 모터 또는 차량 그 자체
- 수동으로 배터리 교체 시 관련된 위험 인자
- 배터리가 손상되거나 변형된 경우 폭발성 가스 및 유해 액체의 방출 가능성
- 배터리 구동 시 소음이 없어서 사람들이 차량의 움직임을 모를 가능성
- 차량의 전기 시스템이 심박 조율기 및 인슐린 제어기와 같은 의료기기에 영향을 미칠 가능성

배터리 팩에서 생긴 누출 사고에 어떻게 대처해야 할까. 올바른 대처를 위해 유해 배터리 화학물질 및 화합물과 관련한 건강 유해물질 규제COSHH 규정이 존재한다. 하지만 배터리는 보호 케이스 안에 있고, 설사 케이스가 손상되더라도 배터리에서 많은 양의 전해액이 흘러나오지는 않는다. 니켈 메탈 하이드라이드NiMH와 리튬 이온Li-ion은 드라이 셀dry-cell 배터리이므로, 손상될 경우라도 셀당 몇 방울 정도의 전해액만 흘러나온다. 일부 모델의 경우, 냉매가 누출되기는 하나 이것을 전해액과 혼동해서는 안 된다.

전기 자동차 작업의 범주

전기 자동차를 대상으로 하는 작업에는 네 가지 종류가 있다. 그 종류는 다음과 같다.

- 세차, 영업 및 기타 저위험 활동
- 사고 대응(응급 서비스 및 차량 구난 포함)
- 고전압 전기 시스템을 제외한 유지 관리 및 수리
- 고전압 전기 시스템 작업

HSE 정보에 기초해[4] 이런 범주의 작업을 1차적으로 어떻게 통제해야 할지 다음과 같이 요약했다.

세차, 영업 및 기타 저위험 활동

차량에 시동을 걸려면 차량 근처에 원격 시동키가 있어야 한다. 따라서 작업을 시작하기 전에 먼저 원격 시동키를 멀리 떨어뜨려 놓는다. 차량이 우발적으로 움직이는 것을 막기 위해서다. 작업자가 아닌 다른 사람들은 차량이 본인 쪽으로 오는 소리를 듣지 못할 가능성이 있으며, 작업장 주변에서 해당 차량을 움직이는 작업자는 이 같은 사실을 인지하고 있어야 한다. 마찬가지로, 전기 자동차 주변에서 일하는 사람들은 차량이 경고 없이 움직일 수 있다는 것을 알아야 한다. 압력 세척 작업은 고전압 전기 부품과 케이블을 훼손할 수 있다. 고전압 케이블은 대개 오렌지색이다. 엔진 베이를 비롯한 차체 하부 영역을 세차하기 전에 제조업체의 지침을 참고하자.

사고 대응(응급 서비스 및 차량 구난 포함)

차량에 고전압 전기 부품 또는 케이블(일반적으로 오렌지색)의 손상 징후가 있는지 맨눈으로 점검해야 한다. 배터리의 무결성이 손상됐을 가능성이 있는지 확인하라. 연료가 누출되면 합선이 일어나거나 냉각수가 손실돼 발화 원인이 될 수 있다. 차량이 손상되거나 제대로 작동하지 않는 경우, 안전에 문제가 없다면 차량에 비치된 절연 도구를 사용해 고전압 배터리 시스템을 분리하라. 자세한 내용은 제조업체의 지침을 참고한다.

구난차(견인차)가 구난 활동을 하는 중에는 차량이 활성화(시동)되지 않도록 원격 시동키를 적절한 거리까지 치우고, 표준 12/24V 배터리를 분리한다. 특수한 유형의 차량이라면 신뢰할 만한 해당 정보를 얻을 수 있는 곳을 알아두는 것이 좋다. 예를 들어, 화재 및 구조 서비스의 경우 모바일 데이터 단말기를 사용하거나 제조업체의 데이터를 참고해야 한다. 안전하다고 판단할 수 없다면 전기 자동차를 견인하지 말라. 구동 휠이 움직이면서 위험한 전압이 발생할 수 있다.

고전압 전기 시스템을 제외한 유지 관리 및 수리

위험을 방지하는 데 필요한 예방 조치를 확인하려면 제조업체 및 판매업체의 차량별 정보를 참고한다. 원격 시동키는 전기 시스템의 우발적인 작동과 차량의 우발적인 움직임을 방지하기 위해 차량으로부터 멀리 떨어져 있어야 한다. 키는 작업자가 접근을 통제할 수 있는 곳에 넣고 잠가야 한다. 작업 중에 키가 필요하다면 작업자는 키를 다시 가지고 오기 전에 차량이 안전한 상태인지 확인한다.

작업을 시작하기 전에 고전압 케이블 또는 전기 부품에 손상 징후가 있는지 맨눈으로 확인한다. 특정 작업을 위해 차량에 전원이 공급될 필요가 없는 경우, 항상 고전압 배터리를 제조업체의 지침에 따라 분리하거나 연결을 차단한다. 패널 교체, 절단 또는 용접 등의 작업을 수행하기 전에 고전압 케이블의 위치를 확인한다. 고전압 케이블이 손상되지 않도록 적절한 예방 조치를 한다.

고전압 전기 시스템 작업

위험을 방지하는 데 필요한 예방 조치를 확인하려면 제조업체 및 판매업체의 차량별 정보를 참고한다. 원격 시동키는 전기 시스템의 우발적인 작동과 차량의 우발적인 움직임을 방지하기 위해 차량으로부터 멀리 떨어져 있어야 한다. 키는 작업자가 접근을 통제할 수 있는 곳에 넣고 잠가야 한다. 작업 중에 키가 필요하다면, 작업자는 키를 다시 가지고 오기 전에 차량이 안전한 상태인지 확인한다. 작업을 시작하기 전에 고전압 케이블 또는 전기 부품에 손상 징후가 있는지 맨눈으로 확인한다.

고전압 시스템의 경우, 작업을 수행하기 전에 전원을 끊고 실수로 다시 켜지지 않도록 고정한 뒤 완전히 끊어져 있는지를 테스트해서 확인한다. 항상 제조업체의 지침에 따라 전기 공급원을 끊어야 한다. 고전압 케이블 또는 전기 부품이 고장 났는지를 항상 테스트하고 확인한다.

전기 공급원을 완전히 차단한 경우에도 차량 배터리 및 기타 부품은 여전히 많은 에너지를 지니고 있거나 높은 전압을 유지할 가능성이 있다. 적합한 공구와 시험 장비만 사용한다. 여기에는 절연 전기 공구와 GS38(영국 보건안전국이 전기 시험 장비에 관해 규정한 지침)을 준수하는 시험 장비가 포함될 수 있다.

일부 전자 부품은 차량의 시동이 꺼져 있고, 배터리가 분리돼 있더라도 위험할 정도의 전기를 저장할 수 있다. 저장한 에너지를 방전하는 방법에 대해서는 제조업체의 데이터를 참고하라.

고전압 전기 시스템을 완전히 격리(전기 공급원을 끊음)하고 시스템에 저장한 에너지를 방전해야 하는데, 그럴 수 없는 상황(예를 들어 충돌이 일어나서 손상이 생긴 상황)이 있을 수 있다. 이 경우 추가적인 수리 작업을 진행하기 전에 어떤 통제 조치를 해야 하는지 제조업체의 지침을 참고하라.

배터리 팩은 고온에 취약하다. 차량에는 일반적으로 최고 온도를 알리는 라벨이 부착된다. 도장과 같은 작업을 수행할 때는 부스 온도가 이 온도를 초과할 수 있으므로 조심해야 한다. 따라서 도장 작업 시에는 배터리를 제거하거나 배터리의 온도 상승을 제한하는 단열재를 설치해 잠재적 위험을 줄이는 조치를 해야 한다.

전기가 흐르는 부품을 작업하는 일은 그 외에 다른 대안이 없는 경우에만 고려한다. 그 경우에도 작업이 합리적이고 안전할 때만 고려한다. 활성화된(전원이 들어온) 전기 장비를 다룰 때는 해당 작업의 위험성을 유념해야 한다. 최종적으로는 개인 보호 장비 사용을 포함한 적절한 예방 조치를 한다. 개인 보호 장비가 갖춰야 할 요구 사항을 포함해서, 활성화된 전기 장비를 작업할 때 지켜야 할 주의사항에 무엇이 있는지 제조업체의 지침을 참고하라.

사람들이 차량에 접근해서 위험에 노출되지 않도록, 출입을 통제할 수 있는 구역에 차량을 둬야 할 경우가 있다. 이때는 경고 표지판을 사용해 사람들에게 위험을 알려야 한다. 이런 종류의 작업과 관련한 몇 가지 실질적 조언을 개략적으로 설명해보겠다.

안전한 작업을 위한 몇 가지 절차

전기 자동차를 대상으로 안전하게 작업하려면 고려해야 할 네 가지 단계가 있다. 바로 작업 시작 전, 작업 진행 중, 작업 중지, 작업 완료의 단계들이다.

작업 시작 전

감전이나 합선, 아크가 일어나면 이에 대한 방지 대책을 마련하기 전까지 전기 작업을 시작해서는 안 된다. 또한 (전원이 들어온) 전기 시스템 및 장비를 작업해서는 안 된다. 즉, 작업 대상이 되는 모든 시스템과 장비는 작업 시작 전과 작업이 진행되는 동안 전기가 통하지 않는 비활성 상태로 만들어 놓아야 한다. 이는 다음 세 단계를 따라 이뤄진다. 단, 항상 제조업체의 데이터를 먼저 확인하기 바란다.

1단계 격리

- 시동 끄기
- 서비스 플러그/유지 보수 커넥터 제거 또는 주배터리 스위치 끄기
- 퓨즈/저전압 배터리를 분리해 적당한 곳에 두기

2단계 전기 재연결 방지

- 시동키를 제거하고 무단 접속을 방지하기
- 서비스 플러그/유지 보수 커넥터에 무단으로 접근하거나 주배터리 스위치를 다시 연결할 수 없도록 잠금장치를 설치하기
- 추가로 제조사 또는 회사 지침 준수하기

3단계 비활성 상태의 확인

- 비활성 상태를 확인하기 위해 차량 제조업체의 규정을 준수하기

- 제조업체별로 적합한 전압 테스터 또는 테스트 장비를 사용하기
- 비활성 상태가 확인될 때까지 시스템은 활성 상태에 있는 것으로 가정함

- 해당 시스템의 유지 보수 절차를 시작하기 전에 스토리지 커패시터의 방전을 위해 추가 5분을 더 기다리기
- 정션 보드 단자 전압이 거의 0V에 가까운지 확인하기

작업 진행 중

작업 중에는 접지와 단락이 되거나 부품 간 합선이 발생하지 않도록 하는 것이 중요하다. 이것은 전기가 끊어진 이후에도 마찬가지다. 분리된 배터리는 여전히 활성 상태임을 기억하라! 필요한 경우 인접한 활성 부품을 가리거나 덮어야 한다. 항상 적절한 PPE를 사용하고, 고전압 시스템을 다룰 때는 필요할 경우 절연 공구를 사용하라. 이런 예방 조치를 하면 우발적인 합선을 방지할 수 있다.

작업 중지

일부 고전압 부품의 커버가 벗겨져 있거나 부품이 분해된 상태에서 유지 보수 절차를 중단해야 하는 경우, 차량에 전원이 공급되지 않도록 주의하고 격리된 상태를 유지하라. 시동 스위치를 끄고 키를 제거한다. 배터리 모듈 스위치 또는 서비스 커넥터가 꺼져 있는지 확인하라. 훈련받지 않은 사람이 부

그림 7-19 작업 공간에 펜스를 설치하고 경고문을 걸어둔다.

품을 의도치 않게 접촉하지 않도록 해
당 영역의 접근을 통제해야 한다.

작업 완료

작업을 완료하면 안전을 위한 모
든 절차를 해제할 수 있다. 모든 공구, 재료, 기타 장비를 작업 현장과 위험 구역에
서 치운다. 작업 시작 전에 제거했던 보호 가드는 다시 적절히 원위치시키고 경고
문도 제거한다. 수리가 완료된 후, 배터리 모듈 스위치를 켜거나 재전원 연결 프로
세스를 수행하기 전에 모든 단자가 지정된 토크값으로 조여져 있고, 고전압 와이
어 또는 단자가 손상되지 않았는지 확인하라. 분해한 각 부품의 고전압 단자와 차
체 사이의 절연 저항도 점검해야 한다.

그림 7-20 PHEV의 유지 보수 커넥터(벌크헤드의 녹색 부품)

위험 관리

초기 진단

위험을 관리하려면 차량과 구성 부품을 식별할 수 있어야 하며, 이 책에서 다룬 것처럼 고전압을 인지할 수 있어야 한다. 최초 대응자는 초기에 육안으로 위험을 진단한다. 신변 보호구를 착용한 후, 사고 현장에서 자신과 다른 사람의 안전을 확보하는 조처를 해야 한다. 위험에 처할 수 있는 사람은 예를 들어 탑승자, 구경하는 사람, 차량 구난 요원, 응급 구조 요원 등이다.

화재나 충격에 의해 손상을 입은 차량은 다음과 같은 위험을 유발할 수 있다. 바로 감전, 화상, 아크 섬광, 아크 블래스팅, 화재, 폭발, 화학약품, 가스/연기 등이다. 이에 따라 대피 절차나 현장 보호 절차를 진행해야 한다.

화재 대처

전기 자동차의 설계와 구성 부품은 제조사마다 상당한 차이가 있다. 따라서 작업 중인 차량과 제조사에 대한 정보를 확보해야 안전한 작업을 위해 어떤 조치가 필요한지 파악할 수 있다. 물론 개인적인 예방 조치도 이뤄져야 하고, EV 고전압 시스템을 다룰 때 유지 보수 작업을 잘못하면 차량은 물론이고 타인에게 재산상 손해를 입힐 수 있다.

전기 자동차를 작업할 때는 윙 커버, 플로어 매트 등과 같은 일반적인 보호 장치를 사용해야 한다. 폐자재 처리는 고전압 배터리를 제외하면 내연기관 차량과 다르지 않다. 적재된 배터리나 모듈에 결함이 발생할 경우 열 폭주가 발생할 수 있다. 열 폭주 현상은 온도 상승이 추가 온도 상승을 유발하는 것으로 종종 파괴적인 결과를 초래한다. 통제되지 않는 증강 피드백 현상의 일종이다.

EV 고전압 배터리에서 화재가 발생하거나 화재가 배터리로 옮겨붙을 수도 있다. 현재 도로 위를 달리고 있는 EV 배터리는 대부분 리튬 이온이지만 니켈 메탈 하이브리드 배터리도 많이 사용되고 있다. 배터리 화재가 발생한 전기 자동차의 처리 지침은 다양하다. 물이나 다른 표준 소화제를 써도 소방 인력에 (전기 때문에 발생할) 위험을 초래하지 않는다는 것이 일반적인 의견이다.

만약 고전압 배터리에 불이 붙는다면, 소화에 쓸 물이 다량으로 필요할 것이다. 리튬 이온 고전압 배터리에 화재가 발생하면 진화된 후에도 재점화할 가능성이 있으므로 열화상 영상을 이용해 배터리의 열을 체크해야 한다. 생명이나 재산에 대한 즉각적인 위협이 없을 경우, 배터리에서 일어난 화재는 다 탈 때까지 그냥 두는 것이 좋다.

전기 자동차에 화재가 일어날 시 추가로 고려해야 할 또 다른 사항은 고전압에 의한 감전을 방지하는 자동 내장 장치가 손상될 수 있다는 점이다. 예를 들어 일반적으로는 개방되도록 설정된 고전압 계전기들이 열 손상을 지속적으로 입을 경우, 닫힌 채 고장 날 수 있다.

공구와 장비

수공구의 사용 목적과 지침

먼저 공구와 장비를 소개하는 의미에서 **표 7-3**과 **표 7-4**를 살펴보자. 표에는 공구 및 장비와 관련한 기본 단어와 설명이 있다.

표를 숙지했다면, 수공구에 대해 알아보자. 수공구를 어떻게 사용해야 하는지는 경험으로 배워야 하지만, 우선 일반 공구의 사용 목적을 이해하는 것이 중요하다. 따라서 여기에서는 매우 널리 사용되는 공구 중 몇 가지를 예시와 함께 설명하고, 몇 가지 일반적인 조언과 지침으로 글을 끝내도록 하겠다.

차량 작업에 다음 공구가 어떻게 쓰이는지 그리고 사용법은 무엇인지를 이해할 때까지 연습하라. 수공구 사용과 관련해서 일반적인 조언과 지침은 다음과 같다.(스냅온 제공)

- 원래 용도로만 공구를 사용하라.
- 항상 자신이 하고 있는 작업에 맞는 크기의 공구를 사용하라.
- 가능하다면 스패너나 렌치는 밀지 말고, 당긴다.
- 손잡이 없이 파일이나 유사한 공구를 사용하지 말라.

그림 7-21 스냅온 공구 키트

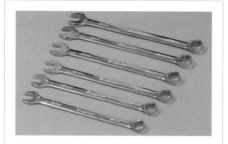

그림 7-22 스패너(렌치) 조합

- 모든 공구를 청결하게 유지하고, 적합한 상자 또는 캐비닛에 보관하라.
- 스크루 드라이버를 지렛대로 사용하지 말라.
- 작업이 수월하도록 평소에 공구를 잘 관리하라.

표 7-3 공구와 장비

수공구	스패너, 해머, 스크루 드라이버, 기타 모든 기본 도구.
특수 공구	일반 공구 키트의 일부로 포함되지 않은 도구들을 총칭하는 용어. 또는 한 가지 특정 작업에 필요한 공구.
테스트 장비	일반적으로 측정 장비를 의미한다. 대부분 테스트는 무언가를 측정하고 그 측정 결과를 데이터와 비교하는 것을 의미한다. 장치의 종류는 단순한 눈금자에서 엔진 분석기까지 다양하다.
전용 테스트 장비	일부 장비는 특정 유형의 시스템만 시험한다. 대형 제조사들은 자신들이 제조한 차량에 사용되는 전용 장비를 공급한다. 특정 유형의 연료 분사 엔진 컨트롤 유닛에 연결되는 진단 장치가 한 예다.
정확도	신중하고 정확하며, 실수나 오류가 없고, 표준에 충실함을 의미한다.
교정	계측기의 정확도를 확인한다.
직렬 포트	전자 컨트롤 유닛, 진단 테스터 또는 컴퓨터와의 연결을 의미한다. 직렬이란 정보가 일정한 순서로 디지털 문자열로 전달되는 것을 말한다. 파이프를 통해 검은색과 흰색 공을 밀어내는 것에 비유할 수 있다.
코드 리더 또는 스캐너	이 장치는 위에서 언급한 온오프 전기 신호를 읽어서 우리가 이해할 수 있는 언어로 변환한다.

통합 진단 및 정보 시스템	일반적으로 PC 기반이다. 이런 시스템을 사용해 차량 시스템에 대한 테스트를 수행할 수 있으며, 전자 워크숍 매뉴얼도 포함한다. 컴퓨터가 안내하는 테스트 시퀀스도 수행할 수 있다.
오실로스코프	스코프의 주요 부위는 TV나 컴퓨터 화면 같은 디스플레이다. 스코프는 전압계의 일종이지만 숫자로 나타내는 대신 화면에 전압 레벨을 선이나 점으로 표시한다. 화면에 표시된 점은 매우 빠르게 움직이면서 전압이 어떻게 변하는지를 알려준다.

테스트 장비

차량을 대상으로 한 모든 작업은 부품을 탈착, 재장착한 후 차량 시스템이 사양 범위 내에서 작동하도록 부품을 조절하는 과정이다. 따라서 시험 장비의 사용, 관리, 검정 및 보관이 매우 중요하다. 이런 맥락에서 '테스트 장비'는 다음을 의미한다.

- 측정 장비: 마이크로미터와 같은 종류
- 수동 기기: 스프링 밸런스와 같은 종류
- 전기 미터: 디지털 멀티미터 또는 오실로스코프와 같은 종류

이 장비의 사용 및 관리는 장비 종류에 따라 달라질 수 있다. 따라서 사용 전 혹은 사용상 문제가 있을 경우, 항상 제조업체의 지침을 주의 깊게 읽어보라. 다음 목록을 일반적인 안내 지침으로 간주할 수 있다.

- 항상 제조업체의 지침을 준수하라.
- 취급 주의: 떨어뜨리지 말고, 기기를 상자에 보관하라.
- 정기적인 보정: 정확성을 점검하라.
- 결과 해석 방법을 이해하라. 의심이 든다면 질문하라!

표 7-4 수공구의 기능과 주의사항

조절식 스패너(렌치)	이상적인 준비 공구, 너트와 볼트의 한쪽 끝을 잡는 데 유용하다.
오픈 엔드 스패너	접근이 어려운 너트 및 볼트 혹은 링 스패너를 쓸 수 없는 경우 사용한다.
링 스패너	육각 볼트 또는 너트를 고정하는 데 가장 적합한 공구. 올바르게 끼우면 미끄러지지 않고, 작업자가 다치거나 볼트 헤드가 손상되지 않도록 해준다.
토크 렌치	고정물을 올바르게 조이는 데 필수적이다. 렌치는 대부분 필요한 토크에 도달했을 때 '딸깍' 소리가 나도록 설정할 수 있다. 많은 조립 기술자들은 토크 렌치를 사용하는 것이 좋지 않다고 생각한다. 하지만 훌륭한 기술자는 이 공구의 장점을 알아차린다.
소켓 렌치	작업을 훨씬 쉽게 하려고 종종 래칫이 들어 있다.
육각 소켓 스패너	소켓은 스패너를 사용할 수 없는 많은 작업에 이상적이다. 많은 경우에 소켓이 스패너보다 빠르고 사용하기 쉽다. 불편한 위치에 있는 볼트에 닿을 수 있도록 연장 및 회전 이음매도 이용할 수 있다.
에어 렌치	공기로 공구를 움직이면 작업 속도를 높이기에는 좋지만, 에어 렌치가 매우 강력하기에 부품을 훼손하기 쉽다. 특별히 튼튼하고 질 좋은 소켓만 사용해야 한다.
블레이드(엔지니어) 스크루 드라이버	일반적인 나사 헤드로 올바른 크기를 사용해야 한다.
포지 드라이브, 필립스 및 크로스 헤드 스크루 드라이버	포지 드라이브를 사용하면 더 잘 잡을 수 있지만, 매우 유사한 두 공구를 혼동하지 않도록 하라. 잘못된 종류를 쓰면 미끄러져 손상을 입을 것이다.
톡스	육각 렌치와 유사하지만, 측면에 플루트 컷(flute cut)이 추가로 있다. 이로 인해 토크를 잘 전달할 수 있다.
특수 목적 렌치	매우 많은 종류가 있다. 예를 들어, 두더지 그립은 플라이어처럼 고정되지만 제자리에 고정될 수 있어서 매우 유용한 도구다.
플라이어	잡고 당기고 구부리는 데 사용한다. 매우 다양한 크기가 있다. 전기 작업용 스나이프 노즈부터 스플릿 핀 장착과 같은 어려운 작업을 위한 엔지니어 플라이어까지 다양하다.
지렛대	아주 큰 힘을 작은 면적에 가할 때 사용한다. 이 점을 기억한다면 잘못 쓸 경우 부품이 손상되기 쉽다는 것을 깨달을 것이다.
해머	누구나 망치로 무언가를 칠 수 있지만, 세기와 정확도에 관한 기술을 익혀두면 더욱 좋은 도구가 된다.

└─▶ **그림 7-23** 사용 중인 디지털 멀티미터

　　필자가 가장 좋아하는 테스트 장
비는 피코스코프다. 이것은 컴퓨터로
작동하는 오실로스코프로 모든 엔진 관
리 시스템과 기타 전기 및 전자 장비를

테스트한다. 자세한 내용은 https://www.picoauto.com을 참고하라.

　　그림 7-25를 보면, 피코스코프를 사용해 촬영한 유도 센서의 신호가 있다. 전
기 자동차를 대상으로 작업할 때, 전압계와 같은 전기 계량기는 최소 1,000V를 써
야 한다. 다양한 종류의 멀티미터가 있으나 올바른 멀티미터를 선택하는 것이 중
요하다. 필자처럼, 당신도 하나 이상의 멀티미터를 구매해 쓰고 있을지도 모른다.
물론 이 경우, 돈을 지불한 만큼의 이점이 있다. **그림 7-26**은 현재 필자가 보유하
고 있는 멀티미터다. 이들 계량기는 각각 장단점이 있으며, 일부는 **표 7-5**에 예시
로 수록했다.

그림 7-24 차량용 피코스코프(출처: 피코테크 미디어)

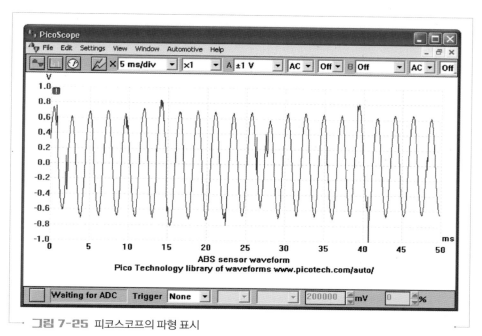

그림 7-25 피코스코프의 파형 표시

표 7-5 여러 계량기의 장점과 단점

멀티미터	장점	단점
메거	1,000V 절연체 테스터. 기타 기능의 경우 표준 범위.	CAT 등급 및 추가 기능이 없다.
스냅온 버딕트	CAT III 1,000V, Cat IV 600V로 H/EV 작업에 적합하다. 포괄적인 자동차 옵션. 정확한 오실로스코프.	다른 기종보다 비싸지만 기능이 훨씬 많다.
플루크 78 오토모티브	듀티 사이클 및 RPM과 같은 자동차 테스트와 관련된 광범위한 기능이 있고 정확하다.	이 버전은 CAT II 300V이므로 H/EV에는 사용하지 않지만, 이 기종은 10년 이상 된 것이다. 최신 버전의 플루크는 CAT 등급이 더 높다.
유니티 전류 클램프	최대 100A까지 빠르고 쉽게 전류 측정 가능-비접촉식이므로 H/EV에서도 가능하다.	가장 저렴한 모델로서 정확도가 떨어지고 기능도 적다.
실리 포켓	휴대하기 편리하다. 간단히 측정해보기에도 좋고 측정도 빠르다.	싸고, 그다지 튼튼하지 않다. CAT II만 있다.

그림 7-26에 보이는 플루크 78 오토모티브 미터는 현재 사용한 지 수년이 지났지만 완벽하게 기능하고 있으며, 저전압 애플리케이션에 이상적이다. 이 장치는 다음과 같은 특징과 사양이 있다.

- 볼트, 전류, 연속성 및 저항
- 펄스 DC 주파수 및 AC 주파수 테스트용
- 듀티 사이클 측정으로 센서 및 액추에이터 공급 신호의 작동 확인
- 3기통, 4기통, 5기통, 6기통, 8기통 엔진의 드웰dwell 직접 판독
- 열전쌍 비드 프로브 및 어댑터 플러그를 사용해 최대 999℃(섭씨 또는 화씨)의 온도를 측정
- 모든 최소/최대 측정값을 기록
- 정밀한 아날로그 막대그래프

그림 7-26 멀티미터(왼쪽부터): 메거 절연 테스터 및 미터, 스냅온 스코프 미터, 플루크 78 오토모티브 미터, 유니티 전류 클램프 미터 및 실리 포켓 미터

- 일반 점화 및 무배전기DIS 점화용 RPM 유도 픽업
- 10MΩ 입력 임피던스
- Cat II 300V(저전압 자동차 및 주전압의 경우에도 이상적이나 H/EV 고전압 사용에는 권장하지 않음)

미터기와 리드에는 안전한 전압 레벨별 등급이 있다. CAT 등급은 약간 혼란스러울 수 있지만 다음과 같은 간단한 경험칙이 있다. 가능한 한 사용할 수 있는 가장 높은 등급의 멀티미터를 선택하라. 다시 말해서, 안전한 쪽으로 더 여유를 주는 것이다. 표 7-6에서 여러 등급을 확인할 수 있다.

표 7-6에 열거한 전압은 계량기가 손상되지 않고 사용자에게 위험을 주지 않으며 견딜 수 있는 전압이다. IEC 1010으로 알려진 테스트 절차에 따라 시험되며, 다음 세 가지 기준을 고려한다.

- 정상 상태 작동 전압
- 피크 임펄스 과도 전압
- 소스 임피던스

표 7-6 CAT 등급

등급	작동 전압(내전압)	피크 임펄스(내 과도 전압)	테스트 소스 임피던스
CAT I	600V	2,500V	30Ω
CAT I	1,000V	4,000V	30Ω
CAT II	600V	4,000V	12Ω
CAT II	1,000V	6,000V	12Ω
CAT III	600V	6,000V	2Ω
CAT III	1,000V	8,000V	2Ω
CAT IV	600V	8,000V	2Ω

이 세 가지 기준은 멀티미터의 진정한 '내전압' 값을 알려준다. 그러나 이 표기는 혼란을 불러일으킬 수 있다. 일부 600V 기기에서 1,000V보다 더 높은 보호 기능을 제공하는 것처럼 보이기 때문이다.

동일 등급 내에서 높은 작동 전압은 항상 높은 과도 전압과 연관돼 있다. 예를 들어 CAT III 600V는 6,000V 과도 전압으로 시험하고, CAT III 1,000V는 8,000V 과도 전압으로 시험한다. 이를 보면 두 기기 사이에는 분명한 차이가 있고, 두 번째 기기가 확실히 등급이 높다는 것을 알 수 있다. 하지만, 과도 전압이 6,000V인 CAT III 600V와 과도 전압이 6,000V인 CAT II 1,000V는 과도 전압이 같더라도 종류가 다르다. 소스 임피던스를 고려해야 하기 때문이다.

옴의 법칙($I=V/R$)은 CAT III의 2Ω 테스트 소스가 CAT II의 12Ω 테스트 소스보다 전류가 6배 크다는 사실을 보여준다. 따라서 이 경우에 CAT III 600V는 정격 전압이 낮아 보이더라도 CAT II 1,000V에 비해 더 나은 과도 전압 보호 기능을 제공한다.

작동 전압과 등급의 조합은 매우

용어 설명

• 임피던스: AC 회로에서 전류에 대한 총저항이다.(DC 회로에서는 레지스턴스로 설명함)

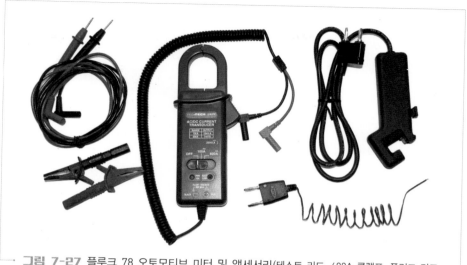

그림 7-27 플루크 78 오토모티브 미터 및 액세서리(테스트 리드, 600A 클램프, 플러그 리드 RPM, 온도 열전대)

중요한 '내 과도 전압' 등급을 포함해 멀티미터(또는 다른 시험 기기)의 전체 '내전압' 등급을 결정한다. 차량 고전압 시스템에서 작업하려면 CAT III 또는 CAT IV 멀티미터와 해당 리드를 선택해야 한다.

멀티미터를 사용할 때는 다양한 옵션이나 설정을 이용할 수 있지만 가장 일반적인 세 가지 측정값은 전압(볼트), 저항(옴), 전류(암페어)다.

전압을 측정하려면 멀티미터를 부품과 병렬로 연결한다. 차량에서 가장

그림 7-28 등급이 Cat III 1,000V이 자 CAT IV 600V인 멀티미터

일반적인 측정은 DC 전압의 측정이다. 멀티미터기의 범위를 설정하고 (일부 자동 범위 조절이 가능) 의심스럽다면 높은 범위부터 시작해 아래로 내리면서 측정하라.

그림 7-29 등급이 Cat III 1000V이자 CAT IV 600V인 리드

저항을 측정하려면 미터기를 테스트 대상 부품 또는 회로에 연결해야 한다. 이때 회로를 끄거나 전원으로부터 격리한다. 그렇지 않으면 미터기가 손상된다. 마찬가지로 홀 효과 센서와 같은 회로는 저항계로부터 전류가 흐르기 때문에 멀티미터에 의해 손상될 수 있다.

전류는 다음과 같은 두 가지 방법으로 측정할 수 있다. 첫 번째, 미터기를 회로와 직렬로 연결하는 방법이다. 즉, 회로를 차단한 후 미터기를 통해 다시 연결한

그림 7-30 퓨즈 박스로 공급된 전압값

다는 뜻이다. 두 번째, **그림 7-32**와 같
이 유도 전류 클램프를 와이어 주변에
사용하는 것이다. 이는 안전한 측정 방
법이지만, 값이 작으면 정확도가 떨어
진다.

멀티미터의 내부 저항은 일부 회
로를 측정할 때 판독값에 영향을 미칠
수 있다. 내부 저항값은 최소 10MΩ인
것이 바람직하다. 이 경우에 미터기는
매우 작은(거의 무시할 만한) 전류만 끌

그림 7-31 기본 저항기

어오기 때문에 정확성이 보장된다. 미터기가 회로에 부하를 가한 덕분에 부정확한
판독값을 얻게 되는 일을 방지할 수 있다는 말이다. 물론 민감한 회로(예: ECU)의

그림 7-32 고전압 케이블에 설치한 유도 전류 클램프(EV 실내 히터가 끌어 쓰는 전류를 측정)

└─ **그림 7-33** 빨간색 리드를 흔들었을 때 표시되는 고스트 전압

손상도 방지할 수 있다.

그러나 우수한 멀티미터도 아주 낮은 전류를 끌어올 수 있다는 점은 문제가 될 수 있다. 회로를 테스트할 때 12V의 공급 전압이 미터기에 표시될 수는 있지만, 공급 전원에 아무런 문제가 없다는 것을 증명하지는 못한다. 12V 전원에 연결된 내부 저항 10MΩ짜리 멀티미터가 발생시키는 전류는 120만분의 1A에 그치기 때문이다. 이 경우, 전원 회로에 수천 Ω의 원치 않는 저항이 있더라도 눈에 띄는 전압 손실을 일으키지 않는다. 테스트 램프를 멀티미터와 병렬로 연결해서 회로에 부하를 줄 수 있지만(전류를 더 많이 흐르게 함), 내부에 존재할 수도 있는 민감한 전자 스위칭 회로가 손상되지 않도록 주의해야 한다.

전압계는 리드가 개방 회로가 되면 0이 아닌 '고스트' 전압을 표시할 수

핵심 체크

• 전압계는 리드가 단선일 때 0이 아닌 '고스트' 전압을 표시할 수 있다.

296

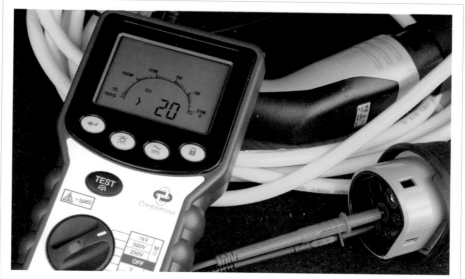

⌐ **그림 7-34** EV 충전 리드의 도체 사이의 절연 저항 점검(이 경우 측정값이 20GΩ보다 큼) ┐

있다. 보통은 접지/섀시 연결부의 전압을 점검할 때 판독값이 0V로 표시된다. 그러나 리드가 개방 회로가 되면 멀티미터가 연결되기도 전에 0으로 표시된다. 이 경우 측정값이 정확한지 어떻게 알 수 있을까?

이때 해결책은 멀티미터의 리드를 흔드는 것이다. 이 경우, 고스트 전압이라면 **그림 7-33**처럼 표시된 값이 변할 것이고 실제 전압이라면 변하지 않는다!

절연 시험기의 역할은 이름 그대로다. 자동차 시스템의 경우, 이 테스트기는 주로 전기 자동차와 하이브리드 차량에 사용한다. 고전압 시스템을 대상으로 테스트를 수행하기 전에 제조업체의 정보를 참고해 안전하게 작업하기 바란다.[5]

위 그림에 보이는 테스터는 메거다. 멀티미터의 일종이지만 와이어 또는 구성 부품의 절연 저항을 테스트하기 위해 최대 1,000V까지 걸어줄 수 있다. 절연 상태가 양호할 경우, 일반적으로 10MΩ을 초과하는 측정값 **그림 7-34**이 나타날 것으로 예상한다. 고전압을 걸어주는 이유는 절연체를 부하 상태로 만들기 위해서다.

이 경우 일반적인 저항계를 사용했을 때 나타나지 않는 결함이 나타날 수 있다. 절연 테스터를 사용할 때는 조심하라. 물론 테스트에 사용되는 고전압 때

문에 죽지는 않는다. 매우 높은 전류를 유지할 수 없기 때문이다. 하지만 아프다는 사실은 변하지 않는다.

작업장 장비

작업장 대부분은 수공구와 시험 장비 외에도 전동(또는 공기) 공구와 리프팅 및 지지용 장비를 다양하게 갖추고 있다. **표 7-7**에는 일반적인 작업장 장비 몇 가지를 정리해놓았다.

표 7-7 작업장 장비의 예

장비	일반 용도
램프 혹은 호이스트	차량을 바닥에서 들어 올릴 때 사용한다. 바퀴가 없이 포스트 2개로 이뤄진 유형도 있고, 작업장 바닥에 설치된 4 포스트형 가위 타입도 있다.
잭과 액슬 스탠드	트롤리 잭은 차량 전면이나 한쪽 코너 혹은 옆면과 같은 차량 일부를 들어 올리는 데 사용한다. 항상 적절한 재킹 지점, 액슬 또는 서스펜션 마운팅 아래에 놓아야 한다. 차량을 들어 올렸을 때는 스탠드를 항상 사용한다. 잭의 실링이 파손돼 차량이 떨어지는 것에 대비해야 하기 때문이다.
에어 건	작업장 대부분은 일반적으로 고압 공기를 사용한다. 에어 건(또는 휠 건)은 휠 너트 또는 볼트를 탈착하는 데 사용한다. 휠 고정물을 교체할 때는 토크 렌치를 사용하는 것이 필수라는 점을 유념하라.
전기 드릴	전기 드릴은 자동차 수리에 사용하는 전동 공구 중 일부에 불과하다. 젖은 상태나 습한 상태에서는 절대 사용하면 안 된다는 점을 기억하라.

부품 세척기	많은 업체가 부품 세척기를 공급한다. 세척기 내의 액체를 주기적으로 교환해야 한다.
스팀 클리너	스팀 클리너는 새 차량의 보호 왁스를 제거하는 것은 물론 사용 중인 자동차에 묻은 그리스, 오일 및 도로 침전물을 청소하는 데 사용할 수 있다. 스팀 클리너에는 전기와 수도, 난방기 연료 등이 공급되기 때문에 조심해야 한다.
전기 용접기	정비소에서 사용하는 용접 형태는 다양하다. 가장 흔한 두 가지는 MIG(Metal Inert Gas. 금속 불활성 기체)와 MMA(Manual Metal Arc. 수동 금속 아크)다.
가스 용접기	가스 용접기는 많이 쓰이는 장비이며 플라이휠 링 기어를 가열할 때도 사용할 수 있기에 작업장에서 인기가 있다.
엔진 크레인	차량 엔진을 탈착하려면 어떤 종류든 크레인이 필수다. 보통 차 앞쪽 밑으로 들어가는 바퀴 달린 두 다리와 유압 램으로 작동하는 지브(jib)로 구성된다. 체인 또는 스트랩으로 엔진에 연결하거나 엔진 주위를 감싼다.
변속기 잭	대부분 변속기는 아래쪽으로 제거한다. 차를 리프트로 받친 다음, 변속기 잭을 아래로 굴려 넣는다.

고전압 공구

많은 제조업체가 전기 자동차의 고전압 시스템으로부터 작업자를 보호하도록 설계된 다양한 공구를 출시했다. EN 60900 규정을 준수하도록 1,000V 혹은 최대 10,000V까지 보호할 수 있는 고품질의 절연 공구와 관련 장비를 생산하는 회사가 여럿 있다. 실제로 이들 공구는 각각 한 번에 10초 동안 10,000V에서 견디는 시험을 통과한다.

공구의 범위는 래칫, 소켓, 스크루드라이버, 스패너, T 렌치, 플라이어 및 절연 토크 렌치를 포함한 절연 공구 전체다. 라텍스 단열 장갑, 보호용 외부

그림 7-35 트롤리 잭 및 액슬 스탠드
(출처: 스냅온)

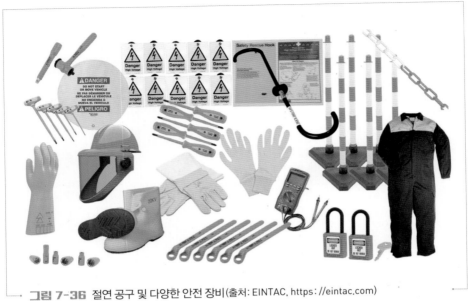

그림 7-36 절연 공구 및 다양한 안전 장비(출처: EINTAC, https://eintac.com)

장갑, 안전 롤러 캐비닛도 있다. EV 공구의 주요 특징은 2단계 색상 코드 시스템인데, 이는 안전과 관련 있다.

　오렌지색으로 칠해진 외부 절연 재료가 훼손되면 내부의 밝은 노란색이 밖으로 노출된다. 이 경우 정비사는 공구를 더는 안전하게 사용할 수 없다는 사실을 분명하게 알아챈다.

온보드 진단

　온보드 진단OBD. On-Board Diagnostics은 차량의 자체 진단 및 보고 시스템을 가리키는 일반 용어다. OBD 시스템은 차량 소유자 또는 정비사가 다양한 차량 시스템 정보에 접근할 수 있도록 한다.

1980년대 초에 도입된 이래, OBD를 통해 얻을 수 있는 진단 정보의 양은 상당히 많이 변했다. 초기 버전의 OBD는 문제가 감지될 경우 오작동 표시등만 켜지고, 무엇이 문제인지는 알려주지 않았다. 최근 OBD 시스템은 표준 디지털 통신 포트를 사용해 일련의 고장 진단 코드와 함께 실시간 데이터를 제공한다. 이를 통해 정비사는 차량

그림 7-37 진단 데이터 링크 커넥터 (DLC)

고장을 식별하고 해결할 수 있다. 현재 버전은 OBD2이고 유럽에서는 EOBD2다. 표준 OBD2와 EOBD2는 거의 비슷하다. 모든 OBD2 핀아웃의 커넥터는 동일하지만, 각각 다른 핀을 사용한다. 다만 핀 4(배터리 접지)와 핀 16(배터리 양극)의 경우는 예외다.

그림 7-38 커넥터 핀아웃: 4, 배터리 그라운드/접지: 7, K 라인: 15, L 라인: t, 배터리 양극

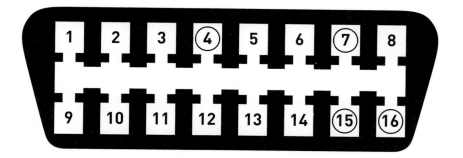

8

유지 보수·수리·교체

작업 시작 전

작업자가 고려해야 할 예비 사항

전기 자동차를 대상으로 실제 작업을 수행하기 전에 교육이나 감독을 받아야 한다. 당연하게도 교육자는 적절한 자격 요건을 갖춘 사람이어야 한다. 안전한 작업법과 개인 보호 장비 및 시스템을 안전 작업 규정에 맞게 바꾸는 과정에 대해서는 제7장을 참고하라. 전기 자동차(그 밖의 모든 해당 차량)를 작업할 때 고려해야 할 주요 사항은 다음과 같다.

- 건강 및 안전 측면에서의 관찰
- 개인 보호 장비의 올바른 사용
- 공구와 장비의 올바른 사용
- 수리 절차 준수
- 작업장 절차 준수
- 제조업체별 정보 참조

참고로 전기 자동차 및 기타 관련 주제에 관해 여러 훌륭한 교육 코스가 영국

전역에서 제공된다. IMI는 다양한 CPD 과정을 제공하며, 자동차산업연구소 사이트(www.theimi.org.uk/cpd/search)에서 검색할 수 있다. ProMoto www.pro-moto.co.uk나 TechTopic www.techtopics.co.uk 사이트에서 운영하는 이론·실습 과정도 추천한다.

기술 정보

기술을 포함해 여러 관련 정보를 제공하는 곳은 많다. 하지만 전기 자동차의 경우, 제조업체에서 제공한 데이터와 안전 데이터 시트 및 작업장 매뉴얼을 참조하는 것이 필수다.

또한 운전자/고객으로부터 정보를 수집하는 적절한 방법을 알고 있어야 한다. 예를 들어, 문제가 발생한 시기와 장소 또는 과정에 대해 정중하게 질문하는 것만으로도 종종 해결책으로 가는 확실한 길을 발견할 수 있다. 일반적으로 정보를 얻을 수 있는 출처는 다음과 같다.

- 서류 기반 혹은 전자적 정보
- 차량 데이터/경고 표시
- 배선 다이어그램
- 수리 지침
- 게시판
- 구두 지시

그림 8-1을 보면, 각 부품이 차량의 어디에 위치하는지를 나타낸 데이터 (제조업체가 제공) 예시를 확인할 수 있다.

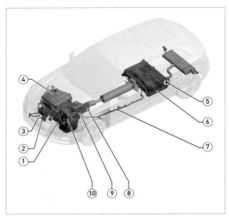

그림 8-1 골프 GTE의 부품 위치

① 3상 전류 구동(전기 구동 모터, 구동 모터 온도 송신기), ② 고전압 배터리 충전 소켓, ③ 전기 에어컨 컴프레서, ④ 내연기관, ⑤ 배터리 조절 장치, ⑥ 고전압 배터리, ⑦ 고전압 케이블, ⑧ 고전압 히터(PTC), ⑨ 전기 구동을 위한 전력 및 제어 전자장치(전기 구동용 제어 장치, 중간 회로 커패시터, 전압 컨버터, 구동 모터용 DC/AC 컨버터), ⑩ 고전압 배터리용 충전 장치(출처: 폭스바겐 그룹)

전원 차단

제조업체마다 고전압 시스템의 전원을 차단하는 방법이 다르다. 따라서 이 작업은 제조업체가 제공한 데이터를 참고해야 한다. 아래는 전원을 차단하는 가장 일반적인 방법이다.

1. 항상 적절한 개인 보호 장비를 사용한다.
2. 차량 주위에 고전압 경고 표지와 펜스를 포스트, 장벽 테이프 등과 함께 설

그림 8-2 전원을 차단한 후, 차량과 관련한 작업을 수행할 때 사용하는 경고 기호

치한다.

3. 충전 플러그를 분리한다.

4. 엔진 시동을 켜고 스캐너를 연결한 후 고장 여부를 점검한다.

5. 스캐너를 연결하고, 고전압 측정값이 정상인지 확인한다.

6. 엔진 시동을 끄고, 키를 제거해서 안전한 장소에 보관한다.

7. 서비스 커넥터를 분리한다.

8. 실수로 다시 연결하지 않도록 서비스 커넥터를 잠근다.

9. 엔진 시동을 켠다.

10. 대시보드 경고를 확인한다.

11. 스캐너를 연결하고 고전압 측정값이 0인지 확인한다.

12. 점화 스위치를 끄고, 키를 제거해 안전한 곳에 둔다.('원격 시동키'라면 멀리 떨어뜨려야 한다.)

13. 저전압 전원이라면 멀티미터가 올바르게 작동하는지 점검한다.

14. Cat III(최소) 멀티미터 및 리드를 사용해 인버터의 제로 전압을 확인한다.

특별한 경우에는 고전압을 취급할 수 있는 자격을 갖춘 정비사만이 전원 차단 작업을 수행할 수 있다.

그림 8-3 골프 GTE의 유지 관리 커넥터(녹색) 및 경고 라벨

작업 진행 중

유지 보수의 주기

전기 및 하이브리드 차량의 유지 관리 주기는 모델과 제조업체마다 다르다. 항상 제조업체의 데이터를 참조하라. 예를 들어 eGolf의 경우, 점검은 사용 시간과 주행 거리에 따라 달라진다. 1차 점검은 3만 km 혹은 24개월이 되는 시점에 한다. 이후에는 12개월 혹은 3만 km 중 먼저 도달하는 때를 기준으로 주기적으로 실행한다. 첫 브레이크 오일 검사는 3년 후에 하고, 그 이후에는 2년마다 수행하는 것이 좋다.

다른 시스템에 영향을 미치는 수리

주의를 기울이지 않으면, 한 시스템에 실시한 작업이 다른 시스템에 영향을 미칠 수 있다. 예를 들어 오일 필터처럼 간단한 것을 제거하고 교체할 때도 실수로 오일 압력 스위치를 분리하거나 스트랩 렌치가 미끄러지면서 오일 압력 스위치를 파손할 수 있다. 이러면 다른 시스템에 영향을 미친다.

이런 이유로 다른 시스템과의 연결을 항상 고려해야 한다. 물론 이 점은 고에너지 시스템을 다룰 때 훨씬 더 중요하다. 좋은 예로 HEV에서는 12V 배터리를 분리하더라도 여전히 고전압 배터리와 DC/DC 컨버터가 시스템에 전원을 공급할 수 있다. 따라서 제조업체의 정보를 참고하는 것이 필수다.

용어 설명

• EMR: 전자파. Electro-Magnetic Radiation.

이뿐만 아니라 전자파 방출(또는 간섭)은 섬세한 전자장치에 영향을 미칠 수 있다. 대부분 엔진 컨트롤 유닛은 어떤 방식으로든 전자파 방출이 차폐돼 있지만, 일부 EV 모터용 로터의 고강도 자석은 다른 장치에 손상을 일으킬 수 있다. 다른 관점에서 이 문제를 보자. 한 흥미로운 기사는 최근 많은 운전자가 주차장에 있는 차량을 원격으로 열 수 없다고 언급했다. 이 문제의 원인은 아직 조사 중이지만, 필자가 보기에는 전자파EMR 문제인 것 같다. 혹은 근처에 있는 전력선이 원인일 수도 있다.

고전압 부품 검사하기

서비스 또는 수리 작업 중에는 고전압 부품을 검사하는 것이 중요하다. 이 검사 대상에는 **그림 8-4**와 같은 충전 케이블도 포함된다.

케이블

고전압 부품을 검사할 때 주의해야 할 두 가지 주요 사항이 있다. 바로 차

그림 8-4 가정용 주전원 및 충전기 케이블

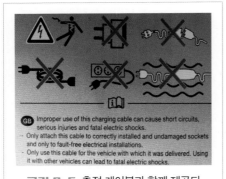

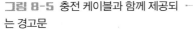

그림 8-5 충전 케이블과 함께 제공되는 경고문

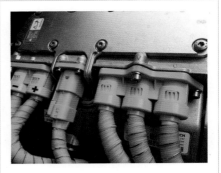

그림 8-6 고전압 케이블

량의 전류 처리 능력, 회로 단락 및 이로 인한 차량 부품의 손상 가능성 등이다.

사용된 부품과 그 연결 방법을 식별할 수 있어야 한다. 고전압 부품과 케이블의 경우, 보안 점검뿐만 아니라 손상 여부 및 배선이 정확한지 여부를 육안으로 점검해야 한다. 육안 검사 시 다음 사항에 주의하라.

- 고전압 부품의 외부 손상
- 고전압 케이블의 결함 또는 절연 손상
- 비정상적인 고전압 케이블 변형

배터리

고전압 배터리와 관련해서는 다음 사항을 점검한다.

- 배터리 하우징 또는 배터리 트레이 상부에 금이 가 있는 경우
- 배터리 하우징 또는 배터리 트레이 상부의 변형
- 하우징의 온도 및 변색으로 인한 색 변화
- 전해액 유출

- 고전압 접점의 손상
- 정보 문구가 쓰인 스티커가 제대로 붙어 있고 읽기 쉬운지를 확인
- 전위 이퀄라이저 라인이 적합하게 설치돼 있는지를 점검
- 부식 손상

그림 8-7 혼다의 배터리 팩

기타 부품

엔진실 부위에는 여러 부품이 있다. 전기 자동차 구동 전원 및 컨트롤 전자장치, 배터리 및 에어컨 컴프레서용 고전압 케이블, 구동용 고전압 케이블, 라디에이터 그릴이나 탱크 캡의 고전압 충전 소켓 등이 적절한 상태로 있는지 점검하라. 차체 하부에서는 고전압 배터리와 배터리용 고전압 케이블을 점검한다.

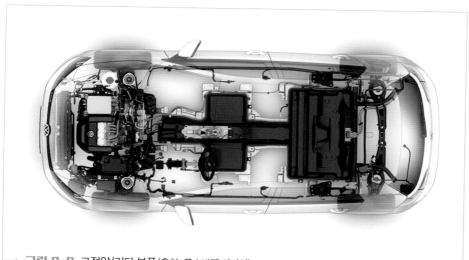

그림 8-8 고전압/기타 부품(출처: 폭스바겐 미디어)

PHEV의 유지 관리 문제

PHEV의 경우, 고장이 나서 문제가 발생하는 사례 중 재미있는 예는 바로 운전자가 항상 최대 운행 거리보다 짧게 운행할 때다. 이때, ICE 모드가 매우 오랜 시간 동안 사용되지 않을 수 있다. 이러면 연료가 상할 수 있고, 극단적인 경우라면 기계 부품이 고착될 수 있다.

지금은 이에 대한 해결책이 마련돼 있다. 이 유형의 자동차 대부분은 운전자가 직접 유지 보수 모드를 활성화하거나 유지 보수 모드가 자동으로 작동한다.

부품 제거 및 교체

고전압 부품

주요 고전압(고에너지) 부품은 일반적으로 다음과 같이 분류한다.

- 케이블(오렌지색)
- 구동 모터/제너레이터
- 배터리 관리 장치
- 전원 및 컨트롤 유닛(인버터 포함)
- 충전 장치
- 파워 스티어링 모터
- 전기 히터
- 에어컨 펌프

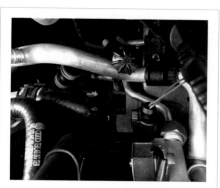

그림 8-9 고전압 모터에 의해 구동되는 이 자동차의 AC 컴프레서는 엔진 측면 깊숙한 곳에 있다. 그곳에서 오렌지색 전원 케이블을 찾으면 된다.
(출처: 폭스바겐)

고전압 부품을 제거하거나 교체하는 작업을 할 때면 주의해야 할 일반적인 안전 사항(제7장 참조)은 다음과 같다.

- 유독한 먼지와 액체는 건강에 좋지 않다.

- 단락이 발생한 적 있는 고전압 배터리를 대상으로 절대 작업하지 않는다.

- 고온 상태의 고전압 배터리라면 화상 위험이 있다.

- 손에 입은 화상은 오래갈 수 있다.

- 보호 장갑을 착용한다.

- 엔진이 뜨거울 때 냉각 시스템에는 압력이 걸려 있다.

- 피부와 신체 부위에 화상을 입을 위험이 있다.

- 보안경을 착용한다.

- 감전으로 인해 중상 또는 치명상의 위험이 있다.

고전압 부품과 관련한 모든 제거/교체 작업은 전원을 차단하는 일과 함께 진행되며 작업이 완료된 후 다시 전원 공급 프로세스를 진행한다.

고전압이 관련된 모든 제거/교체 작업에는 제조업체가 제공한 정보가 필수다. 모든 부품에 대한 일반적인 지침은 다음과 같은 절차와 유사하지만, 실제 작업을 하려면 더 상세한 지침이 필요하다.

그림 8-10 고전압 케이블

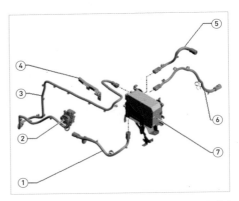

① AC 컴프레서 케이블, ② 충전 소켓, ③ 충전 소켓 케이블, ④ 가이드, ⑤ 배터리 충전 케이블, ⑥ 고전압 히터 케이블, ⑦ 충전 장치

1. 시스템 전원을 끈다.

2. 필요하다면 냉각수를 배출한다.(많은 고전압 부품은 냉각이 필요하다.)

3. 덮개나 카울링을 모두 제거한다.

4. 연결된 고전압 케이블을 제거한다. 안전상 이유로 일부 커넥터가 이중으로

그림 8-11 토요타 프리우스 엔진룸의 모습

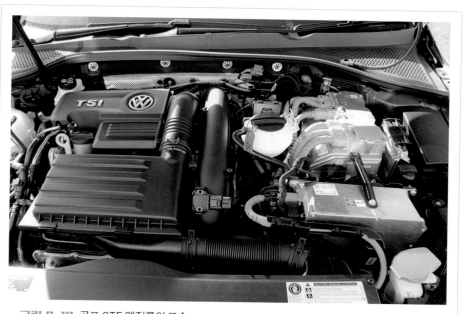

그림 8-12 골프 GTE 엔진룸의 모습

잠겨 있다.(그림 8-13은 한 예를
보여준다.)

5. 필요에 따라 고정 볼트/너트를
   푼다.

6. 주요 부품을 분리한다.

그림 8-13 커넥터 잠금

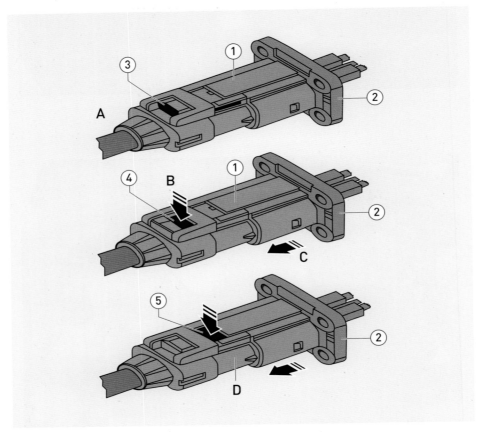

잠금장치(③)를 A 방향으로 당기고, ④를 B 방향으로 밀어 커넥터(①)가 두 번째 잠금장치에 닿을 때까지 당겨 빼낸다.
⑤를 D 방향으로 밀면, 이제 커넥터를 완전히 제거할 수 있다.

배터리 팩

배터리 제거 작업 대부분은 다음과 같은 특수 공구와 장비가 필요하다.

- 호스 클램프
- 가위형 리프트 플랫폼
- 드립 트레이
- 전원 플러그의 보호 캡

배터리를 분리하는 일반적인 과정은 다음과 같다.

그림 8-14 배터리 팩

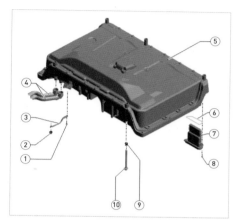

① 볼트, ② 너트, ③ 포텐셜 이퀄라이저 라인, ④ 냉각수 호스, ⑤ 고전압 배터리, ⑥ 개스킷, ⑦ 배터리 조절 장치, ⑧ 볼트, ⑨ 캡티브 너트, ⑩ 볼트(출처: 폭스바겐 그룹)

1. 고압 시스템의 전원을 차단한다.
2. 차체 하부 커버를 벗긴다.
3. 소음기를 제거한다.
4. 고전압 배터리의 열 차폐 장치를 제거한다.
5. 냉각수 팽창 탱크의 주입구 캡을 연다.
6. 드립 트레이를 하부에 놓는다.
7. 포텐셜 이퀄라이저 라인을 제거한다.
8. 고전압 케이블을 분리한다.
9. 고전압 연결부에 보호 캡을 장착한다.
10. 냉각수 호스를 호스 클램프로 고정한다.
11. 리테이닝 클립을 들어 올리고, 고압 배터리에서 냉각수 호스를 분리한 후 냉각수를 배출한다.

12. 가위 리프트를 지지대와 함께 준비한다.

13. 고전압 배터리를 지지하기 위해 리프트를 들어 올린다.

14. 마운팅 볼트를 제거한다.

15. 리프트를 사용해 고전압 배터리를 내린다.

장착은 분해의 역순으로 진행한다. 다음 사항에 유의하라.

- 모든 볼트는 지정된 토크로 조여야 한다.
- 고전압 케이블을 연결하기 전에 고전압 연결부에서 보호 캡을 당겨 빼낸다.
- 냉각수를 주입한다.
- 고전압 시스템에 전원을 다시 공급한다.

저전압 부품

전기 자동차를 다루다 보면, 고전압 부품만 작업하는 것은 아니다. 작업의 상당 부분은 저전압 시스템과 관련 있다. 이런 저전압 시스템을 드라이브 모터와 같은 고에너지 부품과 구별하기 위해 '저에너지'라고 부르기도 한다. 하지만 스타터 모터와 같은 부품들은 저전압이긴 하지만 저에너지가 아니라는 점을 명심해야 한다. 저전압 시스템에는 다음과 같은 부품들이 포함된다. 이런 시스템에 관해 자세하게 알려면 《Automobile Electrical and Electronic System》(2016)을 참조하라.

- 컨트롤 유닛/퓨즈 박스
- 실내 난방과 관련한 저에너지 부품

- 와이어링 하니스/케이블

- 배터리

- 스타터 모터

- 교류 발전기

- 스위치

- 조명

- 에어컨과 관련된 저에너지 부품

- 알람/이모빌라이저

- 중앙 잠금장치

- 전동 윈도/와이퍼/워셔

- 중앙 잠금장치

그림 8-15 표준 12V 스타터 모터
(출처: 보쉬 미디어)

작업 완료

전원 재공급

제조업체마다 고전압 시스템에 전원을 다시 공급하는 방법이 다르다. (이 작업은 제조업체가 제공하는 데이터를 참조해야 한다.) 아래는 일반적인 전원 재공급 작업 방법이다.

1. 항상 적절한 개인 보호 장비를 사용한다.
2. 서비스 커넥터를 잠금 해제한다.
3. 서비스 커넥터를 교체한다.
4. 엔진 점화 스위치를 켠다.
5. 대시보드에 뜨는 경고를 확인한다.
6. 스캐너를 연결하고 고장을 확인한다.
7. 펜스와 고전압 경고 표지를 제거한다.

결과, 기록, 조언

여기서 다룰 내용은 보통 지나치는 경우가 많다. 하지만 테스트 결과를 최종적으로 확인하고 기록을 보관한 다음, 필요한 사항을 고객에게 조언하는 것은 매우 중요한 과정이다. 결과를 잘 해석하려면 다음과 같은 출처를 이용해 정보를 얻어야 한다.

- 배선 다이어그램
- 수리 지침
- 게시판
- 토크 설정
- 기술 데이터
- 연구 개발 데이터

현재 모든 제조업체는 온라인으로 이런 유형의 정보를 공개하고 있다. 정비사 입장에서는 적절한 문서를 사용하고 작업을 수행한 후에 관련 기록을 보관하는 것이 중요해졌다. 예를 들면 작업 카드, 점포 및 부품과 관련한 기록, 제조업체의 보증 시스템 같은 기록 말이다.

이런 기록을 보관하면, 고객에게 요구할 청구서가 정확한지 확인할 수 있다. 게다가 향후 다른 작업이 필요하거나, 보증 수리 항목에 포함된 작업 요청이 있을 경우를 대비할 수도 있다. 기록 데이터를 잘 활용하면, 고객에게 추가 검사나 수리, 부품 교체 등을 권장할

그림 8-16 전자 데이터를 파악하는 모습

수도 있다. 또는 추가 작업이 필요하지 않다는, 모든 고객이 듣고 싶어 하는 말을 들려줄 수도 있다.

근무하고 있는 회사에 건의 사항을 제안하는 데도 기록해둔 데이터가 유용하다. 예를 들어 작업 방법이나 과정을 개선해서 향후 작업을 더 쉽고 빠르게 수행하는 데 일조한다.

수행된 테스트 결과를 기록하는 방법은 여러 가지다. 실제 기록 방법은 어떤 테스트 장비를 사용했는지에 따라 달라질 것이다. 예를 들어, 일부 장비는 테스트 결과를 인쇄한다. 그러나 다른 장비는 모든 테스트 결과를 작업 카드에 기록한다. 물론 이 경우에도 기록 대부분은 전자 기기에 저장된다.

도로변 응급 지원

제조업체가 제공하는 정보

일부 전기 자동차는 도로변 응급 지원 및 복구 작업 시에 특별하게 취급해야 한다. 제조업체는 이에 대해 상세한 정보를 제공하고 있으며, 스마트폰

앱을 비롯해 PC 같은 다른 디바이스에서도 이용할 수 있다. 여기서 소개할 많은 정보는 최초 응급 대응자가 자유롭게 이용할 수 있으며, 테슬라의 웹사이트 (https://www.teslamotors.com/firstresponders)가 제공한 것들이다.

> **핵심 체크**
>
> • 일부 전기 자동차는 도로변 응급 지원 및 복구 작업 시에 특별하게 취급해야 한다.

비상 시동

일부 차량의 경우, 고전압 배터리가 완전히 방전되더라도 짧은 거리를 움직이기 위해 두 번 정도 재시동을 걸 수 있는 옵션이 있다. 예를 들면 eGolf는 다음과 같은 비상 시동 기능이 있다. 이를 제외하면 비상 시동은 불가능하다.

충전 중인 eGolf(출처: 폭스바겐 미디어)

1. 점화 스위치를 껐다가 켠 후 약 100m 이동 가능
2. 다시 점화 스위치를 껐다가 켠 후 약 50m 이동 가능

도로변 수리

도로변에서 실시하는 수리는 유자격 작업자가 수행해야 하며, 앞서 설명한 모든 안전 및 수리 절차를 따라야 한다. 일반적인 정보는 물론이고 보다 구체적인 세부 정보도 찾아볼 수 있다.

차량 구난

제조업체는 도로변 견인이 필요할 때 운전자가 전화할 수 있도록 도로변 지원 번호를 제공한다. 또한 다음과 유사한 정보가 실려 있는 상세한 설명서를 운송업체에 제공한다.(아래는 테슬라가 제공하는 모델S 관련 정보)

플랫베드만 사용

테슬라가 별도로 지정하지 않는 한, 플랫베드 트레일러만 사용해야 한다. 모델S는 타이어가 지면에 직접 닿아 있는 상태에서 운반하면 안 된다. 모델S를 운송하려면 설명된 대로 지침을 정확히 따라야 한다. 모델S를 운송하면서 생긴 손상은 보증 대상에서 제외한다.

자동 레벨링 비활성화(에어 서스펜션 차량만 해당)

모델S에 액티브 에어 서스펜션이 장착된 경우, 전원이 꺼진 상태에서도 자동으로 레벨링이 조절된다. 따라서 차량 손상을 방지하려면 터치스크린을 사용해 자동 레벨링을 비활성화하도록 잭 모드를 선택한다.

1. 터치스크린 좌측 하단의 CONTROLS를 누른다.
2. 브레이크 페달을 누른 다음, Controls > Driving > Very High를 눌러 높이를 극대화한다.
3. 잭을 누른다.

잭 모드가 활성화된 경우 모델S는 계기판에 이 표시등을 켜고 능동형 서스펜션이 비활성화되었음을 알리는 메시지를 표시한다. 주의: 모델S가 7km/h(4.5mph) 이상으로 주행하면 잭 모드가 취소된다.

• 참고: 능동형 서스펜션이 장착된 모델S에서 잭 모드를 활성화하지 않으면 운송 중에 차량이 헐거워져 차량 손상이 발생할 수 있다.

견인 모드 활성화

중립으로 기어를 바꾸더라도 모델S는 운전자가 차량에서 내리는 것이 감지되면 자동으로 주차 모드로 바꾼다. 모델S를 중립(주차 브레이크를 푼다.)으로 유지하려면 터치스크린을 사용해 견인 모드를 활성화한다.

1. 주차로 바꾼다.
2. 브레이크 페달을 누른 다음, 터치스크린에서 Controls > E - Brakes & Power Off > Tow Mode를 누른다.

견인 모드가 활성화된 경우, 모델S는 계기판에 이 사실을 표시하고 모델S의 바퀴가 자유롭게 굴러갈 수 있는 상태가 됐음을 표시한다.

- 참고: 견인 모드는 모델S가 주차 모드로 전환되면 취소된다.
- 주의: 만약 전기 시스템이 작동하지 않고, 따라서 전기식 주차 브레이크를 해제할 수 없다면 12V 배터리를 퀵 스타트 해보라. 자세한 작업 지침에 대해서는 이전 페이지에 실린 전화번호로 연락하라. 주차 브레이크를 해제할 수 없는 상황이 발생할 경우, 타이어를 끌면서 이동하거나 바퀴 달린 돌리를 사용해 가능한 최단 거리로 모델S를 운반해야 한다. 이 작업을 수행하기 전에 항상 돌리 제조업체에게 사양과 권장 부하 용량을 확인하라.

견인 체인 연결

견인 체인을 연결하는 방법은 모델S에 견인 고리가 장착돼 있는지에 따라 달라진다.

하부 서스펜션 암

각 최후방 하부 서스펜션 암의 라지 홀드를 이용해 견인 체인을 연결한다. 견인 체인과 차체 하부 사이에 2"×4" 크기의 목재 조각을 놓는다.

- 주의: 당기기 전에 견인 체인과 차체 하부 사이에 목재 조각을 배치해 차체 하부가 견인 체인으로 인해 손상되지 않도록 한다.

견인 고리(장착된 경우)

플라스틱 프라이 공구를 오른쪽 상단 모서리에 삽입해 노즈콘을 제거한 다음, 노즈콘을 부드럽게 사용자 쪽으로 당긴다. 클립이 풀리면 노즈콘을 비틀거나 구부리지 말고 사용자 쪽으로 당겨서 나머지 클립 3개를 분리한다.

- 주의: 금속 물체(스크루 드라이버)를 사용하면 안 된다. 그러면 노즈콘과 주변 부위가 손상될 수 있다.

견인 고리(프런트 트렁크에 있음)를 오른쪽 구멍에 완전히 삽입한 다음, 단단히 고정될 때까지 시계 반대 방향으로 돌린다. 단단히 고정되면 견인 체인을 견인 고리에 건다.

- 주의: 당기기 전에 견인 고리가 단단히 조여져 있는지 확인하라.

트레일러 위로 당겨서 휠을 고정

초크 및 고정 스트랩을 사용해 휠을 고정한다.

고정 스트랩의 금속 부분이 도장면 또는 휠 표면에 닿지 않도록 한다.

차체 패널 위 또는 바퀴를 통과해 스트랩을 장착하지 않도록 주의한다.

- 주의: 섀시, 서스펜션 또는 차체의 다른 부분에 스트랩을 연결하면 손상될 수 있다.
- 주의: 손상을 방지하기 위해 타이어가 지면에 직접 닿은 상태에서 모델S를 운반하면 안 된다.

그림 8-18 주요 부품 및 고전압 정보

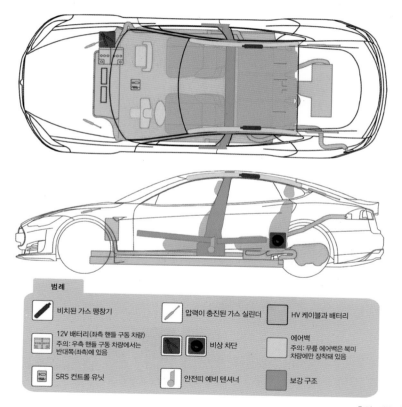

출처: 테슬라 모터스

그림 8-19 일반 지침 및 비활성화 정보

MODEL S 2014

일반 지침

- 소음 없이 조용하더라도, 항상 차량에 시동이 켜져 있다고 생각하라.
- 오렌지색으로 표시된 고전압 케이블이나 고전압 부품을 만지거나, 자르거나 열지 말라.
- 추진 장치가 비활성화돼 있더라도, 배터리 팩에 손상을 입혀서는 안 된다.
- 충돌 때문에 에어백의 예비 텐셔너나 에어백이 작동할 때 자동으로 고전압 시스템이 차단된다.

⚠ 경고: 고전압 회로가 비활성화되면 모든 전류를 방전시키는 데 2분 정도가 걸린다.

⚠ 경고: SRS 컨트롤 유닛에는 비상 전원 장치가 있고, 이것을 방전시키는 데 약 10초 정도가 걸린다.

차량 고정

1 단계: 휠을 고정한다.

2 단계: 기어 변환 스톡 끝에 있는 버튼을 눌러서 주차 브레이크를 활성화한다.

차량 비활성화

컷 루프는 차량의 오른쪽 후드 아래에 있다.

1 단계: 다음 방법 중 하나를 사용해 후드를 연다.

- 키에 있는 전방 트렁크(후드) 버튼을 더블 클릭한다.
- 터치스크린에서 전방 트렁크를 터치한다.
- 글로브박스 아래에 있는 릴리스 핸들을 당긴다. 세컨더리 캐치 레버를 아래로 누른다. 세컨더리 캐치에 느껴지는 압력을 릴리스하기 위해서는 후드를 약간 밑으로 눌러야 한다.

2 단계: 제자리에 고정하는 역할을 하는 클립 5개가 제자리에 고정하는 역할을 하는데, 이를 릴리스하려면 후방 에지를 끌어당겨 액세스 패널(카울 스크린)을 제거한다.

액세스 패널 제거

3단계: 끝이 다시 연결되지 않도록 단면을 이중으로 잘라서 루프 밖으로 꺼낸다.

루프를 이중으로 자른다.

후드를 열기 위한 세 가지 방법

- 전방 컷 루프에 접근할 수 없다면 충전 포트에서 가장 가까운 2번째 열 도어 필러를 자르고 들어가서 고전압을 차단한다.
- 12인치짜리 회전 톱을 이용해 라벨(우측)을 통과하도록 필러를 6인치(152mm)가량 자르고 들어가야 한다.

P/N: SC-14-94-002 R1

출처: 테슬라 모터스

견인

전기 자동차는 구동 휠과 3상 전류 드라이브(전기 구동 모터/제너레이터) 사이의 연결이 고정돼 있다. 기계적 작업 없이는 이 연결을 풀 수 없다. 차량을 견인해야 하는 경우, 일반적으로 두 가지 옵션이 있다.(여기에서 든 예는 eGolf)

1. 고전압 시스템을 그대로 유지하면서 차량을 견인하는 방법: 엔진 점화 스위치를 켜고 셀렉터 레버를 N 위치에 놓는다. 이러면 전자식 프리휠 모드를 허용한다. 이 경우 차량을 로프 또는 토우바를 사용해 50km/h의 속도로 최대 50km까지 견인할 수 있다. 안전상의 이유로 토우바 사용을 권장한다.
2. 고전압 시스템이 손상된 상태에서의 견인: 고전압 시스템을 활성화할 수 없는 경우 휠 4개가 모두 움직이지 않는 상태로 차량을 운반한다. 이 상태에서는 프리휠 모드를 쓸 수 없다. 과열 위험이 있기 때문이다.

비상 대응

앞부분에서, 응급 대응자에게 중요한 몇 가지 일반 사항을 개략적으로 설명했다. 대부분 제조업체는 다음과 같은 사항에 대해 세부 정보를 제공한다. 이와 관련한 좋은 예시는 테슬라 모터스 웹사이트(https://www.teslamotors.com/firstresponders)에서 찾아볼 수 있다.

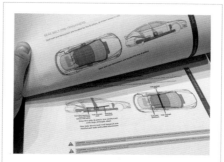

그림 8-20 테슬라 모델S의 비상 대응 가이드(안전띠 텐셔너와 보강재 및 고강도 스틸이 어디에 있는지를 보여준다.)

- 모델 식별
- 고전압 구성 요소
- 저전압 시스템
- 고전압 비활성화
- 차량 안정화
- 에어백 및 SRS
- 보강 구조
- 절단 금지 구역
- 응급조치
- 리프팅
- 오프닝

핵심 체크

- 대부분 제조사는 상세한 정보를 제공한다.

화재

BEV 또는 HEV와 관련한 화재는 몇 가지 추가 요소를 고려해야 하지만, 일반적으로는 기존 자동차와 같은 방식으로 접근해야 한다. 모든 자동차(EV 또는 HEV 포함) 화재를 진압하기 위해 고려해야 할 기본 단계가 **그림 8-21**에 나와 있다.

차량 구난, 응급조치, 차량 화재 진압을 하려면 차량을 안정시키고 비활성화시키는 중요 단계를 반드시 거쳐야 한다. 차량이 꺼진 것처럼 보여도, 소방관에게는 여전히 위험할 수 있다. 비상 대응자는 항상 차량 제조업체의 지침에 따라 차량의 작동 능력을 비활성화해야 한다.

차량 제조업체의 비상 대응 가이드는 일반적으로 배터리 화재에 대해 방어적으로 조심스럽게 접근할 것을 권장한다. 다시 말해서, 배터리가 타서 전소되도록 놔둬야 한다는 것이다. 또한 이 과정에서 발생하는 열과 연소 생성물에 노출되지 않도록 신경 써야 한다.

차량 배터리 화재를 진화하는 방법은 배터리 유형, 화재 범위, 배터리 구성 및 배터리 유닛의 물리적 손상과 같은 여러 사항에 따라 달라진다. 만약 물을 사용한다면 보통은 많은 양이 필요하다. 그러나 차량 및 배터리 유닛에 접근할 수 없거나 소화용수에 의한 오염이 우려되는 경우라면 이 방법은 적당하지 않다. 일부 응급 대응 기관에서는 리튬 이온 배터리 화재의 경우에 건식 화학물질, 이산화탄소, 물 분무 또는 일반적인 거품을 이용해 진화를 시도할 것을 조언한다.

고전압 배터리는 일반적으로 잘 밀봉돼 있으며 액체 전해질을 많이 포함하고 있지 않다. 따라서 유출물 대부분은 흡수제를 사용해 처리할 수 있다. 하지만 새로운 배터리 기술이 도입됨에 따라, 이런 종래의 접근 방식을 다시 고려해야 할 수도 있다.

고전압 시스템에 감전당하는 일을 방지하는 내장형 보호 장치가 화재 때문에 제대로 작동하지 않을 수 있다는 점도 고려해야 한다. 정상적인 고전압 시스템이

그림 8-21 차량 화재 진압에 접근하는 방식

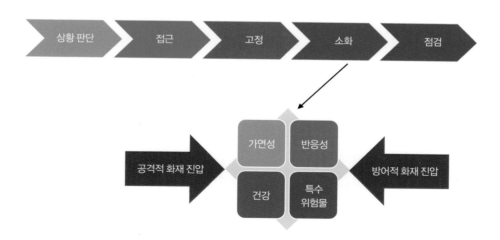

라면 대개 릴레이(접점)가 개방돼 있는데 열에 노출되거나 손상되면, 닫힐지도 모른다. 심각한 사고가 발생하면, 고전압 배터리 또는 고전압 부품에 여전히 남아 있는 전기 때문에 섀시나 차체 측에 누전이 발생할 수 있다. 항상 최악의 경우를 대비해서 계획을 세워야 한다.

배터리 운반

배터리는 전문 운송 회사가 운반해야 한다. 여기서는 이 문제를 개략적으로만 다루겠다. 2017년 1월 1일부터 변경된 IATA 위험물 운송 규정에 의거해 새로운 리튬 이온 배터리 취급 라벨과 배송 마크가 사용되고 있다. 제60판 규정(2019년 1월 1일)에서는 **그림 8-22**와 같은 라벨이 의무화된다.

2020년 1월 1일부터, 2003년 6월 30일 이후에 제조된 리튬 셀 또는 배터리를 이용해 구동되는 장비의 제조업체와 후속 판매자는 UN 시험 및 기준 매뉴얼, 개정 및 III부 하위 섹션에 명시된 대로 해당 시험 결과를 제공해야 한다. 이 결과는 제조 회사의 웹사이트에서 찾아볼 수 있다. 리튬 셀/배터리는 운반되기 전에 먼저 정해진 테스트를 성공적으로 통과해야 한다. 이런 테스트는 운송 과정에서 겪을 수 있는 압력, 온도, 압착 및 충격과 같은 조건을 모사하는 것으로 UN 테스트 및 통과 기준 매뉴얼에 설명돼 있다. 배터리 포장 방법은 **표 8-1**에 요약된 규정[1]에도 명시돼 있다.

그림 8-22 필수 라벨

표 8-1 유엔 유럽경제위원회가 지정한 리튬 이온 배터리 포장 지침 문서

P908	포장 지침	P908
이 지침은 손상되거나 문제가 있는 리튬 이온 셀과 배터리 그리고 손상되거나 문제가 있는 리튬 금속 셀과 배터리에 적용된다. 장비 내에 들어 있는 경우도 해당한다. UN Nos 3090, 3091, 3480, 3481		
보편 규정 4.1.1과 4.1.3을 충족하면 다음 포장 방법이 허용된다:		

셀, 배터리, 셀과 배터리가 장착된 장비

    드럼(1A2, 1B2, 1N2, 1H2, 1D, 1G)

    박스(4A, 4B, 4N, 4C1, 4C2, 4D, 4F, 4G, 4H1, 4H2)

    제리캔(3A2, 3B2, 3H2)

포장은 포장 그룹 II의 성능 레벨을 만족해야 한다.

1. 손상되거나 문제가 있는 셀 또는 배터리 또는 이들이 장착된 장비는 모두 내부 포장재에 따로 포장된 후 외부 포장재에 넣어야 한다. 잠재적인 전해액의 유출을 방지하기 위해 내부 포장재와 외부 포장재의 경우 누출을 방지할 수 있는 것을 사용해야 한다.

2. 열이 위험한 수준으로 올라가는 것을 막기 위해 모든 내부 포장재는 충분한 비난연성과 전기 절연성을 갖춘 단열 재질로 감싸야 한다.

3. 필요한 경우 밀봉된 포장재라면 통풍을 시킬 수 있는 수단을 포함해야 한다.

4. 운반하는 동안 추가적인 손상과 위험한 상황이 발생하지 않도록 포장재 내에서 셀과 배터리가 진동, 충격, 움직임이 일어나지 않도록 조치가 취해져야 한다. 이러한 조건을 만족시키기 위해 난연성, 전기 절연성을 띤 재질로 충격 흡수를 시켜줄 수 있다.

5. 포장재가 디자인되거나 제조된 국가에서 공인된 표준에 의해 난연성을 평가해야 한다.

누출이 있는 셀이나 배터리의 경우, 빠져나온 전해액의 흡수를 위해 불활성 흡수 물질을 내부 혹은 외부 포장재에 충분히 넣어야 한다.

순중량이 30kg 이상인 셀이나 배터리라면, 외부 포장재에 셀이나 배터리를 하나만 넣어야 한다.

추가 요구 사항:
셀이나 배터리는 누전으로부터 보호해야 한다.

프로 어시스트 하이브리드 모바일 앱

프로 모토Pro-moto는 전기 자동차, 하이브리드 자동차, 수소연료 자동차를 중심으로 차량 기술을 교육하는 전문업체다. EV, HEV, 수소 연료전지 산업계에 응급 구조·견인·재활용·수리 서비스를 제공하는 서비스 전문가로서 관련 업체의 효율성과 역량을 개선하기 위해 최선을 다하고 있다. 물론 이 활동에서 안전은 핵심 요소다. 또한 하이브리드 및 전기 자동차를 구매하고자 하거나 현재 소유하고 있는 사람들을 대상으로 차량 정보를 교육한다. 차량을 선택하는 방법이나 차량에 어떤 옵션이 있는지를 알리는 데에도 집중하고 있다. 더불어 차량 소유 경험과 생

애 가치가 균형을 이룰 수 있도록 지원하는 데 주력하고 있다. 프로 어시스트 Pro-assist는 프로 모토의 자회사다.

프로 어시스트 하이브리드 앱은 최초 응급 대응자, 재활용 업체, 수리 작업자에게 하이브리드 차량과 관련한 여러 정보를 제공한다. 이는 특히 응급, 긴급, 견인, 수리 및 일상적인 유지 보수 상황을 다룰 때 중요하다. 하이브리드 앱은 더 많은 정보와 차량을 추가해서 계속 업그레이드되고 있으며, 순수 전기 자동차와 연료전지 차량을 다루는 추가 앱도 계획 중이다. 하이브리드 앱은 SMMTSociety of Motor Manufacturers and Traders와 업계 최고의 하이브리드/전기 자동차 제조업체와 협력해 만들었다.

차량별 정보는 메인 메뉴에 접근한 다음, 알파벳순으로 나열된 차량 목록에서 확인할 수 있다. 또한 위험 진단, 배터리 기술, 과거 발생했던 사고 사례와 같은 일반적인 정보도 제공한다. 스크린숏 이미지는 이 유용한 앱이

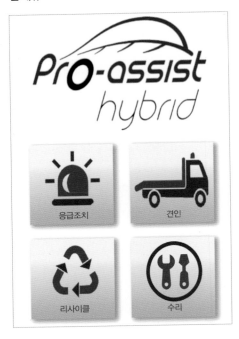

그림 8-23 프로 어시스트 하이브리드 앱의 메인 메뉴

그림 8-24 앱에 포함된 일부 제조업체를 표시한 목록

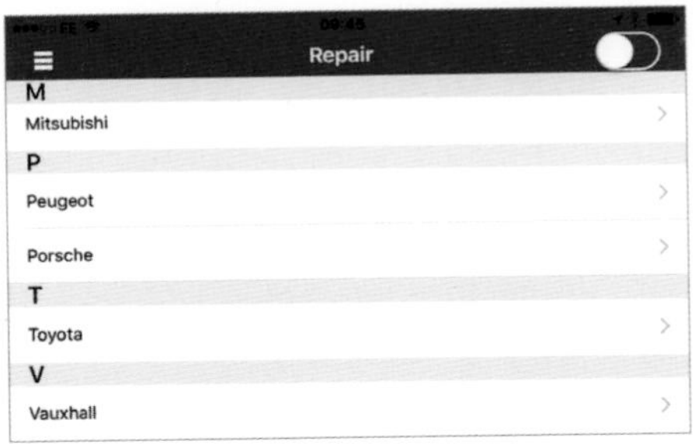

제공하는 세부 정보의 일부 모습이다. 이 책에 실린 내용은 해당 업체로부터 허가를 받아 사용했다.

그림 8-25 안전 부품 및 고전압 부품의 위치와 레이아웃이 강조된 BMW 5 시리즈의 정보

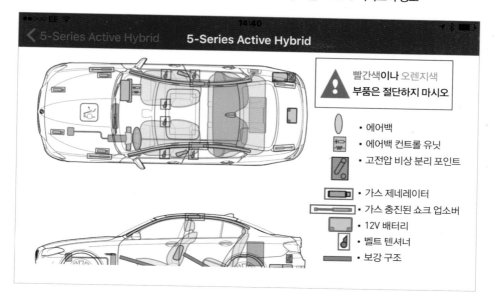

그림 8-26 견인 업체를 위한 2010년 프리우스의 정보

그림 8-27 긴급 구조 상황에서 2010 프리우스의 이 부분은 제거될 수 있음

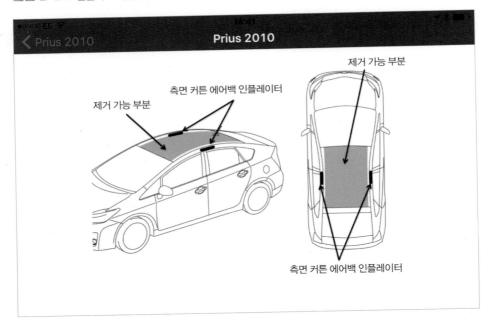

그림 8-28 선택된 차량의 셧다운 및 분리 절차에 관한 정보의 일부

1. 차량이 올바르게 고정됐는지 확인한다.
2. 다음과 같은 절차로 시스템을 끈다: 점화키로 엔진을 끈다.

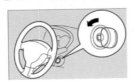 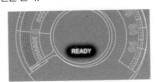

READY 표시가 꺼져야 한다.

3. 다음 단계로 넘어가기 전에 적어도 6분은 기다려야 한다. 모든 전자 컨트롤 유닛이 확실히 셧다운돼야 하기 때문이다.
4. 보닛을 연다.
5. 12V 배터리의 연결을 끊는다. (배터리는 보닛 하단 커버 아래에 있다.)
6. 다음 단계로 넘어가기 전에 1분 기다린다.
7. 서비스 커넥터를 제거한다.

그림 8-29 다른 차량과 마찬가지로 암페라에는 12V 전원 공급 장치를 분리할 때 비상용으로 사용할 전용 절단 구역이 있다.

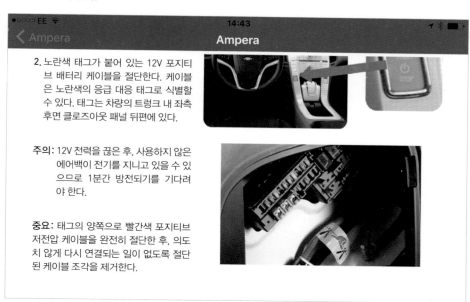

2. 노란색 태그가 붙어 있는 12V 포지티브 배터리 케이블을 절단한다. 케이블은 노란색의 응급 대응 태그로 식별할 수 있다. 태그는 차량의 트렁크 내 좌측 후면 클로즈아웃 패널 뒤편에 있다.

주의: 12V 전력을 끊은 후, 사용하지 않은 에어백이 전기를 지니고 있을 수 있으므로 1분간 방전되기를 기다려야 한다.

중요: 태그의 양쪽으로 빨간색 포지티브 저전압 케이블을 완전히 절단한 후, 의도치 않게 다시 연결되는 일이 없도록 절단된 케이블 조각을 제거한다.

그림 8-30 포르쉐 카이엔 하이브리드의 주차 브레이크에 대한 세부 정보

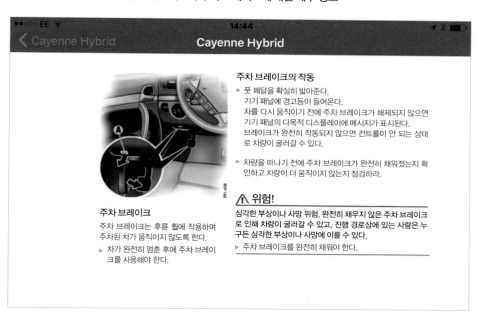

주차 브레이크의 작동

▷ 풋 페달을 확실히 밟아준다.
기기 패널에 경고등이 들어온다.
차를 다시 움직이기 전에 주차 브레이크가 해제되지 않으면 기기 패널의 다목적 디스플레이에 메시지가 표시된다.
브레이크가 완전히 작동되지 않으면 컨트롤이 안 되는 상태로 차량이 굴러갈 수 있다.

▷ 차량을 떠나기 전에 주차 브레이크가 완전히 채워졌는지 확인하고 차량이 더 움직이지 않는지 점검하라.

⚠ 위험!

심각한 부상이나 사망 위험. 완전히 채우지 않은 주차 브레이크로 인해 차량이 굴러갈 수 있고, 진행 경로상에 있는 사람은 누구든 심각한 부상이나 사망에 이를 수 있다.

▷ 주차 브레이크를 완전히 채워야 한다.

주차 브레이크

주차 브레이크는 후륜 휠에 작용하며 주차된 차가 움직이지 않도록 한다.

▷ 차가 완전히 멈춘 후에 주차 브레이크를 사용해야 한다.

9

고장 및 이상
진단과 수리

시작하기 전에

이 장을 쓰는 데 도움을 준 동료 피터 멜빌에게 감사의 말을 전하고 싶다. 이 장에서는 진단 및 수리 방법에 대해 다룰 뿐만 아니라 실제 사례도 들고 있다. 피터는 전기 자동차 운전자이며 수상 경력이 다수 있는 진단 전문 기술자다. 그는 HEVRAHybrid and Electric Vehicle Repair Alliance, 하이브리드 및 전기 자동차 수리 연합라는 단체를 설립하기도 했다.

HEVRA에 대해

HEVRA는 하이브리드·전기 자동차 수리 분야의 전문성을 높이고, 운전자들이 정식 딜러 대신 쉽게 찾아갈 수 있는 곳을 만들겠다는 취지로 2017년 설립됐다. HEVRA는 다음과 같은 방법으로 전기 자동차 수리점을 지원한다.

그림 9-1 HEVRA 로고

- 분기별 뉴스 레터, 팁과 기사, 뉴스 업데이트, 각 뉴스 레터에 특정 차량에 대한 자세한 가이드 제공

- 마케팅의 경우 온라인, 소셜 미디어 및 각종 이벤트를 활용해 대중에게 직접 광고하는 방법을 쓴다. 어떤 수리점 근처에서 전기 자동차 수리를 원하는 사람이 있다면, HEVRA 웹사이트에서 해당 수리점을 찾을 수 있다.

- 기술 지원도 제공한다. 자세한 내용을 HEVRA에 보내면 무엇을 도와줄 수 있는지 살펴본다. 또한 포럼이 구축돼 있어서 모두가 정보를 공유하고 서로 도울 수 있다.

- 관련 법규를 준수해서 차량 제조사의 보증이 무효가 되지 않도록 조언해준다.

- 공구 대여 서비스를 제공한다. 작업을 하는 데 특별한 공구가 필요하다면, 공구를 바

로 보내준다. 다 쓰고 나서 반납하면 된다. HEVRA 회원이 되려면 일정한 기준을 충족하는 교육을 받고 장비도 갖춰야 한다. 회원이 되는 데 필요한 교육을 받지 못했고, 공구도 없는 경우라도 도움을 받을 수 있다.

HEVRA를 알릴 수 있어 매우 기쁘게 생각한다. 자세한 내용은 https://www.hevra.org.uk에서 문의하기를 바란다.

절연 테스트

　　절연 테스터는 고전압 케이블과 부품이 얼마나 안전한지 점검하기 위해 전기/하이브리드 차량에 대부분 사용한다.(286쪽 참고)

　　그림 9-2는 메거라고 알려진 장치로, 와이어 또는 부품의 절연체 저항을 테스트하기 위해 최대 1,000V까지 공급할 수 있다. 일반적으로 절연 상태가 양호하다면 10MΩ을 훨씬 초과하는 값이 측정될 것이다. 하지만 항상 그렇듯이 제조업체의 권장 사항을 확인해야 한다. 고전압을 사용하는 이유는 절연체에 부하를 가하면 일반적인 옴미터 저

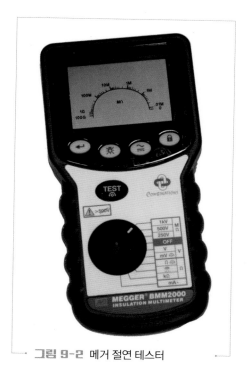

그림 9-2 메거 절연 테스터

핵심 체크

- 절연 테스터가 고전압을 사용하는 이유는 절연체에 부하를 가하면 일반적인 옴미터 저항계를 사용해서는 분명하게 드러나지 않는 고장을 찾아낼 수 있기 때문이다.

항계를 사용해서는 분명하게 드러나지 않는 고장을 찾아낼 수 있기 때문이다.

그림 9-3에서 보는 바와 같이 모터 고정자의 절연 저항을 테스트하려면 메거를 3상 권선 중 하나와 철로 이뤄진 몸체 사이에 댄다. 절연 테스터를 사용할 때는 주의해야 한다. 테스트에 사용된 고전압은 사람이 사망할 정도

그림 9-3 하이브리드 모터 안의 고정자

의 고전류를 유지할 수 없지만, 감전되면 여전히 고통스럽기 때문이다.

실시간 데이터

데이터 스캔의 중요성

차량에서 실시간 데이터를 스캔하는 것은 고장 진단 코드DTC를 찾는 것만큼 중요하다. 일반적으로 DTC는 첫 번째 단계에서 찾고, 실시간 데이터는 두 번째 단계에서 스캔한다. 지금부터 고전압 배터리와 관련해 얻을 수 있는 정보 몇 가지를 살펴보자.

실시간 데이터 수집

실시간 데이터를 어떻게 스캔하는지, 톱돈 아티패드TopDon ArtiPad를 예시로 삼아 살펴보겠다. 자세한 내용은 www.diagnosticconnections.co.uk에서 확인할 수 있다.

그림 9-5에 있는 스크린숏은 차량

그림 9-4 아티패드 스캐너

에서 어떤 종류의 정보에 접근할 수 있는지를 매우 간략하게 보여준다. 프로세스에 대한 개요를 보여주는 용도로는 훌륭하게 이용할 수 있다. 이 스크린숏은 PHEV를 설명하고 있으므로 내연기관 자동차와 전기 자동차 모두에 해당하지만, 보통은 이 둘을 구분하고 파악할 수 있다.

그림 9-5 실시간 데이터 읽기

메인 메뉴 화면이다.
이 경우에는 'Intelligent Diagnosis' 옵션을 선택했다.

스캐너가 차량의 데이터 링크 커넥터(DLC)에 이미 연결해놓은 블루투스 차량 연결 인터페이스(VCI)에 접속한다.
그런 다음 VIN을 자동으로 스캔하고, VIN이 발견되면 그에 따라 차량에 적합한 스캐너를 설정한다.
여기서는 2018 폭스바겐 골프 GTE의 경우가 되겠다. 그런 다음 Diagnostic 옵션을 선택했다.

이제 스캐너는 네트워크를 조회해 어떤 부품들이 연결돼 있는지 확인하고, 다양한 시스템 목록을 표시한다.
다음으로 8C 배터리 에너지 컨트롤 모듈을 선택했다.

그런 다음 스캐너가 특정 제어 시스템을 조회하는 데 1분이 걸린다.

여기에 표시된 것과 같은 옵션들이 있다. 현재 관심 있는 두 가지는 02 Read DTC(DTC 읽기) 및 08 Read Data Stream(실시간 데이터 읽기)다. 여기서 실시간 데이터 읽기를 선택했다.

이제 화면에는 모니터링 중인 매우 긴 변수 목록이 실시간 데이터로 표시된다.

예를 들어 여기에 표시된 바에 의하면 배터리 팩에는 온도 센서가 8개 있다. 이 데이터는 배터리에서 특정한 종류의 고장을 찾는 경우 매우 유용하다.

이 목록의 스크롤을 내리면 고전압 배터리 전류 및 전압 수치를 확인할 수 있는 옵션을 선택할 수 있다.

· 더 아래로 스크롤하면 Charge State, Cell 01(96까지)을 선택할 수 있다. 여기서는 4개를 골랐다.

아래로 다시 스크롤하면 Cell 01~Cell 96을 선택할 수 있다. 이 전압은 배터리 팩에 포함된 각 셀의 전압이다.

여기서는 4개만 다시 선택했다. 앞서 살펴본 화면에서 H-V 배터리 전압 및 온도도 선택했다. 이제 확인을 누르면 선택한 항목의 실시간 데이터가 표시된다.

이 경우 배터리 전압이 387.2V로 표시됐다. 01번과 02번 셀의 충전량(SOC)은 93%이며 03번 셀과 04번 셀도 같았다.

오른쪽 기호를 누르면 데이터를 그래프로 표시할 수 있다. 또는 Record 버튼을 누르면 시간 경과에 따른 수치를 기록할 수 있다.

실시간 데이터가 시간에 따라 어떻게 변화하는지 또는 차량이 주행 중일 때 어떻게 변화하는지 모니터링하려는 경우, 그래프로 작성하면 매우 편리하다.

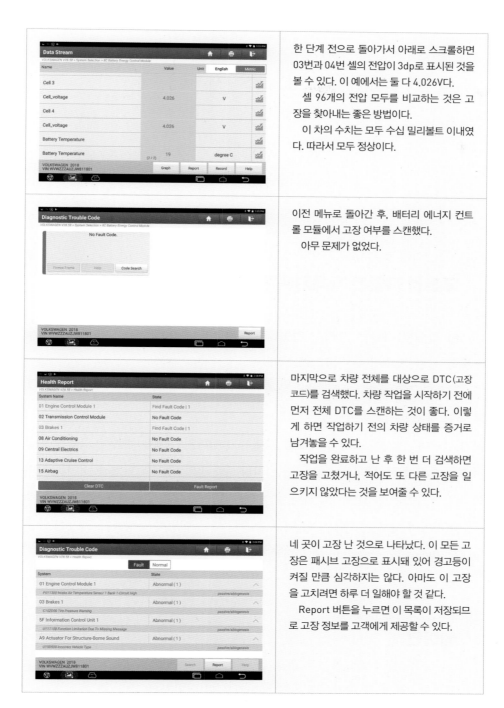

한 단계 전으로 돌아가서 아래로 스크롤하면 03번과 04번 셀의 전압이 3dp로 표시된 것을 볼 수 있다. 이 예에서는 둘 다 4.026V다.

셀 96개의 전압 모두를 비교하는 것은 고장을 찾아내는 좋은 방법이다.

이 차의 수치는 모두 수십 밀리볼트 이내였다. 따라서 모두 정상이다.

이전 메뉴로 돌아간 후, 배터리 에너지 컨트롤 모듈에서 고장 여부를 스캔했다.

아무 문제가 없었다.

마지막으로 차량 전체를 대상으로 DTC(고장 코드)를 검색했다. 차량 작업을 시작하기 전에 먼저 전체 DTC를 스캔하는 것이 좋다. 이렇게 하면 작업하기 전의 차량 상태를 증거로 남겨놓을 수 있다.

작업을 완료하고 난 후 한 번 더 검색하면 고장을 고쳤거나, 적어도 또 다른 고장을 일으키지 않았다는 것을 보여줄 수 있다.

네 곳이 고장 난 것으로 나타났다. 이 모든 고장은 패시브 고장으로 표시돼 있어 경고등이 켜질 만큼 심각하지는 않다. 아마도 이 고장을 고치려면 하루 더 일해야 할 것 같다.

Report 버튼을 누르면 이 목록이 저장되므로 고장 정보를 고객에게 제공할 수 있다.

진단 및 수리 사례

고전압 작업은 자격자에게

이 장에서 다루는 사례는 비슷한 유형의 작업을 수행하는 방법에 대해 개략적으로 설명하며, 이를 통해 실제로 어떤 작업이 가능한지도 알 수 있다.

잊지 말아야 할 것은 고전압 시스템 작업을 수행하기 전에는 적절한 교육을 받고 자격을 갖춰야 한다는 사실이다. 이는 차량 운전자와 승객의 안전을 지키는 일이며 자신을 보호하는 길이기도 하다.

여기에서 다루는 작업은 HEVRA 소속인 피트 멜빌이 수행했다. 자세한 것은 https://www.hevra.org.uk에 문의하기를 바란다.

에어컨

하이브리드 혹은 전기 자동차의 에어컨은 일반 차량과 같다. 한 가지 중요한 차이점은 일반 차량과 달리 컴프레서가 고전압 시스템에서 작동한다는 점이다. 이뿐만 아니라, 일반적인 PAG 오

일은 전기가 통하기 때문에 고전압 시스템에 사용하면 안 된다는 점도 유의해야 한다. 이 오일이 시스템에 유입되면 고전압 절연에 문제가 발생하므로 시동을 완전히 걸 수 없는 일이 발생할 수 있다. 일단 오일이 시스템 전체에 퍼지면 기름 흔적을 깨끗하게 제거하는 일은 어렵다.

PAG 오일을 시스템에 주입하지 않도록 주의하는 것이 중요하지만, 파이프 구조에 오일이 남아 있지 않은지 확인하는 것도 매우 중요하다. 대부분 최신 AC 머신 **그림 9-6**은 이런 이유로 호스 플러싱hose flushing 기능을 제공한다. 작업을 진행하기 전에 오일양이 0으로 설정돼 있는지부터 확인하라. 오일을 추가해야 한다면, 나중에 수동 오일 인젝터를 사용해 오일을 추가할 수 있다. 일부 에어컨은 하이브리드 차량 모드를 제공한다. 이 모드에서는 오일과 트레이서 염료가 모두 0이 되도록 설정된다.

예를 들어 공구 판매 사이트 스냅온에서는 기계식/전기식 컴프레서에 모두 사용할 수 있는 오일을 팔고 있다. 이런 오일을 사용하면 편리하지만, 철저하게 확인하지 않으면 다른 차량에서 사용하던 오일에 의해 오염이 발생할 수도 있다. 차량 제조사의 보증이 무효가 될 수 있으므로 보증 기간이 남아 있는 차량에는 트레이서 염료를 사용하면 안 된다.

'R1234yf'라는 가스도 하이브리드 차량과 전기 자동차 모두에서 많이 사용된다. 하지만 내연기관 자동차에도 사용되기에 각각에 적합한 에어컨을 알아보는 것이 좋다. 각 차량 유형별로 커넥터가 다르므로 실수로 잘못 사용할

그림 9-6 AC 머신의 인터페이스

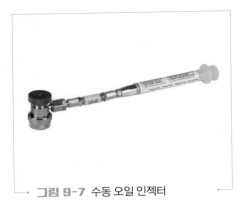

그림 9-7 수동 오일 인젝터

가능성은 없다. 당신이 정비사이고 겨울 동안 에어컨 작업을 많이 하지 않았다면, 수리 가격을 정하기 전에 R134a의 가격을 먼저 확인하라. 계절마다 비용이 크게 달라질 수 있기 때문이다.

렉서스의 절연 문제

이번 사례는 절연 문제가 있는 렉서스 RX450h를 다룬다. 하이브리드 경고등이 켜진 채로 들어왔으나 여전히 운전은 가능한 상태였다. 진단 스캐너를 사용해 찾아낸 고장 코드는 'P0AA6'밖에 없었는데, 이는 고전압 절연체 중 어딘가에 고장이 났음을 의미한다. 물론 고전압 시스템은 12V 시스템처럼 차체를 음극 리드로 사용하지 않는다. 차체와 고전압 시스템은 완전히 분리돼야 하는데, 이 차는 그렇지 않았다.

고장이 언제 발생했는지 알 수 있는 단서를 찾는 것이 먼저였다. 그래서 고장 코드를 지우고 차량의 시동을 걸었다. 엔진 시동이 걸릴 때 고장 코드가 나타나면 MG1 문제와 관련 있음을 뜻한다. 차량을 주행 모드로 놓았을 때 고장 코드가 나

그림 9-8 AC 머신의 자동 프로세스

그림 9-9 경고 삼각형과 '하이브리드 시스템 점검'이라는 메시지가 뜬 대시보드

타나면 MG2 또는 MGR 문제와 관련 있음을 뜻한다. 그렇지 않고 에어컨을 켤 때 고장 코드가 나타나면 컴프레서에 문제가 있다는 뜻이다. (또는 잘못된 오일이 사용됐을 수도 있다.)

이 차량은 어떤 단계에서 고장 코드가 나타나는지 명확하게 드러나지 않았다. 무작위로 문제가 발생하는 것처럼 보였다. 다음은 절연 테스터를 사용했다. 먼저 고전압을 비활성화한 다음, 전압이 완전히 사라졌는지 테스트한 후에 다음 과정을 계속 진행했다. 절연 테스터는 저항계를 사용하는 것과 유사하지만, 테스트 와이어에 소량의 전압을 거는 대신 250V/500V/1,000V로 미터 설정을 바꾸면서 테스트를 수행한다는 점이 다르다. 그러나 저항계와는 달리 단선을 나타내지는 않고 언제나 어느 정도의 수치가 표시된다. 표시되는 값이 낮으면 고장을 의미하므로 값이 높을수록 좋다. 정상 상태라면 판독값은 최소 1MΩ 이상이어야 한다.

저항계 사용과 마찬가지로 테스터를 사용하려면 연결을 끊어야 한다. 이를 위해 인버터 커버를 제거한 다음, A/C 컴프레서 커버와 모터 3개가 연결되는 와이어를 분리했다. 테스트 결과, 이것들에는 아무 문제가 없었다. 인버터에 전원을 공급하는 와이어를 테스트하니 낮은 저항값을 보였다. 이 전선들은 여전히 다른 쪽 끝에 연결돼 있었기에, 추가 테스트를 위해 배터리 팩을 열어야 했다.

그림 9-10 배터리 팩

그림 9-11 과열되고 손상된 릴레이 플레이트

서비스 플러그를 제거한 경우에도 배터리는 항상 켜져 있다는 사실을 기억해야 한다. 작업 전에 배터리 팩에 걸릴 수 있는 옷이나 액세서리 등을 착용하고 있지 않은지 먼저 확인하고 일반적인 고전압 주의 사항을 준수한다. 이 사례에서 필자의 계획은 배터리 팩을 인버터와 연결하고 있는 고전압 케이블을 분리한 다음, 이것을 재확인하는 것이었다.

배터리 팩을 열자 문제 원인이 무엇인지 분명해졌다. 팩 안에 습기가 차서 절연 고장을 일으킨 것이었다. 습기는 시스템 메인 릴레이 플레이트의 일부를 부식시켰으며, 이로 인해 높은 저항이 발생했고 플라스틱 일부가 녹았다. 계획대로 케이블을 제거하고 (고장이 더 있을 수 있으므로) 확인했지만 추가 문제는 없었다. 조심스럽게 배터리 팩 내부를 말리고, 녹은 릴레이 플레이트를 교체하자 차는 다시 운행할 수 있었다. 문제는 같은 결함이 다시 생기지 않도록 습기가 생긴 원인을 찾는 것이었다. 이 경우에는 엎질러진 여러 음료와 기타 액체가 원인이었음이 밝혀졌다. 따라서 추가 조사는 필요하지 않았다.

르노 조에의 PEB 수리

지금 살펴볼 사례에 등장하는 차량은 전기 소형밴인 르노 캉구 ZE다. 어느 날, 전기 밴 하나가 시동 불가 상태로 HEVRA 회원의 카센터로 견인됐다. 카센터에서는 HEVRA 지원팀에 연락해 고장을 진단하는 데 필요한 배선 다이어그램을 받았다. 결국 고장 원인은 전원 전자장치 블록PEB. Power Electronics Block의 내부 단선으로 밝혀졌다. 단선 탓에 고전압 퓨즈(서비스 분리 플러그의 일부)가 끊어져 발생한 문제였다. 우리는 르노 부품 도매업자로부터 새로운 PEB를 받았고, 새로운 서비스 플러그는 닛산 딜러로부터 받았다.(리프와 동일)

PEB에는 인버터가 내장돼 있는데, 르노의 인버터는 타사와는 약간 다르다. 르노에는 특이한 종류의 브러시드 인덕션 모터용 인버터 회로가 들어 있기 때문이다. 또한 14V DC로부터 납산 배터리를 충전하기 위한 DC/DC 컨버터도 내장하고 있다. 물론 이 부품이 잘못된 사례가 이번이 처음은 아니다. 많은 관련 포럼과 페이스북 그룹에서 비싼 새 PEB로 교체해야 하는 고장(보증을 받는 경우가 많음) 사례를 언급한다.

이 일 때문에 전자 수리업체 액트로닉스에 연락했다. 액트로닉스 측은 아무것도 약속할 수 없지만, 기꺼이 고장 난 유닛이 있는지 살펴보겠다고 말했다. 한편 고장 난 르노의 소유주와 연

그림 9-12 르노 조에의 PEB

락이 닿기까지는 그리 오래 걸리지 않았다. 그의 말에 따르면 2013년 르노 조에가 고장 나서 수리하려고 르노에 입고했는데, 고장 난 PEB를 교체하는 데 3,000파운드를 청구했다고 한다. 차량은 정상적으로 수리됐다. 르노에서는 당시 수리가 평소보다 시간이 오래 걸린 작업이었다고 소유주에게 말했다고 한다. 만약 문제가 사라지지 않는다면 수리보다는 교체가 필요하다는 말도 들었다고 한다.

초기 르노 조에는 두 가지 파워트레인 옵션이 있었는데(나중에 나온 버전은 또 다르다.) 둘 다 배터리가 22kWh였다. 첫 번째는 콘티넨털이 만든 것으로 캉구 ZE와 플루언스 ZE에 사용된 것과 비슷하다. 자동차 딜러는 PEB가 잘못이라고 진단했지만, 직접 테스트하지 않고 그 말만 듣고 모험을 할 수는 없었다. 이 자동차는 이미 부분적으로 분해됐던 차량이었고, 수많은 고장 코드를 보여줬다. 그중 일부는 이전에 수리를 하는 도중에 실시한 테스트 과정에서 발생했을 수 있다. 캉구 기본 모델은 PEB와 통신하는 게 불가능하다. 하지만 르노 조에 모델은 모든 모듈과 통신할 수 있었다. 그 결과 분명히 주의를 기울일 필요가 있는 두 가지 고장 코드가 나타났다.

- DF089 – 14V 컨버터 사용 불가
- DF057 – 트랙션 배터리 릴레이 회로

조에는 주접점과 예비 충전 접점 2개만 있다.(다른 자동차와 달리 양극과 음극의 연결을 모두 분리할 필요가 없다.) EVC 모듈을 분리하고 필요한 핀을 접지시키자, 예비 충전 릴레이에서 딸깍 소리가 났고 메인 릴레이에서 철컥 소리가 났다. 이때까지는 모두 양호한 것으로 보였다. 어딘가에 단락이 있다면, 이 테스트로 인해 고전압 퓨즈가 끊어질 수 있다. 따라서 이 테스트는 서비스 플러그를 제거한 상태에서 수행해야 한다. 테스트 결과, 릴레이는 정상적으로 작동하는 것처럼 보였다. 따라서 또 다른 가능성은 고전압 시스템이 고장 나서 릴레이가 켜지지 않는 상황이다.

PEB에 데드dead 단락이 있는지를 찾기 위해 250V에서 절연 테스터를 사용해 다양한 부품의 고전압 핀을 테스트했다. 극을 잘못 연결하면 내부 커패시터가 고장 날 수 있으므로 양극 및 음극 프로브 연결에 주의하면서 이 테스트를 수행해야 한다. 테스트 결과, PEB 고장으로 확인됐다. 하지만 여전히 진단이 완료된 것은 아니었다. 데드 단락이라면, 고전압 퓨즈가 끊어졌을 가능성이 있으므로 이것도 테스트해야 한다.

조에의 퓨즈는 다른 많은 자동차처럼 서비스 플러그의 일부가 아니고 배터리 내부 부품이다. 조에의 배터리는 에어컨에 의해 냉각되며, 팩을 열면 배터리 보증이 무효가 된다. 이 차의 배터리는 르노로부터 임대한 것이다. 이런 방식은 일부 초기 리프 차량에서도 마찬가지다. 우리는 이런 이유 때문에 배터리 팩을 열고 싶지 않았다. 다행히 팩을 제거해서 열지 않고도 내부 배터리 부품을 테스트할 수 있는 방법이 있었다.

서비스 분리 플러그를 재장착한 상태로 배터리를 분리한 다음, 커넥터를 통해 팩의 내부 릴레이 전원을 켜면 고전압 측의 전원을 확인할 수 있다. 그러나 현재 우리는 400V 시스템을 사용하고 있다. 이 정도 고전압은 잘못 다루면 즉사할 수 있다. 예비 충전 릴레이 전원이 켜진 상태에서 커넥터와 메인 릴레이 각각에서 375V가 측정됐다. 이는 양쪽 릴레이, 퓨즈, 예비 충전 저항기 및 배터리 자체가 모두 정상임을 알려준다.

PEB를 여는 데는 오각 렌치가 필요한데 구매할 수 없어서 직접 만들었다. PEB를 인버터와 DC 컨버터로 분리한 다음 다시 테스트했을 때, 단락은 인버터 쪽에 있는 것이 분명했다. 회로 기판 두 겹을 분리했고, 확인 결과 결함은 하부에 있었다. 불행히도, 보드의 하부에 접근하려면 큰 히트싱크를 제거해야 했다. 더구나 히트싱크는 보드를 손상하지 않고서는 용접 부분을 떼어 내는 것이 불가능했다. 일단 차는 운행을 계속해야 했기 때문에 이런 사정을 차주에게 말했다. 차주는 중고 유닛을 구매한 다음, 거기에서 뗀 PEB를 자신의 차에 설치하는 것에 동의했다. PEB를 바꿔 끼우자 모든 고장이 해결됐다. 하지만 불행히도 중고 부품과 실제 차량의 VIN이 일치하지 않아 중고 유닛으로 차량 주행을 할 수는 없었다. 그렇지만 적어도 그 부분에 고장이 있었다는 사실은 입증했다.

아우텔Autel 진단 도구는 ECU를 초기화하는 기능이 있다. 이를 이용해 중고 유닛에서 성공적으로 소프트웨어를 빼낼 수 있었다. 그러나 빼낸 소프트웨어를 새 유닛에 입력할 수는 없었다. 새로운 유닛을 프로그래밍하는 일반적인 절차는 우선 르노 인포텍을 방문해 르노 클립CLIP. 공장 진단 도구을 연결한 다음, 해당 소프트웨어를 장치에 내려받는 것이다. 그러면 이 과정에서 VIN이 기록되고, 모터 브러시 박스 커버에 표시된 로터 영각 및 권선 저항 코드를 입력하면 PEB가 모터의 특성을 인지한다.(디젤 인젝터 코딩과 유사함)

하지만 VIN은 프로그래밍을 한 번밖에 할 수 없으므로 중고품을 이용해서는 공식 절차를 따를 수가 없었다. 대신 이 정보가 들어 있는 보드를 중고 유닛에서 떼어 내어 수리 차량에 설치했다. 이렇게 수리한 PEB를 다시 차에 장착해서 모든 작업을 끝냈다. 냉각 시스템에 냉각수를 주입해서 빼낸 후에 스커틀scuttle 패널을 다시 장착한 상태에서 도로 주행 테스트를 진행했다. 주행 테스트를 거쳐 충전 시스템에 문제가 없음을 확인하고, 고객에게 차량을 반환했다.

르노 콘티넨탈 PEB의 내부

앞에서 살펴본 사례에서는 르노 조에서 발생한 PEB 고장을 설명했다. 이 유닛은 콘티넨탈에서 제작했으며 다음과 같은 부품을 포함한다.

- DC/DC 컨버터(12V 시스템 전원 공급용)
- 인버터(모터의 고정자 권선에 3상 전원을 공급)

- 모터 엑시테이션 전원 공급 장치(슬립 링을 통해 모터의 로터에 DC 전원을 공급)
- 모터 컨트롤 유닛의 모터 인터록 회로
- CAN 네트워크용 종단 저항기(다른 하나는 배터리 ECU에 있음)

이 파워트레인의 저속 충전 버전인 5AM-400(캉구/플루언스)과 고속 충전 버전인 5AM-450(조에)은 모터와 충전기가 다르지만 유사한 PEB를 사용한다. 이들 장치에서는 흔히 다음과 같은 고장이 발생하는 것으로 알려져 있다.

- DC 링크 커패시터의 고장으로 인한 내부 단락
- 인버터 고장 및 보드 손상(둘 다 과열로 인해 발생)
- 450V 정격의 필름 커패시터인 DC 링크 커패시터의 값이 950μF으로 나타남

그림 9-13 제거해야 하는 연결부를 빨간색으로 표시한 르노 콘티넨탈 PEB

커패시터를 구매하려고 부품 제조업체에 연락해보니 콘티넨탈과 독점 계약이 맺어져 있는 상태였다. 콘티넨탈 역시 르노에만 PEB를 판매하기로 계약한 상태다. 따라서 선택 가능한 유일한 옵션은 르노에서 나온 신품을 사거나 중고를 사는 것이었다.

VIN은 한 번밖에 프로그래밍이 안 되므로 중고 유닛을 장착해야 하는 경우라면 VIN 정보를 담고 있는 칩을 한 유닛에서 다른 유닛으로 바꿔 끼워야 한다. 가장자리의 T30 볼트를 풀고 측면에 있는 오각 볼트 2개를 푼다. 그런 다음 냉각수 연결부를 흔들어서 빼고, 장치의 두 부분이 분리되면 노란색 리본 케이블을 분리한다. 장치를 두 부분으로 나누고, 다른 작은 리본 케이블과 **그림 9-13**에 표시한 나사를 분리한다.

그런 다음 개별 보드를 한쪽 장치에서 제거해 다른 장치에 옮겨 장착한다. 이 작업 때문에 모터 특성(및 고장 코드)도 같이 바뀐다. 모터 세팅까지 바꿔야 하는 경우, 진단 장비를 사용해 로터 영각 및 권선 저항을 변경한다.

푸조 이온 배터리 수리

푸조 이온과 시트로엥 C-ZERO 모두는 이름만 바꾼 미쓰비시 i-MiEV 차량이다. 이번 사례에서는 2012년식 차량을 다룬다. 이 차량은 시동과 주행이 가능했지만, 때때로 림프 홈 모드로 전환됐으며 단 몇 분 후에 충전이 중지되는 경우가 많았다.

DTC 검사 결과, 배터리 팩에 있는 셀 중 하나에서 전압 측정 고장이 발견됐다. 이 차량에는 중앙 배터리 ECU와 셀 모니터링 유닛CMU 12개가 있다. 이 장치들이 셀 4개 또는 8개의 전압과 온도를 측정하고, 이 정보를 BAT-CAN 네트워크를 거쳐 배터리 ECU로 전송한다.

그림 9-14 수리하려고 입고한 푸조 이온

그림 9-15 제거한 배터리 팩

각 CMU와의 통신은 정상이었지만, 6번에서는 전압값이 3.5V에서 0.8V로 튕기는 비정상적인 전압 판독값을 보였다. 그렇다면 CMU 자체 문제 혹은 배선이나 셀의 문제였을까? 하지만 셀 문제는 아니다. 셀이 이렇게 충전과 방전을 하는 일은 불가능하기 때문이다. 측정 결과는 1분 동안 완벽하다가 그 후 터무니없이 낮은 판독값을 보이는 식이었다. 어딘가에 불완전한 연결이 있음을 암시한다. 그렇다면 배선 고장이 아닐까? 글쎄, 사실은 그런 이야기를 할 만한 어떤 배선도 들어 있지 않다. CMU는 측정하고자 하는 셀의 상단에 볼트로 고정된다. 그리고 셀은 회로 기판과 직접 접속한다. CMU와 배터리 ECU 사이의 배선에 결함이 있다면 CAN 통신이 이뤄지지 않는다. 따라서 배선이 아니라 CMU 자체에 결함이 있어야 했다. 우리는 CMU 하나를 주문하기로 했다.

여기서 문제가 발생했다. CMU를 구매할 수 없었을 뿐만 아니라, 배터리 팩 안에 있는 어떤 부품도 구매할 수 없는 것은 마찬가지였다. 배터리 팩 전체만 구매할 수 있었다. 따라서 필자는 굳이 신품 가격을 문의하지 않고 대신 중고 제품을 구매하기로 했다.(이 경우 팩 내 위치를 알려주는 프로그래밍이 필요하다.)

하지만 중고 제품 역시 구매할 수 없는 것은 마찬가지였다. 이 차들은 흔하게 발견할 수 있는 차가 아니었고, 적당한 차량을 찾아내긴 했으나 이때에도 귀중한 배터리 팩에 손대고 싶어 하지 않았다. CMU가 있는 보드를 보면서 필자는 이것을 수리할 수 있는지 알아보기로 했다. 수리가 가능해 보였다. 보드의 회로를 따라 끝에서 끝까지 확인하면서 몇 가지 전기 테스트를 진행하기로 했다. 또한 세심한 육안 검사도 진행했다. 하지만 아무 문제도 드러나지 않았다. 전

그림 9-16 수리한 회로 기판

압을 측정하는 집적 회로가 잘못됐을 수도 있다고 생각하면서 어떤 칩에서 문제가 생겼는지 확인해보기로 했다.

보드를 다시 한번 살펴보니 전압 측정 칩인 LTC6802G-2를 발견했다. 자동차 부품이 아닌 일반 전자부품이기 때문에 여러 전자제품 공급업체에서 구매할 수 있다. 하나만 사야 하므로 대량 구매 할인은 안 되지만 가격도 저렴해서 한번 시도해보기로 했다. 이 칩은 새끼손가락 손톱만 한 크기이고 다리가 44개다. 이 작은 조각을 제거하고 재장착하는 것은 경험 있는 사람에게 맡기는 것이 가장 좋다. 이 일을 근처 전자제품 수리점에 맡겼다.

결론적으로 이 칩을 교체하자, 모든 문제가 해결됐다. (현미경으로 보니 칩 한쪽 다리에 작은 금이 갔다.) 수리를 마친 이 자동차는 오랫동안 운행하며 수많은 충전량을 소화할 수 있었다.

푸조 이온 충전기 수리

차주가 주행 거리가 줄어들었다며 방문했을 때 푸조 이온을 처음 봤다. 푸조 이온은 차체가 작고 배터리도 14.5kWh 정도밖에 되지 않으며, 브레이크와 히팅

시스템이 효율적이지 않아서 보통 주행 거리가 97킬로미터 정도밖에 나오지 않는다. 이 사례의 경우, 차량의 주행 거리가 평균 56~64킬로미터여서 일반적인 경우보다 훨씬 나빴다. 타이어 공기압, 브레이크 바인딩, 공기역학적 문제(하부 트레이가 아래로 늘어짐)가 있는지 점검한 후 배터리를 살펴봤다.

셀 상태가 상당히 불균형적이었다. 균형을 맞추자 배터리 용량과 주행 거리가 훨씬 개선됐다. 차주는 매우 만족했다. 하지만 몇 마일 정도 기분 좋게 주행한 후에 다른 문제가 발생했다. 차량이 주전력망에서 충전되지 않았고, 주행 중에 12V 배터리도 충전되지 않았다.

차주는 DC 급속 충전기로 차를 충전한 후 (이 기능은 여전히 작동했다.) 차를 점검하기 위해 오는 길이었다. 하지만 밤새 충전했음에도 불구하고 차량의 12V 배

그림 9-17 번아웃된 커패시터가 보이는 온보드 충전기(빨간색 와이어 바로 아래)

터리는 이 짧은 여행을 끝내지 못했다. 결국 필자는 길가에서 이 고객을 구출해야 했다. (운 좋게도 필자에게는 완전히 충전된 프리우스 배터리가 있었고, 고장 차량과도 호환이 됐다.)

그림 9-18 충전기의 회로 보드

차를 작업장에서 조사할 시간이 됐다. 푸조 이온과 쌍둥이 모델인 시트로엥 C-ZERO는 오리지널 모델인 미쓰비시 i-MiEV 차량과 비교해 거의 변한 것이 없었다. 온보드 충전기가 트랙션 배터리 충전을 담당하지만, 12V 시스템을 충전하는 DC/DC 컨버터도 이 장치 안에 들어 있으므로 이곳부터 조사하는 것이 합리적으로 보였다. 온보드 충전기는 후륜구동 방식인 이 차량의 부트 플로어boot floor 아래에 있다.

조사 결과, 온보드 충전기에서는 작동을 위해 필요한 12V 전원 공급, 접지 및 CAN 신호가 잡혔지만 정작 작동에 필요한 고전압은 공급되지 않고 있었다. 인버터(역시 부트 플로어 아래에 위치)에는 온보드 충전기용 20A 퓨즈가 들어 있는데, 이 퓨즈가 끊어진 것으로 확인됐다. 테스트 결과, 온보드 충전기 내부에서 합선이 일어나 퓨즈가 끊어진 것으로 나타났다.

2019년 기준, 신형 온보드 충전기는 3,000파운드였고 차량 프로그래밍도 필요했다. 따라서 부품을 교체하는 대신 수리가 가능한지부터 알아보기로 했다. 우선 장치를 열고 합선된 커패시터가 어디에 있는지 살펴봤다. 이 경우에는 평소보다 찾기 쉬웠다. 왜냐하면 합선 때문에 주변 포팅 화합물이 떨어져나온 것이 보였기 때문이다. 문제가 된 커패시터(그리고 그 옆에 있는 다른 커패시터)는 교체가 필요해 보였다. 하지만 교체하려면 보드의 반대쪽에서 모듈을 제거해야 하고, 이 과정에서 용접까지 제거해야 하기에 매우 까다로운 작업이었다.

원래 커패시터는 정격 전압이 2,000V였다. 필자는 3,000V짜리 교체품을 구매해 즉시 교체했다. 그런 다음 새 퓨즈를 끼운 후 부품을 다시 조립했다. 차량을 테스트해본 결과, 문제가 해결됐음을 확인했다. 주전력망에서 차를 충전할 수 있었고, 주행 중에 12V 배터리도 충전됨을 확인했다.

그러나 테스트 도중 다시 고장이 발생했다. 장치를 열자 같은 고장이 발생한 것이다. 커패시터가 끊어지는 원인은 찾을 수 없었다. 대신 고온에 견딜 수 있는 커패시터가 있다는 것을 알아냈다. 고온을 견디는 커패시터 2개를 구매해 장착했고, 그 이후로는 차가 완벽하게 작동했다.

고전압 시스템 전원 켜기

필자는 오실로스코프(특히 피코스코프)의 열렬한 팬으로서 연소 엔진과 전자 시스템 진단에 이 장비를 오랫동안 사용해왔다. 따라서 이 장비를 이용해 고전압 시스템에서 무엇을 할 수 있을지 무척 궁금했다. 그렇다고 단지 이런 이유 때문에 오실로스코프를 꺼내지는 않았다. 멀티미터나 다른 도구가 더 적합하다면 해당 장비를 이용했을 것이다. 그러면 오실로스코프는 어디에 사용할 수 있을까?

다양한 시도를 했지만, 여기서는 고전압 시스템의 단락 여부를 테스트한 것에만 집중하겠다. 고전압 시스템의 전원이 켜지지 않는 고장이 발생했다고 가정해보자. 예비 충전 릴레이를 켜면 차량은 시동이 켜지지만 인버터에서는 0V가 나타날 것이다. 이 경우에 우리는 다음과 같은 고장 코드를 보게 된다.

- 토요타: P3004, 고전압 전원 또는 전원 케이블 오작동
- 닛산: P3176, 트랙션 모터 인버터 콘덴서 및 P311C 고전압 회로 예비 충전 불가
- 르노: DF057, 트랙션 배터리 릴레이 회로
- BMW: 21F0D5, 스위치 접점을 닫을 수 없거나 퓨즈 끊어짐

대부분은 차량에서 왜 단락 현상이 발생했는지를 알아내기가 어렵다. 회로 단락의 원인이 예비 충전 릴레이, 예비 충전 저항기, 배선 또는 전압 측정 회로에서 발생했는지 혹은 고전압 시스템 부품과 배선에서 합선이 생겼는지를 판단할 수 없기 때문이다.

대신 절연 테스터를 사용해 많은 부품과 배선에 단락이 있는지는 확인할 수 있다. 테스터를 차량과 동일한 전압(또는 한 단계 낮은 수준)으로 설정하고 단락 여부를 점검하면 된다. 문제는 인버터 내부의 DC 링크 커패시터를 테스트하는 것이다. HV+와 HV−를 연결하는 이 부품은 부피가 크고, 하나 이상 존재한다. 이 부품을 테스트하는 데 문제가 둘 있다.

1. 커패시터에 250V를 걸어 테스트하면 시험하는 동안 커패시터가 충전된다. 이러면 이미 안전하다고 확인된 자동차에 나도 모르는 사이 위험한 전압이 걸려 있다.
2. 커패시터 충전에 사용하는 전류 때문에 커패시터가 정상인 경우에도 대부분 절연 테스터에서 단락이 있는 것으로 나타난다.

그림 9-19 정상 작동 중인 차량(파란색은 인버터 전압, 빨간색은 전류)

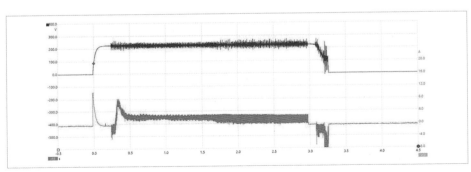

그림 9-20 고전압 시스템이 단락된 차량(파란색은 인버터 전압, 빨간색은 전류)

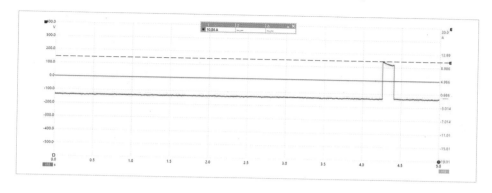

그림 9-19에 보이는 파형은 정상적으로 작동하는 차량에서 가져온 것이다. 그림 9-20은 DC 링크 커패시터가 단락된 자동차에서 가져온 것이다. 전압은 파란색으로 표시하고, 전류는 빨간색으로 표시한다. 정상 작동하는 차량에서는 처음에 전압이 빠르게 상승하고, 전류는 빠르게 사라진다. 그런 다음, 주 릴레이가 예비 충전 릴레이를 대신하기 때문에 두 번째 전류 서지surge가 발생한다. 고장이 나면 전압은 표시되지 않는데, 스코프에서는 전류가 나타난다. 이를 통해 단락이 존재하는 것을 알 수 있다. 고장 원인이 오픈 서킷이라면 전류는 흐르지 않는다. 이 경우에 인버터를 분리한 후, 절연 테스터를 사용해 시스템의 나머지 부분을 테스트해서 이상이 없는 것으로 확인되면, 논리적으로는 인버터 고장이어야 한다.

냉각수 펌프 제어

전기 자동차의 냉각수 펌프는 역할이 내연기관 차량과 거의 같다. 뜨거운 부품으로부터 열을 빼앗아 라디에이터에서 발산하도록 냉각수를 흐르게 하는 것이다. 최근 몇 년 동안 내연기관 차량의 전동식 워터 펌프는 터보 차저, EGR 쿨러,

히터 회로 등을 통해 냉각수를 순환시키는 역할을 하며, 기계식 워터 펌프를 보조해왔다.

그림 9-21 르노 조에에 장착한 전동식 워터 펌프

하이브리드 차량에서는 실내 온도를 유지하기 위해 엔진이 작동하지 않고 따뜻한 상태에서도 거의 항상 전동식 워터 펌프가 작동한다. 워터 펌프는 일반적으로 12V DC 모터에 2핀 커넥터로 구성돼 있다. 전동식 냉각수 펌프는 동일한 작업을 수행하지만 역할 면에서 더 중요하다. 히터가 작동하지 않는 경우와는 달리 과열되면 여러 문제가 발생하기 때문이다. 즉 인버터, 충전기 또는 모터 내의 전원 트랜지스터 및 기타 부품이 쉽게 고장 날 수 있다.

이런 이유로 전기 자동차의 전동식 워터 펌프는 좀 더 기술적으로 진보했다. 회로 스스로 모든 것이 정상임을 알리거나 문제가 있음을 감지해 피드백할 수 있다. 예를 들면 기아 옵티마(국내명 K5) PHEV와 같은 일부 자동차의 워터 펌프는 CAN 네트워크상에 있다. 르노의 조에, 캉구, 플루언스 모델에 장착된 전동식 워터 펌프에도 다음과 같은 기능을 하는 와이어가 4개 있다.

1. 점화 스위치가 켜진 전원 공급 장치
2. 접지
3. EV ECU에 의한 PWM 제어
4. PWM이 EV ECU에게 작동 중임을 알림

그림 9-22는 냉각수 펌프와 관련 있는 명령(파란색)과 ECU와 관련한 리턴 신호(빨간색)를 보여준다. 녹색은 전원 공급 와이어에서 받는 냉각수 펌프 전류다. 펌

그림 9-22 펌프 공회전 및 시동

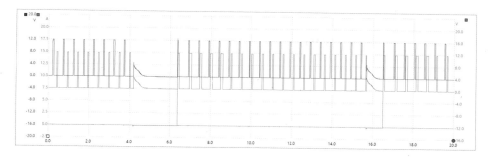

그림 9-23 작동 중인 펌프

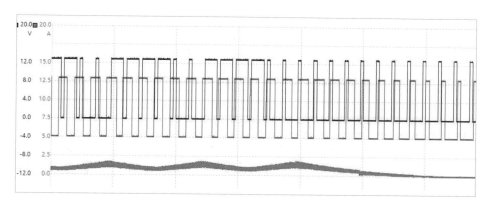

프가 공회전 중일 때, 즉 차량은 켜져 있지만 냉각수 흐름이 필요 없는 경우에 ECU에서 나온 후 다시 ECU로 돌아가는 PWM 신호를 볼 수 있다. 20펄스마다 (10초마다), 펄스 사이에는 갭이 있다.

펌프가 작동 중이면 (액추에이터 테스트를 사용해 켠) 명령 신호(파란색)가 짧은 고PWM 신호를 펌프로 보내고 있는 것을 볼 수 있다. 이 경우에 약간의 시간 지연 과 함께 펌프 전류가 이에 맞춰 증가한다. 펌프의 속도가 빨라지면 빨간색 신호도 분명히 더 넓은 펄스폭을 나타내고, 이로써 펌프가 작동 중임을 ECU가 알아차 린다.

펌프가 작동하지 않는 경우 첫 번째로 점검해야 할 것은 전원과 접지다. 여기에 문제가 없다면 다음 단계는 **그림 9-23**에 파란색으로 보이는 명령 신호를 점검하는 것이다. 명령 신호는 보이지만 펌프가 전류를 끌어당기지 않거나 빨간색 피드백 신호가 없으면 펌프에 결함이 있다는 증거다.

맺음말

자동차 제조사를 포함해 많은 회사가 이 책의 출간을 도와줬다. 책에 실린 많은 그림과 표, 정보들은 그들의 도움이 없었다면 이용하지 못했을 것이다. 자료를 사용할 수 있게 허가해준 그들에게 감사함을 전한다. 만약 여기에 나열되지 않은 회사의 이름이나 정보를 이 책에 사용했다면, 이는 순전히 저자 잘못이다. 가능한 한 빨리 잘못을 고칠 수 있도록 연락을 주길 바란다.

- AA
- AC Delco
- ACEA
- Alpine Audio Systems
- Audi
- Autologic Data Systems
- BMW UK
- Bosch
- Brembo Brakes
- C&K Components
- Citroën UK
- Clarion Car Audio
- Continental
- CU-ICAR
- Dana
- Delphi Media
- Eberspaecher
- First Sensor AG
- Fluke Instruments UK

- Flybrid Systems
- Ford Motor Company
- FreeScale Electronics
- General Motors
- GenRad
- Google(Waymo)
- haloIPT(Qualcomm)
- Hella
- HEVRA
- HEVT
- Honda
- Hyundai
- Institute of the Motor Industry(IMI)
- Jaguar Cars
- Kavlico
- Ledder
- Loctite
- Lucas UK
- LucasVarity

- Mahle
- MATLAB/Simulink
- Mazda
- McLaren Electronic Systems
- Mennekes
- Mercedes
- MIT
- Mitsubishi
- Most Corporation
- NASA
- NGK Plugs
- Nissan
- Nvidia
- Oak Ridge National Labs
- Peugeot
- Philips
- PicoTech/PicoScope
- Pierburg
- Pioneer Radio
- Pixabay
- Porsche
- Protean Electric
- Renesas
- Rolec
- Rover Cars
- Saab Media
- SAE
- Scandmec
- Shutterstock
- SMSC
- Snap-on Tools
- Society of Motor Manufacturers and Traders(SMMT)
- Sofanou
- Solvay
- Sun Electric
- T&M Auto-Electrical
- Tesla Motors
- Texas Instruments
- Thatcham Research
- Thrust SSC Land Speed Team
- Toyota
- Tracker
- Tula
- Unipart Group
- Valeo
- Vauxhall
- VDO Instruments
- Volkswagen
- Volvo Cars
- Volvo Trucks
- Wikimedia

참고 문헌

참고 도서

Bosch(2011) Automotive Handbook. SAE

Denton, T.(2013) Automobile Electrical and Electronic Systems. Routledge, London

Larminie, J. and Lowry, J.(2012) Electric Vehicle Technology Explained, Second Edition.
    John Wiley & Sons, Chichester

참고 웹사이트

Electric_shock Flybrid flywheel systems: http://www.flybridsystems.com

Electrical installations and shock information: http://www.electrical-installation.org/
    enwiki/

Health and Safety Executive UK: https://www.hse.gov.uk

Institute of the Motor Industry(IMI): http://www.theimi.org.uk

Mennekes(charging plugs): http://www.mennekes.de

Mi, C., Abul Masrur, M. and Wenzhong Gao, D.(2011) Hybrid Electric Vehicles. John Wiley &
    Sons, Chichester Picoscope: https://www.picoauto.com

Renesas motor and battery control system: http://www.renesas.eu

Society of Automotive Engineers(SAE): http://www.sae.org

Society of Motor Manufacturers and Traders(SMMT): http://www.smmt.co.uk

Tesla Motors first responder information: https://www.teslamotors.com/firstresponders

Wireless power transfer: https://www.qualcomm.com/products/halo

ZapMap charging point locations: https://www.zap-map.com

1장 전기 자동차란 무엇인가?

1 2015년 기준, 하지만 새로운 기술과 개선 항목이 더해짐에 따라 운행 가능 거리가 변하고 있다는 점을 주목할 필요가 있다.

2 2015년 엄격한 배기가스 기준을 만족시키기 위해 표준 검사 시에만 작동하는 소프트웨어를 설치한 한 차량 제조업체의 스캔들이 막 뉴스에 보도되고 있었다.

3 이 수치들이 '조작'이었음에도 불구하고, 우리는 오늘날 자동차에서 배출되는 배기가스가 몇 년 전에 비하면 아주 일부에 지나지 않는다는 것을 인정할 수밖에 없다.

4 테슬라 자동차의 일론 머스크는 VW 스캔들 뉴스를 '분명히 나쁘다'라고 했지만, 환경 친화적인 깨끗한 전력 생산 면에서 독일이 많은 나라보다 앞서 있다는 점에 주목했다. 그는 또한 '우리는 디젤과 가솔린으로 가능한 한계에 도달했다. 그래서 내 생각에 이제는 새로운 세대의 기술로 옮겨갈 때가 온 것 같다.'라고 말했다.

5 혹은 태양열로 충전하는 경우 마일당 1페니다.

6 이동 거리에 따라 많이 좌우된다 – 평균 값이 사용됐다.

7 RAC Foundation : https://www.racfoundation.org/motoring-faqs/mobility

8 SDWORX : https://www.sdworx.com/en/press/2018/2018-09-20-more-than-20percent-of-europeans-commute-at-least-90-minutes-daily

9 U.S. Department of Transportation

10 NHTSA : https://www.nhtsa.gov/

11 Zap Map : https://www.zap-map.com/

12 Electrek : https://ww.electrek.co/2019/07/09/us-electric-car-charging-station-connectors/

13 UK OFGEM : https://www.ofgem.gov.uk/

2장 전기 자동차를 이해하는 전기 전자 이론

1 모터 이미지 출처 : CC BY-SA 3.0, https:///vmx.wikimedia.org/w/index.php?curid=671803

3장 전기 자동차의 구조

1 프로테안 일렉트릭 : https://www.proteanelectric.com

2 신규 유럽 주행 사이클

3 스트롱 하이브리드는 NEDC 이상으로 더 경제적인 것으로 보여, 표시된 연료 절감 효과가 일반 사용

조건을 반영하지 못한 것일 수 있다.

4   플러그인 하이브리드는 전기 에너지도 사용한다. 전기 에너지는 일반 연료보다 훨씬 싸고 분명히 배기 가스 배출량을 줄이는 데 도움을 준다.

5   집필 당시 이 표준은 세 번째 개정판이었다.

6   STMicroelectronics: www.st.com/content/st_com/en.html

7   다상 정류기 출처: Reddy, B. Prathap 및 Sivakumar Keerthipati. "다단계 인버터 구성 […]." 산업용 전자 제품에 대한 IEEE 65(2018): 3035–3044.

4장 배터리 첨단기술

1   수치는 변할 수 있으므로 이 표는 일반적인 지침으로만 사용하라.

2   일부 슈퍼 커패시터의 에너지 밀도는 수 kWh/kg이며, 일시 저장 및 신속한 방전에 사용된다.

3   미국자동차협회: https://www.aaa.com

4   국제소비자연맹: https://www.consumersinternational.org

5장 모터와 제어 시스템

1   릴레이에 대한 자세한 내용은 https://www.ls-electric.com/products를 참고

2   Solvay: www.solvay.com

3   YASA: www.yasa.com

7장 전기 자동차 작업에 필요한 도구 및 위험 관리

1   HSE Guidance: www.hse.gov.uk/pubns/books/hsr25.htm

2   차량을 국가 전력 공급망과 비교하면 고전압의 정의가 혼란스러울 수 있다. 차량용으로 60V 이상을 사용하면 고전압이라고 부른다.

3   www.theimi.org.uk

4   http://www.hse.gov.uk

5   TechSafe™에 대해 자세히 알아보려면 다음 링크를 이용하라.
    www.youtube.com/watch?v=olcHyS0bSKc

8장 유지 보수 · 수리 · 교체

1   UNECE: https://www.unece.org/trans/danger/danger.html (2020년 기준)

자동차 기술 아카데미 소개

온라인 자동차 기술 아카데미는 40년 이상 자동차 분야에서 일해온 필자가 설립했다. 필자는 전 세계 학생과 기술자들이 활용하는 교재 30여 종을 출간했다. 아카데미의 목적은 다음과 같다.

- 자동차 기술 및 지식의 향상
- 교과서를 보조하는 무료 교육 자료 제공
- 전 세계 자동차 학습자 커뮤니티의 구축
- 자동차 관련 정보 및 아이디어의 자유로운 공유
- 학교 또는 대학에 진학할 수 없는 사람에게 학습 기회를 제공
- 자동차 교육 표준 및 품질의 개선

아카데미에 접속하려면 www.automotive-technology.org를 방문한 다음 직접 계정을 만들면 된다. 무료 교육 과정을 이용하려면 해당 과정의 교재에 있는 등록키를 입력해야 한다. 등록키는 다음과 같은 방식으로 주어진다.

바로 "교재의 ○○페이지 마지막 줄에 있는 세 번째 단어를 입력하라."라는 식이다. 그러므로 교육 과정에 쓰는 교재를 가지고 있어야 한다. 입력 창에 단어를 입력하면 무료 교육 과정과 관련 자료를 무제한으로 이용할 수 있다.

웹사이트의 교육 자료

다음은 사용자가 웹사이트에서 사용할 수 있는 교육 자료의 일부 목록이다.

- 이미지
- 비디오
- 액티비티
- 3D 모델
- 하이퍼링크
- 과제
- 퀴즈
- 포럼
- 채팅 기능
- 소셜 미디어
- 대화형 기능, 게임 등 다양한 기능 제공

학습 중에는 진행 과정을 표시하는 막대가 나타난다. 모든 내용을 다 공부하려는 경우, 교육 과정이 어떻게 진행되고 있는지 한눈에 볼 수 있다. 또는 필요한 것을 찾기 위해 들락날락하면서 공부할 수도 있다.

교육 센터에 출석할 수 없는 사람을 위해 공식적인 시험도 치러질 것이다. 따라서 이론을 공부하고 실제로 관련 작업을 하는 데 필요한 자격을 획득하는 것도 가능하다. 물론 자격 획득에는 비용이 들지만, 다른 모든 자료는 무료다. 그리고 업데이트와 흥미로운 기사도 제공될 것이다.

하이브리드 시뮬레이션 프로그램

이 책으로 공부할 때 이용할 수 있는 하이브리드 자동차 시뮬레이션 프로그램도 만들었다. 스크린숏은 **부록 1-2**와 같다. 시뮬레이션을 실행하면 속도와 부하를 바꿨을 때 연료 및 전기 소비량에 미치는 영향을 확인할 수 있다. 또한 이 프로그램에서는 멀티미터, 오실로스코프, 스캐너를 사용해 테스트를 수행할 수 있다.

배터리 셀의 전압 확인, 전원 차단, 전원 재공급 루틴을 연습할 수도 있다. 그 외에도 많은 기능이 포함돼 있으므로 웹사이트에서 내려받기를 바란다.

부록 1-1 파이로테크닉 퓨즈

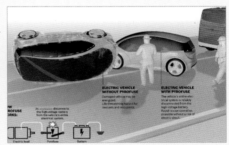

출처: 보쉬 미디어

부록 1-2 스코프와 멀티미터를 보여주는 하이브리드 시뮬레이션

찾아보기

옮긴이 **김종명**

서울대학교 공업화학과를 졸업했으며, 미국 신시내티대학교에서 재료공학 박사 학위를 받았다. 다년간 연구소에서 근무하며, 번역에이전시 엔터스코리아에서 전문 번역가로 활동하고 있다. 옮긴 책으로 《한 권으로 이해하는 수학의 세계》《ZOOM 거의 모든 것의 속도》《UX 심리학》 등이 있다.

전기차 첨단기술 교과서

테슬라에서 아이오닉까지 전고체 배터리·인휠 모터·컨트롤 유닛의 최신 EV 기술 메커니즘 해설

1판 1쇄 펴낸 날 2021년 9월 10일
1판 3쇄 펴낸 날 2022년 12월 15일

지은이 톰 덴튼
옮긴이 김종명

펴낸이 박윤태
펴낸곳 보누스
등 록 2001년 8월 17일 제313-2002-179호
주 소 서울시 마포구 동교로12안길 31 보누스 4층
전 화 02-333-3114
팩 스 02-3143-3254
이메일 bonus@bonusbook.co.kr

ISBN   978-89-6494-513-1 03550

전문가에게 절대 기죽지 않는
자동차 마니아의 메커니즘 해설

자동차 구조 교과서

아오야마 모토오 지음 | 224면

[스프링북]
버튼 하나로 목숨을 살리는

자동차 버튼 기능 교과서

마이클 지음 | 128면

전기차·수소연료전지차·클린디젤·
고연비차의 메커니즘 해설

자동차 에코기술 교과서

다카네 히데유키 지음 | 200면

도로에서 절대 기죽지 않는
초보 운전자를 위한 안전·방어 운전술

자동차 운전 교과서

가와사키 준코 지음 | 208면

카센터에서도 기죽지 않는
오너드라이버의 자동차 상식

자동차 정비 교과서

와키모리 히로시 지음 | 216면

전문가에게 절대 기죽지 않는
마니아의 자동차 혁신 기술 해설

자동차 첨단기술 교과서

다카네 히데유키 지음 | 208면

테슬라에서 아이오닉까지 전고체 배터리·인휠
모터·컨트롤 유닛의 최신 EV 기술 메커니즘 해설

전기차 첨단기술 교과서

톰 덴튼 지음 | 384면

하위헌스·뉴커먼·와트·B&W·지멘스·GM·
마이바흐, 마스터피스 엔진의 역사와 메커니즘 해설

세계 명작 엔진 교과서

스즈키 다카시 지음 | 304면

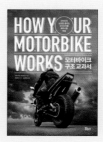

라이더의 심장을 울리는
모터사이클 메커니즘 해설

모터바이크 구조 교과서

이치카와 가쓰히코 지음 | 216면